Lecture Notes in Mathematics

Edited by A. Dold and B. Eckmann

725

Algèbres d'Opérateurs

Séminaire sur les Algèbres d'Opérateurs,
Les Plans-sur-Bex, Suisse, 13–18 mars 1978

Edité par P. de la Harpe

Springer-Verlag
Berlin Heidelberg New York 1979

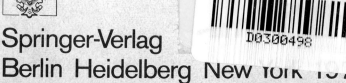

Editeur

Pierre de la Harpe
Section de mathématiques
C.P. 124
CH-1211 Genève 24

AMS Subject Classifications (1970): Primary: 46L05, 46L10
Secondary: 18 F 25, 22D25, 46K15, 57D30

ISBN 3-540-09512-8 Springer-Verlag Berlin Heidelberg New York
ISBN 0-387-09512-8 Springer-Verlag New York Heidelberg Berlin

CIP-Kurztitelaufnahme der Deutschen Bibliothek
Algèbres d'opérateurs / Séminaire sur les Algèbres d'Opérateurs, Les Plans-sur-Bex, Suisse 13–18 mars 1978. Ed. par P. de la Harpe. – Berlin, Heidelberg, New York : Springer, 1979. (Lecture notes in mathematics ; Vol. 725)
ISBN 3-540-09512-8 (Berlin, Heidelberg, New York)
ISBN 0-387-09512-8 (New York, Heidelberg, Berlin)
NE: LaHarpe, Pierre de [Hrsg.]; Séminaire sur les Algèbres d'Opérateurs <1978, Plans-sur-Bex>

Printed in Germany

Printing and binding: Beltz Offsetdruck, Hemsbach/Bergstr.
2141/3140-543210

Nous avons eu le chagrin d'apprendre la mort de

Odile Maréchal

survenue en novembre 1978.

P R E F A C E

La matière de ce volume a été exposée aux Plans-sur-Bex du 13 au 18 mars 1978, lors d'un séminaire organisé par P.L. Aubert, R. Bader et P. de la Harpe.

La rencontre a été financée par le troisième Cycle romand de Mathématiques

L'accueil au Chalet Pro Juventute était assuré avec la perfection usuelle par Monsieur et Madame Amiguet. Les auteurs remercient A. Molini et M.H. Colin pour la dactilographie de leurs manuscrits.

Pierre de la Harpe

Genève, janvier 1979.

TABLE DES MATIERES

QUELQUES APPLICATIONS DES C^*-ALGEBRES ET DES ALGEBRES DE VON NEUMANN A L'ETUDE DES REPRESENTATIONS DES GROUPES

G. ARSAC

L'objet de cet exposé est de montrer comment on peut associer, à une représentation unitaire continue d'un groupe localement compact, une C*-algèbre et une algèbre de Von Neumann, que l'on utilise ensuite pour étudier certains espaces fonctionnels sur le groupe. Ceci permet de traduire en termes concrets certains résultats abstraits sur les algèbres (cf. par exemple (4.6)) . Une interprétation physique est donnée, quand G est le groupe de Poincaré.

Fixons une fois pour toutes les notations suivantes : G désigne un groupe localement compact et π une représentation unitaire continue de G dans un espace de Hilbert complexe X_π.

1. ALGEBRE DE VON NEUMANN ET C^*-ALGEBRE ASSOCIEES A π .

On associe classiquement à π l'algèbre de Von Neumann VN_π engendrée, dans l'ensemble $\mathcal{L}(X_\pi)$ des opérateurs bornés de X_π par $\pi(G)$. Par définition, VN_π est donc le bicommutant $\pi(G)''$ de $\pi(G)$, c'est aussi l'adhérence, dans $\mathcal{L}(X_\pi)$, pour l'une quelconque des 4 topologies faible, ultrafaible, forte, ultraforte, de l'espace vectoriel complexe engendré par $\pi(G)$.

Soit dx une mesure de Haar à gauche sur G; on sait que l'on peut prolonger π en une représentation de l'$*$-algèbre de convolution associée $L^1(G)$, en définissant, pour toute $f \in L^1(G)$, l'opérateur $\pi(f)$ par la formule, valable pour tout $(\xi,\eta) \in X_\pi \times X_\pi$:

$$(1,1) \quad < \pi(f)\xi | \eta > \ = \int_G < \pi(s)\xi | \eta > f(s)ds \ .$$

Par conséquent, $\pi[L^1(G)]$ est une $*$-algèbre d'opérateurs, dont l'adhérence, dans l'algèbre de Banach $\mathcal{L}(X_\pi)$, notée C^*_π, est une C^*-algèbre associée à π. Les relations entre π, considérée comme représentation de G, et π considérée comme représentation de $L^1(G)$, montrent en outre que $\pi(L^1(G))$ engendre aussi VN_π (cf. [1], 13.3.5). En particulier, on a : $C^*_\pi \subset VN_\pi$.

Soit $C^*(G)$ la <u>C^*-algèbre de G</u>, c.à.d. la "C^*-algèbre enveloppante" de $L^1(G)$, obtenue en complétant $L^1(G)$ pour la norme : $\|f\|_\Sigma = \sup\|\omega(f)\|$ où ω décrit l'ensemble des représentations unitaires continues de G. La représentation π, considérée comme représentation de $L^1(G)$, se prolonge encore, par densité, à $C^*(G)$ et les propriétés des morphismes de C^*-algèbres montrent que l'on a :

(1.2) $C^*_\pi = \pi(C^*(G))$

et que cette C^*-algèbre est isométriquement isomorphe à $C^*(G)/\text{Ker}\,\pi$. Ici, Ker π désigne le noyau de π considérée comme représentation de $C^*(G)$ (différent en général de l'adhérence dans $C^*(G)$ du noyau de π dans $L^1(G)$).

2 . DIVERS ESPACES DE COEFFICIENTS LIES A CES ALGEBRES .

Pour tout $(\xi,\eta) \in X_\pi \times X_\pi$, on notera $\varphi_{\xi\eta}$ la fonction $s \longmapsto \langle \pi(s)\xi|\eta \rangle = \varphi_{\xi\eta}(s)$, définie sur G. Les fonctions $\varphi_{\xi\eta}$ sont appelées, par définition, "coefficients" de la représentation π . Elles sont évidemment continues bornées et, si $f \in L^1(G)$, on a, d'après (1.1):

$$\langle \pi(f)\xi|\eta \rangle = \int_G \varphi_{\xi\eta}(s)f(s)ds \ .$$

D'après [2], on a les résultats suivants :

(2.1). L'ensemble B(G) des coefficients de toutes les représentations unitaires continues de G s'identifie au dual topologique de $C^*(G)$; si $u = \varphi_{\xi\eta} \in B(G)$ et $f \in L^1(G)$, le crochet de dualité est :

$$(2.2) \qquad < f,u > \; = \int_G f(s)u(s)\, ds = < \pi(f)\xi|\eta > \; .$$

Ceci permet de munir B(G) d'une structure d'espace de Banach et même d'algèbre de Banach (pour le produit ordinaire des fonctions) dont la norme est plus fine que celle de la convergence uniforme.

Enfin, l'ensemble des formes linéaires positives sur $C^*(G)$ s'identifie à un cône P(G) de B(G), constitué des fonctions du type $\varphi_{\xi\xi} : s \longmapsto < \pi(s)\xi|\xi >$ (dites de "type positif") .

(2.3) Puisque C^*_π est isométrique à $C^*(G)/\mathrm{Ker}\,\pi$, son dual topologique s'identifie au polaire, noté B_π , de Ker π dans la dualité $(C^*(G), B(G))$. Si $T \in C^*_\pi$ et $(\xi,\eta) \in X_\pi \times X_\pi$, on a, par prolongement de (2.2) :

$$< T,\varphi_{\xi\eta} > \; = \; < T\xi|\eta > \; .$$

Ainsi, d'après le théorème de Hahn-Banach, B_π est l'adhérence, pour la topologie faible $\sigma(B(G), C^*(G))$, du sous-espace vectoriel complexe F_π engendré algébriquement par les coefficients de π.

3. L'ESPACE A_π .

Pour tout $(\xi,\eta) \in X_\pi \times X_\pi$, la forme linéaire $\omega_{\xi\eta} : T \longmapsto < T\xi|\eta >$, définie sur $\mathcal{L}(X_\pi)$, est faiblement continue. Par restriction à VN_π, elle définit encore une forme linéaire faiblement continue qui ne dépend en fait que de $\varphi_{\xi\eta}$ (c.à.d.que $\omega_{\xi\eta} = \omega_{\xi'\eta'}$, si et seulement si $\varphi_{\xi\eta} = \varphi_{\xi'\eta'}$). Réciproquement toute forme linéaire faiblement continue sur VN_π est combinaison linéaire de formes $\omega_{\xi\eta}$, donc associée à un élément de F_π . Ainsi, F_π s'identifie à l'ensemble des formes linéaires faiblement continues sur VN_π à condition d'associer à $\varphi_{\xi\eta}$ la forme $\omega_{\xi\eta}$ De plus, le théorème de densité de Kaplansky, pour les algèbres de Von Neumann, montre que, si $u \in F_\pi$, sa norme dans B(G) (ou B_π) est égale à sa norme comme forme linéaire continue sur VN_π . Il en résulte que l'adhérence de F_π dans B(G) s'identifie à l'ensemble des formes linéaires ultrafaiblement continues sur VN_π c.à.d. au "prédual" de VN_π (cf [1], A 23).

(3.1). <u>1ère définition de</u> A_π : <u>On note</u> A_π <u>l'espace de Banach adhérence de</u> F_π <u>dans</u> B(G) (ou B_π) <u>qui s'identifie au "prédual" de</u> VN_π , <u>ensemble des formes linéaires ultrafaiblement continues sur</u> VN_π .

On sait que VN_π s'identifie au dual topologique de A_π. Les formules de dualité sont les suivantes :

$$< u,\pi(s) > \; = u(s)$$

$$< u,\pi(f) > \; = \int_G u(s)f(s)ds \quad (u \in A_\pi,\ s \in G,\ f \in L^1(G)) \ .$$

On remarque que l'on a les inclusions $A_\pi \subset B_\pi$ et $C^*_\pi \subset VN_\pi$ et que, lorsque $u \in A_\pi$ et $f \in L^1(G)$, les deux formules de dualité possibles pour $< u,\pi(f) >$ coïncident.

En fait, l'espace A_π est susceptible d'autres définitions équivalentes. Pour les énoncer, rappelons un certain nombre de résultats :

Soit $\overline{X}_\pi$ l'espace de Hilbert conjugué de X_π. Pour tout $(\xi,\eta) \in X_\pi \times \overline{X}_\pi$, soit $T_{\xi\eta} \in \mathcal{L}(X_\pi)$ défini par $T_{\xi\eta}(x) = < x|\eta > \xi$. Par factorisation, l'application bilinéaire $T : (\xi,\eta) \longmapsto T_{\xi\eta}$ définit une application linéaire $\tilde{T} : X_\pi \otimes \overline{X}_\pi \longrightarrow \mathcal{L}(X_\pi)$, (ici $X_\pi \otimes \overline{X}_\pi$ désigne le produit tensoriel algébrique de X_π et $\overline{X}_\pi$), dont l'image est l'ensemble des opérateurs de rang fini, et qui se prolonge par densité en une isométrie du produit tensoriel projectif $X_\pi \hat{\otimes} X_\pi$ sur l'espace de Banach $\mathcal{L}^1(X_\pi)$ des opérateurs à trace de X_π.

La formule : $tr(\tilde{T}_{\xi \otimes \eta}) = \langle \xi | \eta \rangle$ montre que :

$$tr[\pi(s) \circ \tilde{T}_{\xi \otimes \eta}] = tr[\tilde{T}_{\pi(s)\xi \otimes \eta}] = \langle \pi(s)\xi | \eta \rangle = \varphi_{\xi\eta}(s).$$

Pour tout $T \in \mathcal{L}^1(X_\pi)$, notons $p(T)$ la fonction définie sur G par :

$$p(T)(s) = tr(\pi(s)T) .$$

Ce qui précède montre que $p(\tilde{T}_{\xi \otimes \eta}) = \varphi_{\xi\eta}$ donc que l'image par p de l'ensemble des opérateurs de rang fini n'est autre que F_π. En fait, la structure des opérateurs à trace montre que, pour tout $T \in \mathcal{L}^1(X_\pi)$, on a $p(T) \in B(G)$ et $\|p(T)\| = \|T\|_1$ (où $\|T\|_1 = tr(|T|)$). On a plus précisément le résultat suivant :

3.2 : <u>2ème définition de</u> A_π : <u>On a</u> $A_\pi = p[\mathcal{L}^1(X_\pi)]$ <u>et la bijection canonique</u> $\mathcal{L}^1(X_\pi)/\mathrm{Ker}\, p \longrightarrow p[\mathcal{L}^1(X_\pi)] = A_\pi$ <u>est une isométrie</u>.

L'isométrie de $X_\pi \hat{\otimes} \overline{X}_\pi$ avec $\mathcal{L}^1(X_\pi)$ donne lieu à une 3ème version de la définition de A_π que l'on peut détailler ainsi :

Tout $z \in X_\pi \hat{\otimes} \overline{X}_\pi$ s'écrit $z = \sum_{n=1}^{+\infty} \xi_n \otimes \eta_n$ avec $\sum_{n=1}^{+\infty} \|\xi_n\| \|\eta_n\| < +\infty$.

La série $(\varphi_{\xi_n \eta_n})$ des coefficients correspondants est convergente dans B(G), donc uniformément convergente. Soit $p'(z)$ sa somme qui est la fonction :

$$s \longmapsto \sum_{n=1}^{\infty} \langle \pi(s)\xi_n | \eta_n \rangle = p'(z)(s)$$

3.3. <u>3ème définition de</u> A_π : <u>l'application p' définie ci-dessus est une surjection continue</u> $X_\pi \hat{\otimes} X_\pi \longrightarrow A_\pi$ <u>qui induit une isométrie de</u> $X_\pi \hat{\otimes} \overline{X}_\pi$ /Ker p' <u>sur</u> A_π.

Sous forme concrète, le résultat précédent s'écrit donc :

3.4 : <u>4ème définition de A_π</u> : <u>L'espace A_π est l'ensemble des</u> $u \in B(G)$ <u>qui peuvent s'écrire</u> :

$$u(s) = \sum_{n=1}^{+\infty} < \pi(s)\xi_n | \eta_n > , \text{ \underline{où}} (\xi_n, \eta_n) \in X_\pi \times X_\pi$$

<u>et</u> $\sum_{n=1}^{+\infty} \|\xi_n\| \, \|\eta_n\| < +\infty$. <u>De plus,</u> $\|u\|$ <u>est la borne inférieure des</u>

$\sum_{n=1}^{+\infty} \|\xi_n\| \, \|\eta_n\|$ <u>pour toutes les décompositions de ce type</u>.

(On peut démontrer que, en fait, cette borne inférieure est atteinte.)

<u>EXEMPLES</u> :

3.5 : Supposons G <u>abélien</u>. Soit $\hat{G}$ le groupe abélien localement compact dual de G (ensemble des caractères de G) et μ une mesure positive sur $\hat{G}$. Soit π la représentation de G dans $X_\pi = L^2(\hat{G},\mu)$ définie par :

$$[\pi(s)f](\hat{x}) = < s, \hat{x} > f(\hat{x})$$

(où $f \in L^2(\hat{G},\mu)$, $s \in G$, $\hat{x} \in \hat{G}$) . (On sait par ailleurs que toute représentation sans multiplicité de G est équivalente à une telle représentation).

Si $(f,g) \in X_\pi \times X_\pi$, on a :

$$(3.6) \quad \varphi_{fg}(s) = < \pi(s)f | g > = \int_{\hat{G}} < s,\hat{x} > f(\hat{x})\overline{g}(\hat{x})d\mu(\hat{x}) ,$$

autrement dit, $\varphi_{fg} = \mathcal{F}(f\overline{g}\mu)$ où :

a) $f\overline{g}\mu$ désigne la mesure de densité $f\overline{g}$ par rapport à μ (mesure bornée puisque $f\overline{g} \in L^1(\hat{G},\mu))$.

b) $\overline{\mathcal{F}}$ désigne la transformation de Fourier inverse, qui est une isométrie de l'ensemble $\mathcal{M}^1(\hat{G})$ des mesures bornées sur $\hat{G}$ sur B(G), définie par la formule :

$$(\overline{\mathcal{F}}\nu)(s) = \int_{\hat{G}} < s,\hat{x} > d\nu(\hat{x}) \qquad (\nu \in \mathcal{M}^1(\hat{G}),\ s \in G,\ \hat{x} \in \hat{G}).$$

Identifions isométriquement $L^1(\hat{G},\mu)$ à un sous-espace de $\mathcal{M}^1(\hat{G})$ par $h \longmapsto h\mu$; la formule $\varphi_{fg} = \overline{\mathcal{F}}(f\overline{g}\mu)$ montre que l'on a l'inclusion : $F_\pi \subset \overline{\mathcal{F}}[L^1(\hat{G},\mu)]$ d'où $A_\pi \subset \overline{\mathcal{F}}[L^1(\hat{G},\mu)]$.

Réciproquement, soit $\varphi = \overline{\mathcal{F}}(h) \in \overline{\mathcal{F}}[L^1(\hat{G},\mu)]$. On peut trouver f et g dans $L^2(\hat{G},\mu)$ telles que $h = f\overline{g}$ donc $\varphi \in F_\pi$. Ainsi $A_\pi = \overline{\mathcal{F}}[L^1(\hat{G},\mu)]$. Il en résulte que VN_π est isométrique à $L^\infty(\hat{G},\mu)$.

3.7 : Supposons maintenant G localement compact quelconque ; soit ρ la représentation régulière gauche de G dans $L^2(G,dx)$ où dx est une mesure de Haar à gauche de G. Alors A_ρ, noté A(G), est une sous-algèbre de B(G), appelée algèbre de Fourier de G tandis que VN_ρ est appelée algèbre de von Neumann de G et notée VN(G).

Lorsque G est abélien, on peut choisir une mesure de Haar $d\hat{x}$ sur $\hat{G}$ telle que $\overline{\mathcal{F}}$ se prolonge en une isométrie : $L^2(\hat{G}, d\hat{x}) \longrightarrow L^2(G,dx)$. Lorsqu'on réalise ρ dans $L^2(\hat{G},d\hat{x})$ au moyen de cette isométrie, on obtient une représentation équivalente ρ' définie par :

$$\rho'(s) = \overline{\mathcal{F}}^{-1} \circ \rho(s) \circ \overline{\mathcal{F}} \ ;$$

cette formule, qui montre déjà que ρ et ρ' ont les mêmes coefficients, donc que $A_\rho = A_{\rho'}$, s'écrit en fait :

$$[\rho'(s)f](\hat{x}) = < s,\hat{x} > f(\hat{x}) \qquad (f \in L^2(\hat{G},d\hat{x}))\ .$$

D'après l'exemple précédent, on a donc $A(G) = \mathcal{F}[L^1(\hat{G},d\hat{x})]$ et on retrouve ainsi la définition usuelle de l'algèbre de Fourier d'un groupe abélien localement compact.

Lorsque G n'est pas abélien, A(G) a été étudiée par EYMARD [2] .

4. QUELQUES PROPRIETES (cf [3]).

Les propriétés des espaces A_π et B_π et des correspondances $\pi \longmapsto A_\pi$ et $\pi \longmapsto B_\pi$ s'étudient au moyen des différentes définitions équivalentes de A_π car on peut démontrer que tout B_π est un $A_{\pi'}$, pour une représentation π' de G qui est telle que VN_π soit l'algèbre de Von Neumann enveloppante de C^*_π. La première définition de A_π permet en particulier d'obtenir certaines propriétés par dualité avec les propriétés des algèbres de Von Neumann et de la correspondance $\pi \longmapsto VN_\pi$ qui est, elle, assez bien connue.

Par exemple :

4.1 : $A_\pi = A_{\pi'}$ si et seulement si π est quasi-équivalente à π'.

4.2 : $A_\pi \cap A_{\pi'} = \{0\}$ si et seulement si π est disjointe de π' .

4.3 : La deuxième définition de A_π, combinée avec le fait que le dual de $\mathcal{L}^1(X_\pi)$ s'identifie à l'espace $\mathcal{L}(X_\pi)$, montre que VN_π est le polaire de Kerp dans la dualité $(\mathcal{L}^1(X_\pi),\mathcal{L}(X_\pi))$ donc que Kerp est le polaire de VN_π dans cette même dualité. Il en résulte que π est irréductible si et seulement si Kerp = {0} c'est-à-dire si et seulement si p est une isométrie de $\mathcal{L}^1(X_\pi)$ sur A_π .

La quatrième définition de A_π montre que :

4.4 : $A_{\pi_1 \oplus \pi_2} = A_{\pi_1} + A_{\pi_2}$ (où $\pi_1 \oplus \pi_2$ désigne la somme hilbertienne des représentations π_1 et π_2) et plus généralement que :

4.5 : $A_{\underset{i\in I}{\oplus}\pi_i}$ est l'ensemble des $\sum_{i\in I} u_i$ où (u_i) est une famille dans

$B(G)$ telle que $u_i \in A_{\pi_i}$, $\sum_{i \in I} \|u_i\| < +\infty$; de plus si $u \in A_{\underset{i\in I}{\oplus} \pi_i}$, on a $\|u\| = \inf \{ \sum_{i \in I} \|u_i\| \}$ pour toutes les familles u_i telles que $u = \sum_{i \in I} u_i$ et $u_i \in A_{\pi_i}$.

D'une manière globale, les espaces A_π peuvent être caractérisés comme <u>les sous-espaces vectoriels fermés de</u> $B(G)$ <u>invariants par translation à gauche et à droite</u>. Parmi ceux-ci, les espaces B_π sont ceux qui sont en outre faiblement fermés (dans la dualité $(B(G), C^*(G))$) .

4.6 : <u>Opérateurs compacts dans</u> $\mathcal{L}(X_\pi)$.

On sait que, si π est irréductible, et si $\mathcal{L}C(X_\pi)$ désigne l'ensemble des opérateurs compacts de X_π on a l'alternative suivante :

$$C^*_\pi \cap \mathcal{L}C(X_\pi) = \{0\} \text{ ou } \mathcal{L}C(X_\pi) \subset C^*_\pi .$$

Plaçons-nous dans cette deuxième hypothèse (toujours réalisée si G est de type I) : tout opérateur compact est de la forme $\pi(T)$ où $T \in C^*(G)$. On peut alors chercher à caractériser les $T \in C^*(G)$ ou, tout au moins, les $f \in L^1(G)$, tels que $\pi(T)$ (ou $\pi(f)$) soit compact.

Ce problème a d'abord été résolu par KHALIL [4] dans le cas du groupe affine de $\mathbb{R}$ c'est-à-dire du groupe obtenu en munissant $\mathbb{R} \times \mathbb{R}^*$ de la loi : $(b,a)(b',a') = (b + ab' , aa')$.

Ce groupe possède une seule représentation irréductible π de dimension infinie, et l'on obtient le résultat suivant :
Soit $f \in L^1(G)$; pour que $\pi(f)$ soit compact il faut et il suffit que l'on ait, pour presque tout $a \in \mathbb{R}^*$:

$$\int_{\mathbb{R}} f(b,a)db = 0 .$$

Ce résultat, démontré par des méthodes d'analyse fonctionnelle, a été utilisé par EYMARD [5] pour déterminer tous les idempotents de l'algèbre de convolution $L^1(G)$.

Or, en fait, un résultat abstrait relatif aux C^*-algèbres permet de traiter le problème dans toute sa généralité et de retrouver aisément le résultat de KHALIL : il s'agit de la remarque suivante :

4.7 : PROPOSITION : Soit π une représentation d'une C^*-algèbre A. Si l'on a l'inclusion $\mathcal{L}C(X_\pi) \subset \pi(A)$, l'idéal $\pi^{-1}[\mathcal{L}C(X_\pi)]$ est l'intersection des noyaux des représentations irréductibles ω de A, non équivalentes à π, et telles que $\mathrm{Ker}\pi \subset \mathrm{Ker}\omega$.

Autrement dit, lorsque $A = C^*(G)$, si $T \in C^*(G)$, $\pi(T)$ est compact si et seulement si $\omega(T) = 0$ pour toutes les ω vérifiant les conditions de la proposition c'est-à-dire faiblement contenues dans π . Ainsi la caractérisation des $\pi(T)$ compacts se ramène au calcul de l'adhérence de $\{\pi\}$ dans $\hat{G} = \widehat{C^*(G)}$ pour la topologie de Fell.

Dans le cas du groupe affine de $\mathbb{R}$, l'adhérence de $\{\pi\}$ est formée, outre π, de toutes les représentations de G dans $\mathbb{C}$ définies par :

$$\omega(b,a) = \gamma(a) \text{ où } \gamma \text{ est un caractère de } \mathbb{R}^* .$$

Sachant que la mesure de Haar du groupe est $\frac{da\, db}{a^2}$, on retrouve le résultat de KHALIL. Notons que, pour d'autres groupes, par exemple le groupe de Poincaré, on obtient également des conditions concrètes pour que $\pi(f)$ soit compact, lorsque le problème se pose, c'est-à-dire pour les représentations irréductibles π telles que $C^*_\pi \neq \mathcal{L}C(X_\pi)$ (représentations non C.C.R. du groupe).

5. CAS D'UN GROUPE DE TYPE I .

Lorsque G est de type I (c'est-à-dire postliminaire séparable), c'est-à-dire par définition, si $C^*(G)$ est de type I, on peut généraliser les résultats de l'exemple (3.5) de la manière suivante :

Désignons, dans ce cas, par $\hat{G}$ l'ensemble des classes de représentations irréductibles (unitaires continues) de G. On sait qu'on peut munir $\hat{G}$ d'une structure borélienne (c'est-à-dire d'une tribu de parties), d'ailleurs sous-jacente à une topologie localement quasi-compacte, et d'un champ $z \longmapsto X_z$ d'espaces hilbertiens, mesurable pour toute mesure positive sur $\hat{G}$, tels que toute représentation π de G soit quasi-équivalente à une représentation du type $\pi' = \int_{\hat{G}}^{\oplus} \pi_z d\mu(z)$ où μ est une mesure positive sur $\hat{G}$ et π_z une représentation de la classe z, d'espace X_z ; le champ $z \longmapsto \pi_z$ peut d'ailleurs être choisi indépendant de π et de μ . En détail, ceci signifie que :

$$X_{\pi'} = \int_{\hat{G}}^{\oplus} X_z \, d\mu(z) .$$

Ainsi, $X_{\pi'}$ est l'ensemble des champs de vecteurs $z \longmapsto f_z \in X_z$ sur $\hat{G}$, associés au champ (X_z), et tels que $\int_{\hat{G}} \|f_z\|^2 d\mu(z) < +\infty$. Pour un tel champ f, noté $\int_{\hat{G}}^{\oplus} f_z d\mu(z)$, on a la formule suivante, qui définit π' :

$$\pi'(s)f = \int_{\hat{G}}^{\oplus} \pi_z(s)[f_z] \, d\mu(z) .$$

Autrement dit, le champ $\pi'(s)f$ est le champ : $z \longmapsto \pi_z(s)[f_z]$.(Lorsque G est abélien, $\hat{G}$ est bien isomorphe au dual de G ; on choisit dans ce cas, pour tout $z \in \hat{G}$, $X_z = \mathbb{C}$ et π_z est la représentation de G dans $\mathbb{C}$ définie par le caractère $z : s \longmapsto < s,z >$. L'espace $X_{\pi'}$ est alors l'ensemble des f : $\hat{G} \longrightarrow \mathbb{C}$ telles que $\int_{\hat{G}} |f(z)|^2 \, d\mu(z) < +\infty$, c'est-à-dire $L^2(\hat{G},\mu)$. On retrouve donc la formule $[\pi'(s)f](z) = \langle s,z \rangle f(z)$.)

Dans cette situation, on a les résultats suivants :

5.1 : On a $VN_{\pi'} = \int_{\hat{G}}^{\oplus} VN_{\pi_z} d\mu(z)$. Or, $VN_{\pi_z} = \mathcal{L}(X_z)$ car π_z est irréductible;
autrement dit, $VN_{\pi'}$ est l'ensemble, noté $L^{\infty}(\hat{G},\mu)^{\oplus}$, des champs d'opérateurs $z \longmapsto T_z \in \mathcal{L}(X_z)$, mesurables et essentiellement bornés. Par exemple, $\pi'(s)$ est le champ $z \longmapsto \pi_z(s)$.

5.2 : On sait que le prédual de $L^{\infty}(\hat{G},\mu)^{\oplus}$ est l'ensemble $L^1(\hat{G},\mu)^{\oplus}$ des champs $z \longmapsto U_z$ d'opérateurs intégrables, c'est-à-dire tels que :

a) pour presque tout $z \in \hat{G}$, l'opérateur U_z est traçable.

b) On a $\int_{\hat{G}} \|U_z\|_1 \, d\mu(z) < +\infty$.

On obtient ainsi deux réalisations, A_π et $L^1(\hat{G};\mu)^{\oplus}$ du prédual de $L^{\infty}(\hat{G},\mu)^{\oplus}$, nécessairement isométriques, et on trouve que l'isométrie est celle qui associe à $U \in L^1(\hat{G},\mu)^{\oplus}$ la fonction $u \in A_\pi$ telle que :

$$(5.3) \quad u(s) = \int_{\hat{G}} tr[\pi_z(s)U_z]d\mu(z),$$

formule qui généralise (3.6) .

Ceci incite à définir la transformée de Fourier inverse $\mathcal{F}(U,\mu)$ de tout couple (U,μ) où μ est une mesure positive sur $\hat{G}$ et $U \in L^1(\hat{G},\mu)^{\oplus}$ comme étant la fonction u figurant dans l'égalité (5.3). L'ensemble des (U,μ) peut être considéré comme un ensemble $\mathcal{M}^1(\hat{G})^{\oplus}$ de mesures vectorielles sur $\hat{G}$ et on retrouve que $A_\pi = \mathcal{F}[L^1(\hat{G},\mu)^{\oplus}]$, où $L^1(\hat{G},\mu)^{\oplus}$ est identifié à l'ensemble des (U,μ) pour $U \in L^1(\hat{G},\mu)^{\oplus}$. De plus, on a le

<u>théorème de Bochner</u> : l'application $\mathcal{F}$ est une isométrie de $\mathcal{M}^1(\hat{G})^{\oplus}$ sur B(G) à condition de poser :

$$\|(U,\mu)\|_1 = \|U\|_1 = \int_{\hat{G}} \|U_z\|_1 \, d\mu(z)$$

et de définir l'égalité $(U,\mu) = (U',\mu')$ de la façon suivante : soit B (resp. B') l'ensemble des $z \in \hat{G}$ tels que $U_z \neq 0$ (resp. $U'_z \neq 0$), alors $(U,\mu) = (U',\mu')$ si et seulement si

a) $\chi_B\mu$ et $\chi_{B'}\mu'$ sont équivalentes (χ_B est la fonction caractéristique de B).

b) Soit h telle que $\chi_B\mu = h\chi_{B'}\mu'$; on a $U' = hU$.

Définissons le support de (U,μ) comme étant celui de $\|U_z\|_1 \mu$; alors, on peut caractériser B comme l'ensemble des $\mathcal{F}((T,\mu))$ où $\mathrm{supp}(T,\nu) \subset \mathrm{supp}(U,\mu)$.

5.4 : <u>EXEMPLE</u> : Soit G le "groupe de Poincaré" , produit semi-direct de R^4 et de $SL(2,\mathbb{C})$ obtenu en faisant agir $SL(2,\mathbb{C})$ sur R^4 de façon à laisser invariante la forme quadratique $x^2_1 + x^2_2 + x^2_3 - x^2_4$.

En physique relativiste, une particule stable est définie par une représentation irréductible π de G, l'état de la particule étant plus précisément défini par un opérateur à trace positif U sur l'espace X_π , ou, ce qui revient au même, par une fonction $u \in A_\pi \cap P(G)$ (fonction caractéristique de l'état de la particule) définie comme la transformée de Fourier inverse, au sens de la formule (5.1), de (U,δ_π) (où δ_π désigne la mesure de Dirac au point π sur $\hat{G}$) :

$$u(s) = \mathrm{tr}(\pi(s)U)$$

Autrement dit, $u = p(U)$.

Un système formé de p particules stables associées à $\pi_1, \ldots \pi_p$

sera défini par la représentation irréductible $\pi_1 \times \ldots \times \pi_p$ de G^p qui s'effectue dans le produit tensoriel hilbertien $X_{\pi_1} \otimes \ldots \otimes X_{\pi_p}$ par la formule :

$$(\pi_1 \times \ldots\ldots\ldots \times \pi_p)\,(s_1, \ldots, s_p) = \pi_1(s_1) \otimes \ldots \otimes \pi_p(s_p).$$

L'état du système sera défini par un opérateur à trace positif sur $X_{\pi_1} \otimes \ldots \otimes X_{\pi_p}$ ou par sa fonction caractéristique dans $A_{\pi_1 \times \ldots \times \pi_p} \cap P(G^p)$.

La considération de particules instables (résonances) amène à considérer des représentations π non irréductibles. L'état d'une telle particule sera encore représenté par une fonction caractétistique appartenant à $A_\pi \cap P(G)$, transformée de Fourier inverse d'une mesure vectorielle (U,μ) .

Une réaction dans laquelle un système de deux (par exemple) particules stables π_1 et π_2 se transforme en un système de deux (par exemple) autres particules stables π'_1 et π'_2 se représente par un opérateur linéaire :

$$E : A_{\pi_1 \times \pi_2} \longrightarrow A_{\pi'_1 \times \pi'_2}$$

qui associe à la fonction caractéristique de l'état du système "entrant" celle du système "sortant". Par conséquent, cet opérateur doit être "positif" :

$$E(A_{\pi_1 \times \pi_2} \cap P(G^2)) \subset A_{\pi'_1 \times \pi'_2} \cap P(G^2)$$

(ce qui implique qu'il est continu).

L'opérateur E doit posséder une deuxième propriété qui exprime "l'invariance relativiste" (invariance de la réaction par rapport aux changements de repères relativistes). Pour l'énoncer, munissons

$A_{\pi_1 \times \pi_2}$ d'une structure de G-module par la formule :

$$(g\varphi)(s_1,s_2) = \varphi(g^{-1}s_1g,\ g^{-1}s_2g)$$

(où $\varphi \in A_{\pi_1 \times \pi_2}$, et g, s_1, s_2 appartiennent à G).

Alors E doit être un G-morphisme :

$$E(g.\varphi) = gE(\varphi) \qquad (g \in G,\ \varphi \in A_{\pi_1 \times \pi_2}) .$$

Ainsi, l'étude de cette situation physique amène à l'étude mathématique de certains opérateurs entre les espaces A_π .

BIBLIOGRAPHIE

[1] DIXMIER J. Les C^*-algèbres et leurs représentations (cahiers scientifiques 29, Gauthier-Villars, Paris 1964).

[2] EYMARD P. L'algèbre de Fourier d'un groupe localement compact (Bull. soc. math. de France, 92, 1964, p. 181-236).

[3] ARSAC G. Sur l'espace de Banach engendré par les coefficients d'une représentation unitaire (Publications du département de mathématiques LYON 1976, t.13.2).

[4] KHALIL J. Sur l'analyse harmonique du groupe affine de la droite (Studia math. 51, 1974, p.139-167) .

[5] EYMARD P. Séminaire Nancy-Strasbourg 1977-78 (à paraître aux Lecture Notes).

PROJECTEURS DANS $\mathcal{U}(G)$: UN EXEMPLE

P.L. AUBERT

Soit G un groupe discret dénombrable dont les classes de conjugaison autres que l'identité sont infinies. Dans cette note on se propose de calculer explicitement, dans le facteur engendré par la représentation régulière gauche de G, une famille $\{P_\lambda\}_{\lambda\in[0,1]}$ de projecteurs de trace $\tau(P_\lambda) = \lambda$. On supposera que G possède un sous-groupe cyclique infini $A = \{a^n \mid n \in \mathbb{Z}\}$.

On notera H l'espace de Hilbert $\ell^2(G)$ et $s \longmapsto U_s$ la représentation régulière gauche de G dans H. L'algèbre de von Neumann $\mathcal{U}(G)$ engendrée par les U_s s'identifie, par l'application $T \in \mathcal{U}(G) \longmapsto f_T = T\cdot\varepsilon_e \in H$ (où ε_e est la fonction caractéristique de l'identité de G), à une sous-algèbre involutive de convolution de H, qui opère dans H par convolution i.e. on a $T\cdot h = f_T * h$ pour tout $h \in H$. On écrit $T = \sum_{s\in G} f_T(s)\, U_s$ au sens de la norme $\|\cdot\|_2$ transportée de H sur $\mathcal{U}(G)$. Avec les hypothèses faites sur G, $\mathcal{U}(G)$ est un facteur de type II_1; sa trace normalisée est donnée par $\tau(T) = f_T(e)$.

La sous-algèbre de von Neumann formée des T de $\mathcal{U}(G)$ tels que $f_T(s) = 0$ si $s \notin A$ est canoniquement isomorphe à $\mathcal{U}(A)$. Le groupe dual de A est $\mathbb{S}^1$; soit F l'isométrie de $\ell^2(A)$ sur $L^2(\mathbb{S}^1)$ qui prolonge la transformation de Fourier. On a

$$\mathcal{U}(A) = F^{-1}\left\{ M_\varphi \mid \varphi \in L^\infty(\mathbb{S}^1)\right\} F$$

où M_φ est l'opérateur de multiplication par φ dans $L^2(\mathbb{S}^1)$. De façon plus précise, si $T = F^{-1}M_\varphi F$, on a $f_T = T\cdot\varepsilon_e = F^{-1}M_\varphi F\cdot\varepsilon_e = F^{-1}\varphi$ i.e. T est l'opérateur de convolution par $F^{-1}\varphi$ dans $\ell^2(A)$. Notons que $f_T(a^n) = \int_{\mathbb{S}^1} \theta^n \varphi(\theta)\, d\theta$ pour tout n. On considère T comme un élément de $\mathcal{U}(G)$ en posant $f_T(s) = 0$ pour $s \notin A$.

Si Ω est une partie mesurable de $\mathbb{S}^1$ et φ_Ω sa fonction caractéristique, alors $P_\Omega = F^{-1} M_{\varphi_\Omega} F$ est un projecteur de $\mathcal{U}(G)$. On a

$$f_{P_\Omega}(s) = \begin{cases} \int_\Omega \theta^n \, d\theta & \text{si} \quad s = a^n \\ 0 & \text{si} \quad s \notin A \end{cases} .$$

En particulier, $\tau(P_\Omega) = \int_\Omega d\theta$ est la mesure de Ω . Si on prend pour Ω l'arc $-\pi\lambda \leq \arg\theta \leq \pi\lambda$ où $\lambda \in [0,1]$, le projecteur correspondant est

$$P_\lambda = \lambda I + \sum_{n \neq 0} \frac{\sin \lambda n\pi}{n\pi} U_{a^n} \quad ;$$

il est de trace λ .

SUR LA THEORIE NON COMMUTATIVE DE L'INTEGRATION

Alain CONNES

INTRODUCTION

Soient V une variété compacte et F un sous-fibré intégrable du fibré tangent ; supposons que le feuilletage $\mathcal{F}$ tangent à F soit mesuré. On dispose alors (en supposant F orienté) du courant C associé par Ruelle et Sullivan à la mesure transverse ; il est fermé de même dimension que F et définit une classe d'homologie [C], élément de l'espace de dimension finie $H_p(V,\mathbb{R})$. Considérant ce cycle comme le "cycle fondamental" du feuilletage mesuré, il est naturel de définir la caractéristique d'Euler Poincaré en évaluant [C] sur la classe d'Euler du fibré F, $e(F) \in H^p(V,\mathbb{R})$. On espère alors interpréter cette caractéristique d'Euler sous la forme usuelle $\Sigma(-1)^i \beta_i$, où β_i désigne la "dimension moyenne" d'espaces de formes harmoniques (par rapport à une structure Riemannienne sur la feuille, dont β_i ne dépend pas)

$$\beta_i = \int_X \dim(H^i(f))d\Lambda(f)$$

où X désigne l'espace des feuilles du feuilletage. La difficulté principale pour établir une telle formule est que, en général, $\dim(H^i(f))$, (où $H^i(f)$ désigne l'espace de Hilbert des formes harmoniques de carré intégrable sur la feuille $f \in X$) est égal soit à 0 soit à $+\infty$, de sorte que, si l'on utilise la théorie usuelle de l'intégration, comme la fonction à intégrer est invariante par multiplication par 2, on a $\beta_i = 0$ ou $+\infty$.

Dans cet article, nous développons d'abord une généralisation de la théorie usuelle de l'intégration, qui, mieux adaptée à l'étude d'espaces singuliers comme l'espace des feuilles d'un feuilletage, l'espace des géodésiques d'une variété Riemannienne compacte ou celui des représentations irréductibles d'une C^*-algèbre, permet de donner une valeur finie à une intégrale comme celle qui définit β_1 . Nous l'appliquons ensuite pour démontrer la version "feuilletage mesuré" du théorème de l'indice d'Atiyah Singer (cf No VIII). Ce résultat s'inscrit dans la direction proposée par Singer dans [43][44] et déjà illustrée par Atiyah dans [2].

Notre formalisme doit suffisamment aux idées de G. Mackey [22] [23] et A. Ramsey [30] [31] sur les groupes virtuels, pour que l'on puisse considérer cet article comme une réalisation du programme de G. Mackey [22]. Il y a cependant une nouveauté, cruciale pour la théorie des groupes virtuels, qui est celle de mesure transverse sur un groupoïde mesurable. Cette notion est étroitement reliée à la théorie des traces et des poids sur les algèbres de von Neumann. Le lien entre groupes virtuels et algèbres de von Neumann apparaît déjà clairement dans [8] Corollaire 10 et a été développé dans [21] [39] [38] [16] et [17].

Espaces mesurables singuliers et intégration des fonctions infinies

La donnée de départ en théorie classique de l'intégration (ou des probabilités) est celle d'un espace mesurable, c'est-à-dire d'un ensemble Ω (ensemble des résultats d'une expérience aléatoire) et d'une tribu $\mathcal{B}$ de partie de Ω (événements). Une mesure positive est alors une application Λ , dénombrablement additive, qui à toute fonction positive mesurable ν sur Ω associe un scalaire $\Lambda(\nu) \in [0, +\infty]$.

Bien que la théorie soit développée dans cette généralité, on l'applique surtout aux espaces mesurés usuels, c'est-à-dire réunion d'une partie dénombrable et d'un espace de Lebesgue. La classe des espaces mesurés usuels est cependant instable par l'opération élémentaire d'image directe : si p désigne une application de l'espace mesuré usuel $(X,\mathcal{A},\mu)$ dans l'ensemble Ω on munit Ω de la tribu $\mathcal{B} = \{B \subset \Omega , p^{-1}(B) \in \mathcal{A}\}$ et de la mesure $\Lambda = p(\mu) : \Lambda(B) = \mu(p^{-1}(B))$. Ainsi, par exemple, si T désigne une transformation ergodique de $(X,\mathcal{A},\mu)$ l'image de μ par la projection naturelle p de X sur l'ensemble Ω des orbites de T est <u>singulière</u> au sens où toute fonction mesurable sur Ω est presque partout égale à une constante.

De même, l'espace des géodésiques d'une variété Riemannienne compacte est singulier dès que le flot géodésique est ergodique. La théorie usuelle est inefficace pour étudier ces espaces car elle est basée sur l'étude d'espaces fonctionnels qui dans les cas ci-dessus ne contiennent que les fonctions constantes. La seule notion que nous aurons à modifier, pour obtenir une théorie significative de l'intégration sur les espaces singuliers, est celle de fonction.

Considérons Ω comme un ensemble, sans autre structure supplémentaire, et examinons la notion usuelle de fonction positive sur Ω. Discutons d'abord le cas des fonctions à valeurs entières

$f : \Omega \longrightarrow \{0, 1, \ldots, \infty\} = \overline{\mathbb{N}}$.

Définissons un entier $n \in \overline{\mathbb{N}}$ comme un nombre cardinal, de sorte que tout ensemble dénombrable Y définit un élément de $\overline{\mathbb{N}}$ et que deux ensembles Y_1, Y_2 définissent le même n ssi il existe une bijection de Y_1 sur Y_2 .

De même considérons une fonction $f : \Omega \longrightarrow \overline{\mathbb{N}}$ comme destinée à mesurer la cardinalité d'un ensemble Y au-dessus de Ω (i.e. muni d'une application $\pi : Y \longrightarrow \Omega$ avec $\pi^{-1}\{\omega\}$ dénombrable pour tout $\omega \in \Omega$) par l'égalité :

$$f(\omega) = \text{cardinalité } \pi^{-1}\{\omega\} \qquad \forall \quad \omega \in \Omega .$$

L'axiome du choix montre que pour que deux ensembles (Y_i, π_i) $i = 1,2$ au-dessus de Ω définissent la même fonction f, il faut et il suffit qu' il existe une bijection φ de Y_1 sur Y_2 telle que $\pi_2 \circ \varphi = \pi_1$.

Prenons un exemple, soit Ω l'ensemble des géodésiques du tore plat $\mathbb{T}^2$ et C un arc de courbe (de classe $\mathcal{C}^\infty$) sur $\mathbb{T}^2$

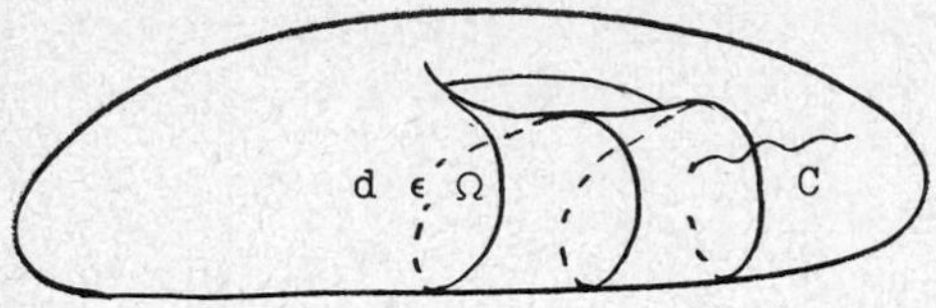

Nous étudions la fonction f qui à toute géodésique $d \in \Omega$ associe la cardinalité de $d \cap C$.

Prenons pour premier ensemble au-dessus de Ω définissant f le sous-graphe de cette fonction, i.e :

$$Y_1 = \{(d,n) \in \Omega \times \mathbb{N} \quad , 0 \leqslant n < f(d)\} \quad \pi_1(d,n) = d .$$

Le deuxième ensemble au-dessus de Ω qui représente également la fonction f est l'ensemble Y_2 des couples (d,c) où $d \in \Omega$, $c \in C \cap d$, et où l'on pose $\pi_2(d,c) = d$.

Comme une géodésique d passant par $c \in C$ est uniquement déterminée par la direction qu'elle a en ce point, on peut identifier Y_2 avec $C \times S^1$ et donc en faire un espace mesurable usuel.

Montrons que si φ est une bijection de Y_1 sur Y_2 telle que $\pi_2 \circ \varphi = \pi_1$, elle exhibe un sous-ensemble non mesurable de l'intervalle [0,1]. Choisissons un irrationnel α et considérons le flot F de pente α sur $\mathbb{T}^2$. Associons à tout $x \in \mathbb{T}^2$ sa trajectoire d(x) qui est une géodésique, $d(x) \in \Omega$. On a, en général, Cardinalité$(d(x) \cap C) = +\infty$ Ainsi l'application $x \longrightarrow \varphi(d(x),0)$ est une injection de l'espace des trajectoires de F dans Y_2. Or, si l'on munit $\mathbb{T}^2$ de la mesure de Lebesgue, l'ergodicité du flot F montre que toute application mesurable de $\mathbb{T}^2$ dans un espace mesurable usuel (comme Y_2) qui est constante sur les orbites de F, est en fait presque partout égale à une constante. Ainsi l'application ci-dessus de $\mathbb{T}^2$ dans Y_2 ne peut être mesurable.

On voit donc que l'axiome du choix, en donnant la même cardinalité au-dessus de Ω aux ensembles Y_1 et Y_2 simplifie abusivement la situation. Tout en conservant l'axiome du choix nous définirons une <u>fonction généralisée</u> (à valeurs entières) sur Ω comme une classe d'équivalence d'espaces <u>mesurables</u> Y au-dessus de Ω , en n'autorisant comme équivalence $\varphi : Y_1 \longrightarrow Y_2$, $\pi_2 \circ \varphi = \pi_1$ que les applications mesurables. (La structure mesurable sur Y est supposée usuelle et compatible avec $\pi : Y \longrightarrow \Omega$ au sens où $G = \{(y_1,y_2),\ \pi(y_1) = \pi(y_2)\}$ est une partie mesurable de $Y \times Y$) .

Si F désigne une fonction généralisée sur Ω qui est finie, i.e $\mathrm{Card}\ \pi^{-1}\{\omega\} < \infty \quad \forall\ \omega \in \Omega$, on voit facilement en munissant Y d'un ordre total mesurable (en l'identifiant à [0,1]), que F est équivalente au sous-graphe de la fonction $f(\omega) = \mathrm{Card}\ \pi^{-1}(\{\omega\})$. Ainsi la distinction ci-dessus n'intéresse que les fonctions infinies, on retrouve pour les valeurs finies la notion ordinaire.

(Le passage aux fonctions à valeurs réelles positives se fait de la même façon en considérant un réel $\alpha \in [0, +\infty]$ comme la classe de tous les espacés de Lebesgue de masse totale α).

Prenons maintenant pour Ω un espace singulier image par l'application p d'un espace mesurable usuel $(X, \mathcal{A})$. Nous dirons alors qu'une fonction généralisée F sur Ω est mesurable si le sous-ensemble suivant de $X \times Y$ est mesurable:

$$\{(x,y)\ ,\ x \in X,\ y \in Y,\ p(x) = \pi(y)\}\ .$$

Une <u>mesure généralisée</u> sur Ω est alors une règle qui attribue à toute fonction généralisée F, mesurable, sur Ω un scalaire $\Lambda(F) \in [0, +\infty]$ et vérifie :

1) <u>σ-additivité</u> : $\Lambda(\sum_1^\infty F_n) = \sum_1^\infty \Lambda(F_n)$ (où $\sum F_n$ est défini à partir de l'espace mesurable somme des espaces Y_n)

2) <u>Invariance</u> : $\Lambda(F_1) = \Lambda(F_2)$ si F_1 est équivalente à F_2 .

Par exemple, dans le cas de l'espace Ω des géodésiques du tore $\mathbb{T}^2$ il existe sur Ω une mesure généralisée Λ telle que pour toute courbe $\mathcal{C}^\infty$ on ait :

$$\int \text{Cardinalité}(C \cap d)\, d\Lambda(d) = \text{Longueur de } C\ .$$

On peut, à titre d'exercice, démontrer que si l'espace $X, \mathcal{A}$ qui désingularise Ω est muni d'une mesure μ , telle que (en supposant $p^{-1}(\omega)$ dénombrable $\forall\ \omega \in \Omega$) on ait : $A \in \mathcal{A}$ μ-négligeable $\Rightarrow p^{-1}(p(A))$ μ -négligeable, et si toute fonction $p(\mu)$-mesurable sur Ω est presque partout constante, il existe alors sur Ω une mesure généralisée Λ , unique à un scalaire multiplicatif près, telle que :

3) $F = 0$ $p(\mu)$-presque partout $\Rightarrow \Lambda(F) = 0$

De plus l'ensemble des valeurs $\Lambda(F)$, F fonction généralisée à valeurs entières, est l'un des trois suivants :

I $\{0,1,\ldots,\infty\} = \overline{\mathbb{N}}$

II $[0, +\infty] = \overline{\mathbb{R}}$

III $\{0, +\infty\}$

Le cas I ne se produit que si Ω est réunion d'un point ω_o et d'un ensemble négligeable, et on a alors $\Lambda(F) = \text{Card } F(\omega_o)$.

Le cas III exclu l'existence d'une mesure généralisée intéressante.

Dans le cas II, dont un exemple est l'espace des géodésiques sur une surface de Riemann compacte de genre > 1, on peut donner une intégrale finie à des fonctions généralisées infinies partout, ce qui signifie que l'espace singulier est de masse nulle. On peut réaliser concrètement un tel espace en partant de cette feuille de papier et en la pliant en deux une infinité de fois.

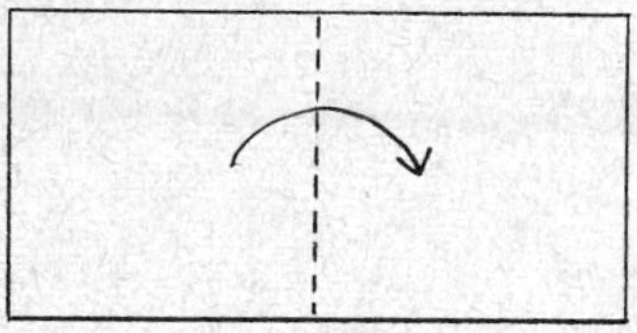

1

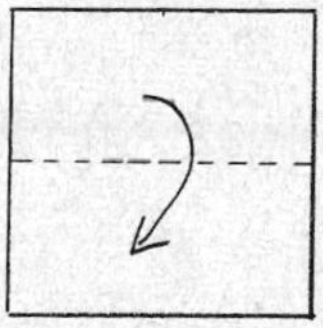

2

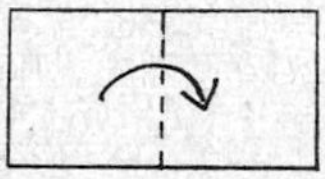

3

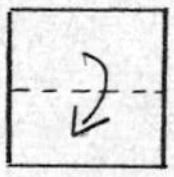

4

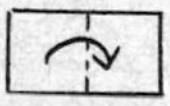

5

6

Mesures transverses sur les groupoïdes mesurables

Pour formaliser la notion d'espace mesurable quotient Ω du paragraphe précédent, nous partons d'un ensemble Ω muni d'une désingularisation, i.e. d'un espace mesurable $(X,\mathcal{A})$ et d'une projection $p : X \longrightarrow \Omega$. On suppose bien entendu que $G = \{(x_1,x_2),\ p(x_1)= p(x_2)\}$ est mesurable dans $X \times X$. En fait la propriété cruciale de G est d'être un <u>groupoïde mesurable</u> (cf No I) pour la composition $(x_1,x_2) \circ (x_2,x_3) = (x_1,x_3)$, l'application p définissant une bijection de l'ensemble des classes d'isomorphisme d'objets de G avec Ω . Nous appellerons donc plus généralement désingularisation de Ω la donnée d'un groupoïde mesurable G dont Ω est l'ensemble des classes. Si G_1 et G_2 sont deux groupoïdes mesurables et $h : G_1 \longrightarrow G_2$ une équivalence (entre petites catégories) nous considérerons les désingularisations correspondantes de Ω comme équivalentes.

Notre programme est alors de traduire sur G la notion de mesure généralisée sur Ω , puis de vérifier que la théorie est invariante par équivalence.

Dans le numéro I nous introduisons la notion de <u>fonction transverse</u> sur un groupoïde mesurable. Dans le cas où $G = \{(x_1,x_2), p(x_1)=p(x_2)\}$ elle se réduit à celle de fonction généralisée sur Ω , de la forme (X,p,ν), à valeurs dans $[0, +\infty]$ (ce qui explique qu'il s'agisse d'une famille de mesures, un nombre réel étant représenté par un espace mesuré). Dans le cas opposé, où G est un groupe, elle se réduit à la notion de mesure de Haar à gauche.

Dans le numéro II nous introduisons la notion de <u>mesure transverse</u> de module δ, sur G, où δ désigne un homomorphisme de G dans $\mathbb{R}_+^*$. Le cas $\delta = 1$ est exactement la traduction de la notion de mesure généralisée sur Ω, la condition de normalité (cf II 1) est la traduction de la σ-additivité de Λ et la condition d'invariance à droite (cf II 1) traduit l'invariance de Λ . Le cas non unimodulaire $\delta \neq 1$ est important car il permet de traiter le cas III ci-dessus. Le résultat principal que nous démontrons dans II est la caractérisation des mesures transverses Λ , de module δ , par la mesure $\mu = \int s(\delta^{-1}\nu^x)\, d\Lambda(x)$ sur $G^{(0)}$, ce qui constitue l'analogue du théorème classique de désintégration des mesures : ayant fixé la fonction transverse ν (avec $\nu^x \neq 0 \quad \forall x$), l'application $\Lambda \longrightarrow \mu$ est une bijection entre mesures transverses de module δ sur G et mesures μ sur $G^{(0)}$ dont les mesures conditionnelles sur les classes d'isomorphisme d'objets sont proportionnelles aux $s(\delta^{-1}\mu)$.

Dans le numéro III nous montrons comment la donnée de Λ permet d'intégrer les fonctions généralisées mesurables sur Ω , ce qui nous permet de vérifier facilement l'invariance de notre notion par équivalence de groupoïdes mesurables. En particulier, on peut prendre l'image directe d'une mesure transverse Λ_1 sur G_1 par un foncteur mesurable $h : G_1 \longrightarrow G_2$ et $\Lambda_2 = h(\Lambda_1)$ ne change pas si l'on remplace h par un foncteur équivalent. [C'est ici qu'apparaît le plus clairement l'avantage de notre formalisme sur la théorie existante des groupes virtuels de Mackey (Cf [23] [30] [31] [21]). Dans cette théorie on suppose fixée une classe de mesure sur G, ayant des propriétés de quasi-invariance, et la notion (dégagée dans [16] et [41]) de système de Haar remplace celle de mesure transverse. Cette notion ne se transporte pas d'un groupoïde à un groupoïde équivalent, chaque système de Haar définit une mesure transverse (cf thm II 3) et seule cette dernière se transporte. En allégeant ainsi la donnée de départ on évite aussi toutes les difficultés liées à la composition des foncteurs (Cf [30] et [17]). Dans [30] on considère G comme identique au réduit G_A où A^c est négligeable, cette notion n'a pas de sens dans notre formalisme car seuls les ensembles saturés négligeables peuvent être définis à partir d'une mesure transverse Λ . Dans [30] A. Ramsey montre que les foncteurs mesurables ne sont pas toujours composables, seules leurs classes d'équivalence le sont. L'unique raison est l'identification abusive ci-dessus de G avec G_A; si on ne l'autorise que pour A saturé, Λ-négligeable la difficulté disparaît et on obtient une notion entièrement satisfaisante de foncteur absolument continu].

Algèbres de von Neumann et espaces singuliers.

Passons maintenant au point de vue algébrique de la théorie des probabilités, i.e. celui qui étudie l'algèbre de Boole des événements, ou ce qui revient au même, l'algèbre des classes de variables aléatoires bornées : $L^\infty(\Omega,\mathcal{B},\Lambda)$.

Les algèbres que l'on obtient ainsi sont exactement les algèbres de von Neumann commutatives, et la théorie des traces (unimodulaire) et des poids (non unimodulaire) sur les algèbres de von Neumann générales constitue la théorie non commutative de l'intégration.

Soit M une algèbre de von Neumann et appelons M-module tout espace hilbertien $\mathcal{H}$ muni d'une représentation normale de M dans $\mathcal{H}$. Il est clair que les M-modules forment une catégorie $\mathcal{C}_M$; ce qui est intéressant c'est que la connaissance de la catégorie $\mathcal{C}_M$ permet de retrouver le genre de M (M_1 et M_2 ont même genre ssi leurs produits tensoriels par le facteur de type I_∞ sont isomorphes) (cf [34]).

Dans le cas commutatif, où $M = L^\infty(\Omega,\mathcal{B},\Lambda)$, la catégorie $\mathcal{C}_M$ se décrit comme celle des champs mesurables d'espaces de Hilbert sur Ω, un morphisme du champ $(H_\omega)_{\omega\in\Omega}$ dans $(H'_\omega)_{\omega\in\Omega}$ étant une classe, modulo l'égalité presque partout, de sections mesurables $T = (T_\omega)_{\omega\in\Omega}$, où $T_\omega : H_\omega \longrightarrow H'_\omega$ est un opérateur borné (et $\text{Ess Sup}\|T_\omega\| = \|T\|_\infty$ définit la norme).

Dans notre cadre l'espace des paramètres Ω est l'espace des classes d'isomorphisme d'objets du groupoïde mesurable $(G,\mathcal{B})$ muni d'une mesure transverse Λ. La notion de champ d'espaces de Hilbert sur Ω est remplacée par celle de foncteur mesurable de G dans la catégorie des espaces de Hilbert (pour la traduction de la mesurabilité cf No IV). Comme quand G est un groupe cette notion se réduit à celle de représentation unitaire de G on parle également de représentation de G.

La catégorie $\mathcal{C}_\Lambda$, "duale" de $(G,\mathcal{B},\Lambda)$, a pour objet des représentations de G et pour morphismes les classes, modulo l'égalité Λ-presque partout, d'opérateurs d'entrelacement (si $T = (T_x)_{x\in G}$(0) est un opérateur d'entrelacement l'ensemble $\{ x, T_x = 0\}$ est saturé ; on peut donc définir sa nullité pour Λ).

Contrairement au cas usuel où $\mathcal{C}_\Lambda$ contient tous les champs mesurables sur Ω, le cas singulier nécessite de ne considérer que les représentations de carré intégrable de $(G,\mathcal{B})$.

Cette propriété de régularité ne dépend que de la structure mesurable de G, et on peut la définir en disant que H est de carré intégrable ssi c'est une sous-représentation d'une représentation H', avec $H' < H' \otimes K$ ($<$ signifie l'équivalence à une sous - représentation) pour toute représentation K avec $K_x \neq 0$ $\forall x$. Dans le cas où G est un groupe localement compact on retrouve la notion connue (cf [15] [27] [28] [25]).

Notons que en général la catégorie $\mathcal{C}_\Lambda$ ne dépend que de la classe de Λ , i.e. que de la notion d'ensemble saturé Λ-négligeable. La catégorie $\mathcal{C}_\Lambda$ est de plus équivalente à une catégorie $\mathcal{C}_M$ où M est une algèbre de von Neumann, uniquement déterminée si on la choisit proprement infinie .

La donnée de Λ dans sa classe a pour duale, dans le cas unimodulaire $\delta = 1$, celle d'une fonction dimension sur $\mathcal{C}_\Lambda$, qui à tout H associe $\dim_\Lambda(H) = \int \dim(H_x) d\Lambda(x)$ (l'intégrale étant prise au sens singulier, cf. No VI). Dans le cas d'un groupe localement compact unimodulaire, une mesure transverse Λ est une forme linéaire positive sur l'espace à une dimension des mesures de Haar à gauche, et $\dim_\Lambda(H)$ est le degré formel usuel des représentations de carré intégrable par rapport à la mesure de Haar à gauche ν , telle que $\Lambda(\nu) = 1$.

Dans le cas non unimodulaire la donnée de Λ définit une trace, non sur l'algèbre de von Neumann $\mathrm{End}_\Lambda(H)$ commutant de la représentation, mais sur l'espace des opérateurs de degré 1, i.e. vérifiant $U(\gamma)T_x U(\gamma)^{-1} = \delta(\gamma)T_y \quad \forall\ \gamma: x \longrightarrow y$ (où $U(\gamma) : H_x \longrightarrow H_y$ désigne la représentation de $\gamma \in G$). Ceci nous permet d'établir une bijection naturelle entre poids aur $\mathrm{End}_\Lambda(H)$ et opérateurs de degré 1 positifs puis de calculer très simplement les invariants des poids tels le spectre du groupe d'automorphismes modulaires, son intégrabilité, son centralisateur.

Comme corollaire de notre présentation il est clair que la catégorie $\mathcal{E}_\Lambda$(et donc l'algèbre de von Neumann proprement infinie correspondante) ne change pas si l'on remplace G par un groupoïde équivalent. De plus l'existence sur $\mathcal{C}_\Lambda$ d'une opération de produit tensoriel qui n'existe pas sur la catégorie $\mathcal{E}_M$ permet de montrer une propriété particulière des algèbres de von Neumann de la forme $\mathrm{End}_\Lambda(H)$ (cf. Corollaire VII).

Théorème de l'indice pour les feuilletages mesurés.

Soit $\mathcal{F}$ un feuilletage d'une variété V, l'espace Ω des feuilles de $\mathcal{F}$ est en général un espace singulier, au numéro VII nous établissons le lien entre mesures transverses sur Ω et mesures transverses Λ au sens usuel [29][45][36] pour le feuilletage $\mathcal{F}$. Au numéro VIII nous démontrons la formule de l'indice pour tout opérateur elliptique D sur la feuille $\mathcal{F}$ d'un feuilletage mesuré $(\mathcal{F},\Lambda)$ d'une variété compacte V :

$$\int_\Omega \dim(\ker D_f)\, d\Lambda(f) - \int_\Omega \dim(\ker D_f^*)\, d\Lambda(f)$$

$$= \operatorname{ch} D \operatorname{Td}(V) \quad [C]$$

Ou D_f désigne la restriction de D à la feuille $f \in \Omega$, ou ch D désigne le caractère de Chern du symbole principal de D(cf No VIII), Td(V) la classe de Todd de la variété V et [C] le cycle asymptotique, $[C] \in H_p(V,\mathbb{R})$ associé à la mesure transverse Λ par Ruelle et Sullivan. Contrairement à ce qui se produit pour les revêtements de variétés compactes (cf [2]) l'indice $\operatorname{Ind}_\Lambda(D)$ est, même après normalisation de Λ, en général irrationnel . (Soient par exemple Γ_1 et Γ_2 deux réseaux de $\mathbb{C}$, munissons $V = \mathbb{C}/_{\Gamma_1} \times \mathbb{C}/_{\Gamma_2}$ du feuilletage $\mathcal{F}$ défini par le groupe des translations $\tau_z(a,b) = (a + z, b + z)$ ($\forall (a,b) \in V$, $z \in \mathbb{C}$) et de la mesure transverse Λ associée à la mesure de Haar de V (en général c'est la seule mesure transverse pour f, à normalisation près). Soit E_1 (resp. E_2) le fibré complexe de dimension un sur V associé au diviseur $\{0\} \times \mathbb{C}/_{\Gamma_2}$ (resp $\mathbb{C}/_{\Gamma_1} \times \{0\}$) , comme le fibré tangent à $\mathcal{F}$ est trivial on peut parler de l'opérateur $\bar\partial_{E_1}$ (resp $\bar\partial_{E_2}$) agissant sur les sections de E_1 (resp E_2) le long de $\mathcal{F}$. Pour toute feuille f = $= \{ (a + z, b + z) , z \in \mathbb{C} \}$ de $\mathcal{F}$, le noyau $H_{E_1}(f)$ de $\bar\partial_{E_1}$ s'identifie à l'espace des fonctions méromorphes sur $\mathbb{C}$ n'ayant de pôles qu'aux points de Γ_1-a (avec ordre ≤ 1) et qui sont de carré intégrable (comme sections de E_1). Le noyau de $(\overline{\partial}_{E_1})^*$ est réduit à {0} et la formule de l'indice donne :

$$\int \dim (H_{E_1}(f))\, d\Lambda(f) = \text{densité } (\Gamma_1)$$

On a donc en général $\dim_\Lambda H_{E_1} / \dim_\Lambda H_{E_2} = \text{densité } \Gamma_1 / \text{densité } \Gamma_2 \notin \mathbb{Q}$.

Si on prend le diviseur associé à

$\{0\} \times \mathbb{C}/\Gamma_2 - \mathbb{C}/\Gamma_1 \times \{0\}$, en supposant que densité $\Gamma_1 \geqslant$ densité Γ_2 , le noyau de l'opérateur $\overline{\partial}_E$ (correspondant au fibré $E = E_1 \otimes E_2^*$) sur f, s'identifie à l'espace des fonctions méromorphes n'ayant de pôles qu'aux points de Γ_1-a mais nulles sur Γ_2-b , et on a de même

$$\int \dim(H_E(f))\, d\Lambda(f) = \text{densité } \Gamma_1 - \text{densité } \Gamma_2 .$$

On peut montrer que le noyau de $\overline{\partial}_E$ agissant dans l'espace des sections de carré intégrable de E sur V (en dérivant dans le sens des feuilles) n'est formé que des sections holomorphes de E sur V (de sorte que l'holomorphie le long des feuilles implique l'holomorphie sur V) dès que Γ_1 et Γ_2 sont en position générale. L'indice de $\overline{\partial}_E$ agissant sur $V^{(*)}$ est alors nul alors que celui de $\overline{\partial}_E$ sur $\mathcal{F}$ est densité Γ_1-densité Γ_2 ce qui montre qu'il n'y a pas en général de relations entre ces deux indices analytiques) .

(*) i.e. $\dim(\ker \overline{\partial}_E) - \dim(\ker(\overline{\partial}_E^*))$, bien que $\overline{\partial}_E$ ne soit pas elliptique au sens ordinaire, ces deux dimensions sont finies dans le cas considéré.

NOTATIONS

Soit G un groupoïde, c'est par définition une petite catégorie dans laquelle tout morphisme $\gamma : x \longrightarrow y$ est un isomorphisme. Nous notons γ^{-1} l'inverse de γ. Soit $G^{(0)}$ l'ensemble des objets de G, nous l'identifions à $\{ \gamma \in G, \ \gamma \circ \gamma = \gamma \}$. Pour $\gamma \in G$, $\gamma : x \longrightarrow y$ nous notons $x = s(\gamma)$ et $y = r(\gamma)$, $s(\gamma) = \gamma^{-1}\gamma$ est l'objet source et $r(\gamma) = \gamma\,\gamma^{-1}$ l'objet but. Pour $(\gamma_1, \gamma_2) \in G \times G$ la composition $\gamma_1 \circ \gamma_2$ a un sens quand $s(\gamma_1) = r(\gamma_2)$, notons

$$G^{(2)} = \{ (\gamma_1, \gamma_2) \in G \times G \ , \ s(\gamma_1) = r(\gamma_2) \} \ .$$

Pour $y \in G^{(0)}$, soit $G^y = \{ \gamma \in G, \ r(\gamma) = y \}$ et $G_y^y = \{ \gamma \in G, \ \gamma : y \longrightarrow y \}$, qui est un groupe.

La relation "x est isomorphe à y", i.e. $\exists \ \gamma \in G, \gamma : x \longrightarrow y$ est une relation d'équivalence sur $G^{(0)}$ que nous écrirons $x \sim y$. Pour tout sous-ensemble A de $G^{(0)}$ le saturé [A] est $\{ x \in G^{(0)}, \exists \ y \in A, \ x \sim y \}$.

Pour tout sous-ensemble A de $G^{(0)}$, nous noterons G_A le groupoïde $G_A = \{ \gamma \in G, \ s(\gamma) \in A, \ r(\gamma) \in A \}$, ainsi $G_{\{y\}} = G_y^y$. Nous appellerons groupoïde mesurable un couple $(G, \mathcal{B})$ d'un groupoïde G et d'une tribu de parties de G telles que les applications suivantes soient mesurables : r, s, $\gamma \mapsto \gamma^{-1}$ et o (Composition). Nous dirons que G est séparable si la tribu $\mathcal{B}$ est dénombrablement engendrée.

Soit $(X, \mathcal{B})$ un espace mesurable, nous noterons $\mathcal{F}^+(x)$ (resp. $\overline{\mathcal{F}}^+(X)$) l'espace des applications mesurables de X dans $(0, +\infty]$ (resp. $[0, +\infty]$).

I. FONCTIONS TRANSVERSES SUR G .

Soit G un groupoïde mesurable.

Nous appellerons Noyau sur G la donnée d'une application λ de $G^{(0)}$ dans l'espace des mesures positives sur G, telle que :

1) $\forall\, y \in G^{(0)}$, λ^y est portée par $G^y = r^{-1}(\{y\})$;

2) Pour tout $A \in \mathcal{B}$, l'application $y \longrightarrow \lambda^y(A) \in [0, +\infty]$ est mesurable.

Un noyau λ est dit propre si G est réunion d'une suite croissante $(A_n)_{n\in\mathbb{N}}$ de sous-ensembles mesurables de G tels que $\gamma \longrightarrow \lambda^{s(\gamma)}(\gamma^{-1}A_n)$ soit bornée pour tout $n \in \mathbb{N}$.

Soit λ un noyau sur G, on lui associe alors deux noyaux au sens usuel ([33] p. 8) de G dans G, définis par :

$$R(\lambda)_\gamma = \gamma\lambda^x \quad \text{où } x = s(\gamma)$$

$$L(\lambda)_\gamma = (R(\lambda)_{\gamma^{-1}})^\sim \quad \text{où } \sim \text{ est l'application } \gamma \longmapsto \gamma^{-1} \text{ de G dans G.}$$

Le noyau λ est propre ssi $R(\lambda)$ est propre au sens de [33] p. 8. Par construction $R(\lambda)$ commute avec les translations à gauche et $L(\lambda)$ avec les translations à droite.

Pour $f \in \mathcal{F}^+(G)$ les fonctions $R(\lambda)f$ et $L(\lambda)f$ sont données par :

$$(R(\lambda)f)(\gamma) = \int f(\gamma\gamma')d\lambda^x(\gamma') \qquad \forall\, \gamma \in G,\ s(\gamma) = x .$$

$$(L(\lambda)f)(\gamma) = \int f(\gamma'^{-1}\gamma)d\lambda^y(\gamma') \qquad \forall\, \gamma \in G,\ r(\gamma) = y .$$

Nous écrirons $\lambda * f$ pour $L(\lambda)f$ et $f * \tilde{\lambda}$ pour $R(\lambda)f$.

Soit $\mathcal{E}^+$ l'espace des noyaux propres sur G.

Le théorème de Fubini montre que si λ_1 et λ_2 sont des noyaux propres sur G on a :

$$(\lambda_1 * f) * \tilde{\lambda}_2 = \lambda_1 * (f * \tilde{\lambda}_2) \qquad \forall \ f \in \mathcal{F}^+(G)$$

Soit λ un noyau sur G, pour toutes $f \in \mathcal{F}^+(G)$ notons $\lambda(f)$ la fonction positive sur $G^{(0)}$ telle que :

$$\lambda(f)(y) = \int f \, d\lambda^y \qquad \forall \ y \in G^{(0)}$$

Pour toute $q \in \mathcal{F}^+(G^{(0)})$ on a $\lambda((q \circ r)f) = q \, . \, \lambda(f)$.

Soient λ un noyau sur G et $h \in \mathcal{F}^+(G)$, l'application $y \longmapsto h \, . \, \lambda^y$ est encore un noyau sur G, noté $h\lambda$. Notons que $h\lambda$ est propre si λ est propre.

Soient λ_1, λ_2 des noyaux sur G, on définit leur produit de convolution $\lambda_1 * \lambda_2$ par l'égalité :

$$(\lambda_1 * \lambda_2)^y = \int (\gamma \, \lambda_2{}^x) \, d\lambda_1{}^y(\gamma) \qquad \forall \ y \in G^{(0)}$$

En particulier pour toute $f \in \mathcal{F}^+(G)$ on a :

$$(\lambda_1 * \lambda_2)^y(f) = \iint f(\gamma\gamma') \, d\lambda_2{}^x(\gamma') \, d\lambda_1{}^y(\gamma) = \lambda_1{}^y(f * \tilde{\lambda}_2) \, .$$

Ainsi $\lambda_1 * \lambda_2$ est un noyau et $R(\lambda_1 * \lambda_2) = R(\lambda) \circ \underline{R}(\lambda_2)$ au sens de la composition usuelle des noyaux [33] p. 11. On a de même $L(\lambda_1 * \lambda_2) = L(\lambda_1) \circ L(\lambda_2)$. La convolution des noyaux est associative [33] p. 11, mais même si λ_1 et λ_2 sont propres il se peut que $\lambda_1 * \lambda_2$ ne soit <u>pas</u> propre. La condition suivante est suffisante pour que cela ait lieu :

<u>Lemme 1</u> a) Si λ_1 est borné et λ_2 est propre, alors $\lambda_1 * \lambda_2$ est propre.

b) Si λ_2 est borné et porté par $B \in \mathcal{B}$, et si il existe une suite croissante $(A_n)_{n \in N}$, $A_n \in \mathcal{B}$ telle que pour tout n $\gamma \longmapsto \lambda_1{}^{s(\gamma)}(\gamma^{-1} A_n B^{-1})$ soit bornée, alors $\lambda_1 * \lambda_2$ est propre.

<u>Dém.</u>: a) En effet, λ est propre $\Longleftrightarrow$ $R(\lambda)$ est propre ([33] p. 8), et $R(\lambda_1 * \lambda_2) = R(\lambda_1) \circ R(\lambda_2)$ où $R(\lambda_1)$ est borné par hypothèse.

b) On a $(\lambda_1 * \lambda_2)^x (\gamma^{-1} A_n) = \int \lambda_2^{x'}(\gamma'^{-1} \gamma^{-1} A_n)\, d\lambda_1^x(\gamma')$
$\leq C\ \lambda_1^x(\bar{\gamma}^1 A_n B^{-1})$, d'où le résultat. Q.E.D.

Soit λ un noyau sur G, nous noterons $s(\lambda)$ (resp. $r(\lambda)$) le noyau usuel de $G^{(0)}$ dans $G^{(0)}$ tel que :

$$s(\lambda)_x = s(\lambda^x) \quad \forall\ x \in G^{(0)} \qquad (\text{resp. } r(\lambda)_x = r(\lambda^x) \quad \forall\ x)$$

Même si λ est propre il se peut que $s(\lambda)$ ne soit pas propre.
On a $s(\lambda)f = \lambda(f \circ s)$ et $s(\lambda_1 * \lambda_2) = s(\lambda_1) \circ s(\lambda_2)$ car :

$$L(\lambda)(f \circ r) = (s(\lambda)f) \circ r \quad , \quad \forall\ f \in \mathcal{F}^+(G) .$$

En effet $L(\lambda)(f \circ r)(\gamma) = \int (f \circ r)(\gamma'^{-1}\gamma)\, d\lambda^y(\gamma') = \int f \circ s(\gamma') d\lambda^y(\gamma')$.

<u>Définition 2</u> : On appelle <u>fonction transverse</u> sur G tout noyau ν vérifiant la condition suivante :

$$\gamma\nu^x = \nu^y \qquad \forall\ \gamma \in G\ , \quad \gamma : x \longmapsto y \ .$$

Soit ν une fonction transverse ; pour que ν soit propre il faut et il suffit qu'il existe une suite croissante $(A_n)_{n\in N}$ $A_n \in \mathcal{B}$, telle que $x \mapsto \nu^x(A_n)$ soit bornée $\forall\ n \in \mathbb{N}$. (Les seules fonctions transverses qui nous intéressent sont celles qui sont propres , au point que nous omettons librement ce qualificatif quitte à dire que ν est impropre sinon.)

Soit ν une fonction transverse , alors $A = \{ x, \nu^x \neq 0 \}$ est un sous-ensemble mesurable de $G^{(0)}$ qui est saturé : $\forall\ \gamma : x \longmapsto y$ $x \in A \Longleftrightarrow y \in A$. Nous l'appellerons le <u>support</u> de ν .

<u>Lemme 3</u> : Soient ν et A comme ci-dessus ; si ν est propre, il existe une fonction $f \in \mathcal{F}^+(G)$ telle que

$$\nu(f) = 1_A \quad , \quad f(\gamma) > 0 \qquad \forall\ \gamma \in G_A \ .$$

Démonstration : Par hypothèse G est réunion d'une suite $(A_n)_{n\in N}$ avec $\nu(A_n) = C_n < \infty$ où $C_n \in \mathbb{R}_+^*$, ainsi avec $g = \Sigma\, 2^{-n} C_n^{-1} 1_{A_n}$ on a $g(\gamma) > 0$, $\forall\, \gamma$ et $\nu(g) \leq 1$. Pour $x \in A$, on a $\nu(g)(x) \neq 0$, on pose alors $f(\gamma) = (\nu(g)(r(\gamma)))^{-1}\, g(\gamma)$ pour $\gamma \in G_A$ et $f(\gamma) = 0$ sinon. Q.E.D.

Nous dirons que ν est fidèle si son support est égal à $G^{(0)}$. Nous notons $\mathcal{E}^+$ l'espace des fonctions transverses propres sur G, et $\overline{\mathcal{E}}^+$ celui de toutes les fonctions transverses sur G.

Proposition 4 :

a) Soient $\nu \in \mathcal{E}^+$, $f \in \mathcal{F}^+(G^{(0)})$, alors $(f \circ s)\nu \in \mathcal{E}^+$.

b) Supposons $(G,\mathcal{B})$ séparable . Soient $\nu_1, \nu_2 \in \mathcal{E}^+$. Supposons que pour tout $x \in G^{(0)}$, $\nu_1^{\,x}$ est absolument continue par rapport à $\nu_2^{\,x}$, il existe alors $f \in \mathcal{F}^+(G^{(0)})$, telle que $\nu_1 = (f \circ s)\nu_2$.

Démonstration :

a) L'invariance à gauche de $(f \circ s)\nu$ est immédiate ; il faut vérifier que ce noyau est propre mais cela résulte de la finitude de f.

b) Soit $(\mathcal{P}^n)_{n\in N}$ une suite croissante de partitions finies de G , mesurables, engendrant $\mathcal{B}$. Tout $\gamma \in G$ est dans un unique atome $E_\gamma^{\,n}$ de $\mathcal{P}^n$ et on pose (cf [33] p. 32)

$$f_n(\gamma) = \nu_1^{\,y}(E_\gamma^{\,n}) \,/\, \nu_2^{\,y}(E_\gamma^{\,n}) \qquad \text{si} \qquad \nu_2^{\,y}(E_\gamma^{\,n}) \neq 0$$

$$f_n(\gamma) = 0 \qquad \text{si} \qquad \nu_2^{\,y}(E_\gamma^{\,n}) = 0 .$$

Par construction f_n est mesurable et pour tout $y \in G^{(0)}$ la suite f_n restreinte à G^y converge $\nu_2^{\,y}$-presque sûrement vers $d\nu_1^{\,y} / d\nu_2^{\,y}$.
On pose $f = \lim f_n$ (et 0 là où la limite n'existe pas) et on obtient b) . Q.E.D. .

Proposition 5

a) Soit ν un noyau sur G; pour que ν soit une fonction transverse il faut et il suffit que

$$R(\nu)f = \nu(f) \circ r \qquad \forall f \in \mathcal{F}^+(G).$$

b) Soient ν une fct transverse propre, λ un noyau propre sur G alors $\nu(\lambda * f) = \lambda(\nu(f) \circ s) = s(\lambda)(\nu(f)) \qquad \forall f \in \mathcal{F}^+(G)$.

c) Soient ν et λ comme en b) et $f \in \mathcal{F}^+(G)$ alors :

$$\lambda * f\nu = (\lambda * f)\nu \quad \text{et} \quad \lambda * \nu = (\lambda(1) \circ r)\nu .$$

Démonstration

a) On a $(R(\nu)f)(\gamma) = \int f(\gamma\gamma')d\nu^x(\gamma')$ et

$\nu(f)(r(\gamma)) = \int f(\gamma'')d\nu^y(\gamma'')$ d'où le résultat.

b) On a $\nu(\lambda * f) \circ r = R(\nu)L(\lambda)f = L(\lambda)R(\nu)f =$

$L(\lambda)(\nu(f) \circ r)$ d'où le résultat.

c) Pour $y \in G^{(0)}$ et $A \in \mathcal{B}$ on a :

$$(\lambda * f\nu)^y(A) = \int (f\nu)^x(\gamma^{-1}A)\,d\lambda^y(\gamma) = \iint f(\gamma^{-1}\gamma')1_A(\gamma')d\nu^y(\gamma')d\lambda^y(\gamma)$$

$$= \int\left(\int f(\gamma^{-1}\gamma')d\lambda^y(\gamma)\right) 1_A(\gamma')d\nu^y(\gamma') \quad \text{où on peut appliquer}$$

Fubini grâce à l'hypothèse. Prenant $f = 1$ on obtient $\lambda * \nu =$

$= (\lambda(1) \circ r)\nu$ d'où c) .

Proposition 6

a) Soient ν une fonction transverse et λ un noyau sur G, alors $\nu * \lambda$ est une fonction transverse.

b) Soient ν et ν' des fonctions transverses propres sur G avec Support $\nu' \subset$ Support ν , il existe alors un noyau propre λ sur G tel que $\nu' = \nu * \lambda$.

a) Soit $f \in \mathcal{F}^+(G)$, il suffit de vérifier que $(R(\nu * \lambda)\, f)(\gamma)$ ne dépend que de $r(\gamma)$, ce qui résulte de l'égalité :

$$(R(\nu * \lambda)f) \;=\; R(\nu)(R(\lambda)f)$$

b) Soient A = Support ν et $f \in \mathcal{F}^+(G)$ telle que $\nu(\tilde{f}) = 1_A$ (Lemme 3) . Appliquons la proposition 5c), on a :

$$\nu * f\nu' = (\nu * f)\nu' = (\nu(\tilde{f}) \circ s)\nu' = \nu'$$

car $\nu * f = L(\nu)f = (R(\nu)\tilde{f})^{\sim} = (\nu(\tilde{f}) \circ r)^{\sim}$. Q.E.D.

Soit T un sous-ensemble mesurable de $G^{(0)}$. L'égalité

$$\nu(f)(y) = \sum_{\substack{\gamma \in G^y \\ s(\gamma) \in T}} f(\gamma) \quad , \qquad \forall \; f \in \mathcal{F}^+(G)$$

définit une fonction transverse ν_T, appelée <u>fonction caractéristique</u> de T. Nous dirons que T est une <u>transversale</u> si la fonction transverse ν_T est <u>propre</u>, cela implique que $s^{-1}(T) \cap G^y$ est dénombrable pour tout $y \in G^{(0)}$. Si G est un groupe localement compact, il est discret ssi $G^{(0)}$ est une transversale. Dans le cas général nous dirons que G est <u>discret</u> si $G^{(0)}$ est une transversale. Si $T \subset G^{(0)}$ est une transversale le groupoïde mesurable réduit G_T est discret.

II . MESURES TRANSVERSES SUR G .

Soit δ une application mesurable de G dans $\mathbb{R}^*_+$ telle que
$\delta(\gamma_1\gamma_2) = \delta(\gamma_1)\delta(\gamma_2) \qquad \forall(\gamma_1, \gamma_2) \in G^{(2)}$.

Rappelons que $\mathcal{E}^+$ désigne l'espace des fonctions transverses propres sur G. Soit $(\nu_n)_{n\in N}$ une suite croissante de fonctions transverses, majorée par une fonction transverse propre, alors l'égalité $\nu^x = \operatorname{Sup}_n \nu_n^x$ définit une fonction transverse ν, nous écrirons dans ces conditions $\nu = \operatorname{Sup} \nu_n$ et $\nu_n \uparrow \nu$.

Définition 1 :

On appelle mesure transverse de module δ sur G toute application linéaire Λ de $\mathcal{E}^+$ dans $[0, +\infty]$ telle que :

a) Λ est normale i.e. $\Lambda(\operatorname{Sup} \nu_n) = \operatorname{Sup} \Lambda(\nu_n)$ pour toute suite croissante majorée dans $\mathcal{E}^+$.

b) Λ est de module δ i.e. pour tout couple $\nu, \nu' \in \mathcal{E}^+$ et tout noyau λ tel que $\lambda^y(1) = 1 \qquad \forall\, y \in G^{(0)}$ on a :

$$\nu * \delta\lambda = \nu' \Longrightarrow \Lambda(\nu) = \Lambda(\nu')$$

Si $\delta = 1$, la condition b) exprime l'invariance de Λ par les translations à droite dans G, agissant sur $\mathcal{E}^+$. Nous dirons que Λ est semi-finie si pour tout $\nu \in \mathcal{E}^+$ on a : $\Lambda(\nu) = \operatorname{Sup}\{\Lambda(\nu'), \nu' \leq \nu, \Lambda(\nu') < \infty\}$ et que Λ est σ-finie s'il existe une fonction transverse fidèle de la forme $\nu = \operatorname{Sup} \nu_n$, $\Lambda(\nu_n) < \infty$.

Dans la discussion qui suit, nous supposons Λ semi-finie .

Pour tout $\nu \in \mathcal{E}^+$ on a $(f \circ s)\nu \in \mathcal{E}^+$ pour toute $f \in \mathcal{F}^+(G^{(0)})$, l'égalité $\Lambda_\nu(f) = \Lambda((f \circ s)\nu)$ définit ainsi une mesure positive Λ_ν sur $G^{(0)}$ qui est semi-finie dès que Λ est semi-finie (Prop. 4b)).

La condition b) montre que si ν, $\nu' \in \mathcal{E}^+$ et $\lambda \in \mathcal{C}^+$ vérifient $\nu' = \nu * \lambda$, on a $\Lambda(\nu') = \Lambda_\nu(\lambda(\delta^{-1}))$.

Proposition 2

Soit Λ une mesure transverse semi-finie de module δ .

a) Pour ν, $\nu' \in \mathcal{E}^+$ et $f \in \mathcal{F}^+(G)$ on a :

$$\Lambda_\nu(\nu'(\tilde{f})) = \Lambda_{\nu'}(\nu(\delta^{-1}f)) \qquad (\tilde{f}(\gamma) = f(\gamma^{-1}) \quad \forall \gamma)$$

b) Soient ν, $\nu' \in \mathcal{E}^+$, $\lambda \in \mathcal{C}^+$ avec $\nu' = \nu * \delta\lambda$ et $s(\lambda) = D$ la diffusion associée à λ sur $G^{(0)}$ alors :

$\Lambda_{\nu'} = \Lambda_\nu \circ D$ et $\Lambda_{\nu'}(\nu'(f)) = \Lambda_\nu(\nu(\lambda * f * (\delta\lambda)^\sim))$ pour toute $f \in \mathcal{F}^+(G)$.

Démonstration :

a) Pour $f \in \mathcal{F}^+(G)$, appliquons l'égalité

$\Lambda(\nu * \delta\lambda) = \Lambda_\nu(\lambda(1))$ à $\lambda = \tilde{f}\nu'$, cela donne :

$$\Lambda(\nu * \delta\tilde{f}\nu') = \Lambda_\nu(\nu'(\tilde{f})) .$$

La proposition 5c) montre que $\nu * \delta\tilde{f}\nu' = (\nu(\tilde{\delta}f) \circ s)\nu'$ d'où l'égalité $\Lambda_{\nu'}(\nu(\tilde{\delta}f)) = \Lambda_\nu(\nu'(\tilde{f}))$ ce qui prouve a) .

b) Pour $f \in \mathcal{F}^+(G^{(0)})$ on a $\Lambda_{\nu'}(f) = \Lambda((f \circ s)(\nu * \delta\lambda)) = \Lambda(\nu * (f \circ s)\delta\lambda) =$
$= \Lambda_\nu(\lambda(f \circ s)) = \Lambda_\nu \circ D(f)$.

Pour $f \in \mathcal{F}^+(G)$ on a $\Lambda_{\nu'}(\nu'(f)) = \Lambda_{\nu'}((\nu * \delta\lambda)f) = \Lambda_{\nu'}(\nu(f * (\delta\lambda)^\sim)) =$
$= \Lambda_\nu(D(\nu(f*(\delta\lambda)^\sim)) = (\Lambda_\nu \circ \nu)(\lambda * f *(\delta\lambda)^\sim)$ car pour $g \in \mathcal{F}^+(G)$ on a $D(\nu(g)) = \lambda(\nu(g) \circ s) = \nu(\lambda * g)$ (Prop. 5b)). Q.E.D.

Le théorème suivant est une généralisation du théorème de désintégration des mesures, il caractérise les mesures μ sur $G^{(0)}$ de la forme Λ_ν .

Théorème 3

Soient ν une fonction transverse propre et A son support.

L'application $\Lambda \longmapsto \Lambda_\nu$ est alors une bijection entre l'ensemble des mesures transverses de module δ sur G_A et l'ensemble des mesures positives μ sur $G^{(0)}$ vérifiant les conditions équivalentes suivantes :

1) $\delta(\mu \circ \nu)^\sim = \mu \circ \nu$

2) $\lambda, \lambda' \in \mathcal{C}^+$, $\nu * \lambda = \nu * \lambda' \in \mathcal{E}^+ \Longrightarrow \mu(\delta^{-1}\lambda(1)) = \mu(\delta^{-1}\lambda'(1))$.

Démonstration :

On peut supposer que $A = G^{(0)}$. Comme ν est alors fidèle, toute $\nu' \in \mathcal{E}^+$ est de la forme $\nu' = \nu * \delta\lambda$, $\lambda \in \mathcal{C}^+$ (Proposition 6b)) où $\lambda \in \mathcal{C}^+$, on voit donc (Définition 1b)) que l'application $\Lambda \longmapsto \Lambda_\nu$ est injective. La proposition 2 montre que Λ_ν vérifie la condition 1). Il reste donc à montrer que 1) $\Longrightarrow$ 2) et que toute μ vérifiant 2) est de la forme Λ_ν. Soit μ vérifiant 1) et soit D la diffusion $s(\lambda)$ pour $\lambda \in \mathcal{C}^+$. Pour toute $f \in \mathcal{F}^+(G)$ on a :

$\mu(\lambda(\nu(f) \circ s)) = (\mu \circ \nu)(\lambda * f) = \delta(\mu \circ \nu)^\sim(\lambda * f) =$

$= (\mu \circ \nu)(\tilde{\delta}(\lambda * f)^\sim) = (\mu \circ \nu)((\delta f)^\sim * (\delta\lambda)^\sim) =$

$= \mu((\nu * \delta\lambda)(\tilde{\delta} f))$. Cela montre en fait que $\mu \circ D_\lambda$ ne dépend que de $\nu * \delta\lambda$ d'où 2).

Montrons maintenant l'existence de Λ à partir de μ.

Tout $\nu' \in \mathcal{E}^+$ est de la forme $\nu' = \nu * \lambda$; la condition 2) permet donc de définir Λ par l'égalité :

$$\Lambda(\nu * \lambda) = \mu(\delta^{-1}\lambda(1)) .$$

Vérifions les conditions a)b) de la définitiion 1) :

Pour $\nu'_n \uparrow \nu'_\infty$ dans $\mathcal{E}^+$, et $f \in \mathcal{F}^+(G)$ telle que $\nu(\tilde{f}) = 1$ (Lemme 3) on a $\nu'_n = \nu * \delta\lambda_n$ où $\lambda_n = \delta^{-1} f \nu'_n$ (Prop. 5c)). Ainsi $\Lambda(\nu'_n) =$

$= \mu(\nu'_n(\delta^{-1}(f)))$. Or comme $\nu'_n \uparrow \nu'_\infty$ la suite croissante $\nu'_n(f\delta^{-1})$ de fonctions mesurables sur $G^{(0)}$ a pour sup la fonction $\nu'_\infty(f\delta^{-1})$ de sorte que $\mu(\nu'_n(\delta^{-1}f)) \uparrow \mu(\nu'_\infty(\delta^{-1}f))$ d'où a).

Montrons b). Soient $\nu_1 = \nu * \delta\lambda_1 \in \mathcal{E}^+$ et $\lambda \in \mathcal{C}^+$ avec $\nu_2 = \nu_1 * \delta\lambda \in \mathcal{E}^+$. On a $\nu_2 = \nu * \delta(\lambda_1 * \lambda)$ donc $\Lambda(\nu_2) = \mu((\lambda_1 * \lambda)(1)) =$ $= \mu(\lambda_1(1))$ car $(\lambda_1 * \lambda)(1) = \lambda_1(1)$, d'où le résultat.

Il reste à vérifier que $\Lambda_\nu = \mu$, pour $f \in \mathcal{F}^+(G^{(0)})$ soit $\lambda \in \mathcal{C}^+$ tel que $\lambda^y = f(y)\varepsilon_y$, $\forall\, y \in G^{(0)}$, alors $\delta\lambda = \lambda$, $\Lambda((f \circ s)\nu) =$ $= \Lambda(\nu * \delta\lambda) = \mu(\lambda(1)) = \mu(f)$. Q.E.D.

Remarques :

1) Si μ est semi-finie il en est de même pour Λ .

2) Si μ est σ-finie, il en est de même de Λ , en effet si $\lambda_n \uparrow \lambda$ on a $\nu * \lambda_n \uparrow \nu * \lambda$.

3) Si Λ est σ-finie il en est de même de $\Lambda_{\nu'}$, $\forall\, \nu' \in \mathcal{E}^+$. En effet si $\nu' = \nu * \delta\lambda$ avec $\lambda \in \mathcal{C}^+$ il existe une suite croissante $\lambda_n \uparrow \lambda$, $\lambda_n \in \mathcal{C}^+$ telle que $\Lambda_\nu(\lambda_n(1)) < \infty$, on a alors $\nu'_n \uparrow \nu'$, $\Lambda(\nu'_n) < \infty$ avec $\nu'_n = \nu * \delta\lambda_n$.

Corollaire 5

Soient $\nu \in \mathcal{E}^+$ une fonction transverse fidèle et B un sous-ensemble mesurable de $G^{(0)}$ tel que $s^{-1}(B)$ porte ν^x , pour tout $x \in G^{(0)}$. Soit ν_B la fonction transverse propre sur G_B qui à $y \in B$ associe la restriction de ν^y à $G^y \cap s^{-1}(B)$.

Pour toute mesure transverse Λ sur G de module δ il existe une unique mesure transverse Λ_B de module δ_B sur G_B telle que $(\Lambda_B)_{\nu_B} = (\Lambda_\nu)_B$.

L'application $\Lambda \longmapsto \Lambda_B$ est une bijection entre mesures transverses de modules δ, δ_B sur G et G_B, indépendante du choix de ν.

Démonstration :

Par construction ν_B est une fonction transverse fidèle sur G_B et $\mu = \Lambda_\nu$ est portée par B. Il est clair que $\mu_B \circ \nu_B = \delta_B(\mu_B \circ \nu_B)^\sim$ d'où l'existence de Λ_B et son unicité. Réciproquement, soit Λ' une mesure transverse de module δ_B sur G_B et $\mu' = \Lambda'_{\nu_B}$. Considérons μ' comme une mesure sur $G^{(0)}$ nulle hors de B, pour $f \in \mathcal{F}^+(G)$, on a :

$$(\mu' \circ \nu)(f) = \int_{y\in B} \nu^y(f)d\mu'(y)$$

$$= \iint_{\gamma\in G_B} f(\gamma)d\nu^y(\gamma)d\mu'(y)$$. Cela montre que $(\mu' \circ \nu) = \delta(\mu' \circ \nu)^\sim$.

Il reste à montrer que Λ_B ne dépend pas du choix de ν et pour cela il suffit de vérifier l'égalité pour un couple ν, ν' avec $\nu \leqslant \nu'$ i.e. $\nu = (a \circ s)\nu'$ $a \in \mathcal{F}^+(G^{(0)})$. On a $\Lambda_\nu = a\Lambda_{\nu'}$ et $\nu_B = (a_B \circ s)\, \nu'_B$ d'où $(\Lambda_B)_{\nu_B} = a_B(\Lambda_B)_{\nu'_B}$. Q.E.D.

Corollaire 6

Soient $T \subset G^{(0)}$ une transversale fidèle et $\nu = \nu_T$ sa fonction caractéristique. Alors $\Lambda \longmapsto \Lambda_\nu$ est une bijection entre mesures transverses de module δ sur G et mesures μ sur T telles que :

$$d\mu(r(\gamma)) = \delta(\gamma)d\mu(s(\gamma)) \qquad \forall \gamma \in G_T$$

Nous renvoyons à [16] Corollaire 2 et définition 2.1 pour l'interprétation de l'égalité $d(\mu \circ r) = \delta\, d(\mu \circ s)$ ci-dessus.

Démonstration :

Le corollaire 5 permet de supposer que $G = G_T$, i.e. $T = G^{(0)}$.

On a $\nu^y(f) = \sum_{r(\gamma)=y} f(\gamma)$, $\forall f \in \mathcal{F}^+(G)$

de sorte que $(\mu \circ \nu)(f) = \int_{G^{(0)}} (\sum_{r(\gamma)=y} f(\gamma))d\mu(y) = \int f(\gamma)d\mu \circ r(\gamma)$, la condition 1 du théorème 3 s'écrit alors $d(\mu \circ r)(\gamma^{-1}) = \delta(\gamma)^{-1}d(\mu \circ r)(\gamma)$ d'où le résultat . Q.E.D.

Corollaire 7

Soient $(X,\mathcal{B})$ un espace mesurable, H un groupe localement compact agissant mesurablement sur X par $(x,h) \longrightarrow xh$ et $G = X \times H$ le groupoïde mesurable correspondant, δ un homomorphisme de G dans $\mathbb{R}^*_+$. Soient dh une mesure de Haar à gauche sur H et ν la fonction transverse correspondante sur G. Alors $\Lambda \longmapsto \Lambda_\nu$ est une bijection entre mesures transverses de module δ sur G et mesures μ sur X telles que :

$$\Delta_H^{-1}(h)d(h\mu)(x) = \delta(x, h)^{-1} d\mu(x) .$$

Démonstration :

Pour $\gamma = (x,h) \in G$ on a $r(\gamma) = x$, $s(\gamma) = xh = h^{-1}x$. On a $\delta(x, h_1h_2) = \delta(x,h_1)\delta(h_1^{-1}x, h_2)$ en d'autres termes $h \longmapsto \delta_h$ est un cocycle de H à valeurs dans l'espace des fonctions de X dans $\mathbb{R}^*_+$. Pour toute fonction mesurable positive sur $G = X \times H$ on a :

$$(\mu \circ \nu)(f) = \int f(x,h)dh \; d\mu(x)$$

$$(\mu \circ \nu)(\tilde{f}) = \int f(xh,h^{-1})dh \, d\mu(x) = \int f(y,k) \, \Delta_H(k)^{-1} dk \; d(k\mu)(y).$$

Le théorème 3 donne donc le résultat . Q.E.D.

Notons enfin à quoi se réduit la notion de mesure transverse de module δ dans le cas très particulier où G est le graphe d'une relation d'équivalence dénombrablement séparée sur un espace mesurable usuel Y. Soient donc $\pi : Y \longrightarrow X$ une application mesurable et supposons l'existence d'une application mesurable $x \longmapsto \alpha(x)$ de X dans l'espace des mesures de probabilité sur Y avec $\alpha(x)$ portée par $\pi^{-1}\{x\}$ $\forall$ x. Soient $G = \{(x,y), \pi(x) = \pi(y)\}$ le groupoïde mesurable graphe de la relation d'équivalence associée à π , et δ un homomorphisme mesurable de G dans $\mathbb{R}^*_+$. Il existe sur G une unique fonction transverse $\nu = s^*\alpha$ telle que $s(\nu^x) = \alpha(\pi(x))$ $\forall\, x \in Y$ et $\Lambda \longmapsto \Lambda_\nu$ est une bijection entre mesures transverses de module δ sur G et mesures μ sur X qui se désintègrent selon π en :

$$\mu = \int_X \beta_a \, d\rho(a) \qquad \beta_a = e^V \alpha(a)$$

avec V fonction mesurable de Y dans $\mathbb{R}$ telle que pour tout $\gamma \in G$ on ait $V(r(\gamma)) - V(s(\gamma)) = \mathrm{Log}(\delta(\gamma))$. En particulier, si $\delta = 1$, cela signifie que μ est une intégrale des mesures $\alpha(x)$. On obtient ainsi une correspondance canonique, indépendante du choix de α , entre mesures transverses sur G et mesures ordinaires sur X. La mesure transverse Λ correspondant à la mesure ρ sur X s'écrit

$$\Lambda(\nu) = \int_X \nu^y(1) \, d\rho(x)$$

où pour $y \in \pi^{-1}\{x\}$, la masse totale $\nu^y(1)$ de ν^y ne dépend pas du choix de y .

Rôle joué par les sous-ensembles Λ-négligeables.

Soient Λ une mesure transverse de module δ sur G et $A \subset G^{(0)}$ un sous-ensemble mesurable saturé de $G^{(0)}$.

Définition 7 :

A est Λ-négligeable ssi il est Λ_ν-négligeable $\forall \nu \in \mathcal{E}^+$.

Soient $\nu \in \mathcal{E}^+$, B = Supp ν et f comme dans le Lemme 3. La classe de la mesure $s(f\nu^x)$ sur $G^{(0)}$ est indépendante du choix de f et ne change pas si on remplace x par y, [y] = [x]. Nous dirons que $A \subset G^{(0)}$, mesurable, est $s(\nu^x)$-négligeable si il est $s(f\nu^x)$-négligeable.

Proposition 8

a) Soient $\nu \in \mathcal{E}^+$, B = Supp ν , A un sous-ensemble saturé mesurable de $G^{(0)}$ alors si $A \subset B$:

A est Λ_ν-négligeable $\Longleftrightarrow$ A est ν-négligeable.

b) Soit A un sous-ensemble mesurable de $G^{(0)}$ et pour $\nu \in \mathcal{E}^+$, soit $[A]_\nu = \{x \in G^{(0)}$, A n'est pas $s(\nu^x)$-négligeable $\}$. Alors $[A]_\nu$ est saturé mesurable et :

$$\Lambda_\nu(A) = 0 \quad \Longleftrightarrow \quad [A]_\nu \text{ est } \Lambda\text{-négligeable.}$$

Démonstration :

a) On peut supposer que $B = G^{(0)}$. Tout $\nu' \in \mathcal{E}^+$ est de la forme $\nu' = \nu * \delta\lambda_*$, λ noyau propre sur G. On a :

$$\Lambda_{\nu'}(1_A) = \Lambda_\nu(\lambda(1_A \circ s)) = \Lambda_\nu(\lambda(1_A \circ r)) = 0 .$$

b) Pour f comme dans le lemme I.3, on a :

$$[A]_\nu = \{x \in G^{(0)}, \nu^x((1_A \circ s)f) \neq 0\} \quad \in \mathcal{B} .$$

Pour que $[A]_\nu$ soit Λ_ν -négligeable il faut et il suffit que

$\int \nu^x((1_A \circ s)f)d\Lambda_\nu(x) = 0$. L'égalité $(\Lambda_\nu \circ \nu)^\sim = \delta^{-1}(\Lambda_\nu \circ \nu)$ montre donc que cela a lieu ssi A est Λ_ν-négligeable. Q.E.D.

III . IMAGE D'UNE MESURE TRANSVERSE

Définition des variables aléatoires sur $(G, \mathcal{B}, \Lambda)$.

En théorie classique des probabilités une variable aléatoire positive désigne simplement une fonction mesurable à valeurs positives. Dans notre cadre, où $(G, \mathcal{B}, \Lambda)$ remplace l'espace de probabilité, nous chercherons une telle variable aléatoire F comme un foncteur de G dans la "catégorie des nombres réels positifs".

La petite catégorie formée de l'ensemble $[0, +\infty]$ muni de sa structure triviale (pas de morphisme de x à y sauf si x = y) est trop restreinte, en particulier si Λ est ergodique on vérifie que tout foncteur mesurable à valeurs dans cette catégorie est presque partout constant.

Nous remplaçons donc $\overline{\mathbb{R}}_+$ par la catégorie, notée $\overline{\mathcal{R}}_+$, des espaces mesurés usuels sans atome. [Un espace mesuré usuel est un triplet $(Z, \mathcal{A}, \alpha)$ où $(Z, \mathcal{A})$ est mesurable standard et α est une mesure positive σ-finie.] De même $\mathbb{N} = \{0, 1, \ldots, \infty\}$ est remplacé par la catégorie $\mathcal{N}$ des ensembles dénombrables.

La mesurabilité d'un foncteur F de G dans $\overline{\mathcal{R}}_+$ traduit l'existence sur l'ensemble $X = \bigcup'_{x \in G^{(0)}} F(x)$ (réunion disjointe) d'une structure mesurable usuelle pour laquelle les applications suivantes sont mesurables :

- La projection π de X sur $G^{(0)}$
- La bijection naturelle de $\pi^{-1}\{x\}$ sur $F(x)$, $x \in G^{(0)}$
- L'application $x \longmapsto \alpha^x$ mesure σ-finie sur $F(x)$
- L'application qui à $(\gamma, z) \in G \times X$, $s(\gamma) = \pi(z)$ associe $F(\gamma)z \in X$.

Bien que cela ne soit pas nécessaire, nous supposerons que X est réunion dénombrable d'une suite X_n avec $\alpha^x(X_n)$ bornée pour tout n.

Le module δ de G conduit à définir la condition de variation des mesures $(\alpha^x)_{x \in G^{(0)}}$ sous la forme :

$$F(\gamma)\alpha^x = \delta(\gamma)\alpha^y \qquad \forall\ \gamma \in G,\ \gamma : x \longrightarrow y\ .$$

Si F_1 et F_2 sont des variables aléatoires sur G nous noterons $F_1 \oplus F_2$ la variable aléatoire qui à $x \in G^{(0)}$ associe $F_1(x) \oplus F_2(x)$, somme directe des espaces mesurables. On définira de même le produit.

Construction de l'intégrale $\int F \, d\Lambda$

Soient F une variable aléatoire positive sur $(G, \mathcal{B}, \Lambda)$ et $X = \bigcup_{x \in G^{(0)}} F(x)$ l'espace mesurable correspondant.

Pour toute $f \in \overline{\mathcal{F}^+}(X)$ et tout noyau λ sur G l'égalité $(\lambda * f)(z) = \int f(\gamma^{-1} z) \, d\lambda^y(\gamma)$, $y = \pi(z) \in G^{(0)}$ définit $\lambda * f \in \overline{\mathcal{F}^+}(X)$, on a $(\lambda_1 * \lambda_2) * f = \lambda_1 * (\lambda_2 * f)$ pour tous les noyaux λ_1, λ_2 et toute $f \in \overline{\mathcal{F}^+}(X)$.

Lemme 1

Soit $\nu \in \mathcal{E}^+$, fidèle.

1) La quantité $\int F \, d\Lambda = \operatorname{Sup}\{ \Lambda_\nu (\alpha(f)),\ f \in \mathcal{F}^+(X),\ \nu * f \leq 1 \}$

ne dépend pas du choix de ν fidèle.

2) Il existe des variables aléatoires positives F_1, F_2 avec $F_1 \oplus F_2 = F$ telles que $\int F_1 \, d\Lambda = 0$ et que sur $X_2 = \bigcup_{x \in G^{(0)}} F_2(x)$ il existe $f_2 \in \mathcal{F}^+(X_2)$ avec $\nu * f_2 = 1$.

3) Si $f, f' \in \mathcal{F}^+(X)$ vérifient $\nu * f \leq \nu * f' \leq 1$, on a : $\Lambda_\nu(\alpha(f)) \leq \Lambda_\nu(\alpha(f'))$, en particulier pour F_2 et f_2 comme en 2), on a

$$\int F_2 \, d\Lambda = \Lambda_\nu(\alpha(f_2)).$$

Démonstration :

1) Soient $\nu, \nu' \in \mathcal{E}^+$, $g \in \mathcal{F}^+(G)$ avec $\nu'(\tilde{g}) = 1$, et $\lambda = g\nu$ de sorte que $\nu = \nu' * \lambda$. Pour $f \in \mathcal{F}^+(X)$ avec $\nu * f \leq 1$ on a $\lambda * f \in \mathcal{F}^+(X)$ et $\nu' * (\lambda * f) = \nu * f \leq 1$, il nous suffira donc de comparer $\Lambda_{\nu'}(\alpha(\lambda * f))$ avec $\Lambda_\nu(\alpha(f))$. Le théorème de Fubini justifie les

égalités suivantes, où l'on a posé $h(\gamma) = \int f(\gamma^{-1}z)d\alpha^y(z)$, $\forall \gamma \in G^y$.

$$\Lambda_{\nu'}(\alpha(\lambda * f)) = \iiint f(\gamma^{-1}z)g(\gamma)d\nu^y(\gamma)\, d\alpha^y(z)\, d\Lambda_{\nu'}(y) =$$

$$= \iint h(\gamma)g(\gamma)\, d\nu^y(\gamma)\, d\Lambda_{\nu'}(y) = \iint h(\gamma^{-1})\, g(\gamma^{-1})\, \delta(\gamma^{-1})d\nu'^y(\gamma)d\Lambda_\nu(y)$$

$$= \iiint f(\gamma z)\, g(\gamma^{-1})\, \delta(\gamma^{-1})\, d\alpha^x(z)d\nu'^y(\gamma)\, d\Lambda_\nu(y) =$$

$= \iint g(\gamma^{-1})d\nu'^y(\gamma)\, f(z)d\alpha^y(z)d\Lambda_\nu(y) = \Lambda_\nu(\alpha(f))$. Où l'on a utilisé les égalités $\Lambda_{\nu'} \circ \nu = \delta^{-1}(\Lambda_\nu \circ \nu')^\sim$, $F(\gamma)\alpha^x = \delta(\gamma)\alpha^y$ et $\nu'(\tilde{g}) = 1$.

2) Pour toute $f \in \mathcal{F}^+(X)$ la fonction $\nu * f$ sur X est invariante par l'action de G, en particulier $Y = \{z \in X,\ (\nu * f)(z) > 0\}$ étant G-invariant on peut définir une variable aléatoire F_Y pour laquelle $F_Y(x) = Y \cap F(x)$ $\forall x \in G^{(0)}$, et $\bigcup_{x \in G^{(0)}} F_Y(x) = Y$, $\alpha_Y^x = \alpha^x$ restreint à Y.

Si $f \in \mathcal{F}^+(X)$ vérifie $\nu * f \leqslant 1$ et Y est défini comme ci-dessus, on a $\nu * g = 1_Y$ où $g(z) = f(z)(\nu * f)(z)^{-1}$ pour $z \in Y$ et $g(z) = 0$ pour $z \notin Y$. Ainsi l'ensemble des sous - ensembles mesurables A, invariants, de $X = \bigcup F(x)$ tels que $1_A = \nu * g$ pour une $g \in \mathcal{F}^+(X)$ est stable par réunion dénombrable. Sur X la mesure $\Lambda_\nu \circ \alpha$ est σ-finie, il existe donc A comme ci-dessus tel que pour toute $f \in \mathcal{F}^+(X)$ avec $\nu * f \leqslant 1$ on ait $(\Lambda_\nu \circ \alpha)(\{z \in X,\ (\nu * f)(z) > 0\} \cap A^c) = 0$. Posons $F_1 = F_{A^c}$ et $F_2 = F_A$. Montrons que $\int F_1 d\Lambda = 0$. Il suffit de montrer que pour $f \in \mathcal{F}^+(X)$, avec $\nu * f \leqslant 1$, on a $x \longmapsto \alpha^x(f)$, $s(\nu^y)$ négligeable Λ presque sûrement . Par hypothèse $\iiint f(\gamma^{-1}z)\, d\nu^y(\gamma)d\alpha^y(z)d\Lambda_\nu(y) = 0$. Or, $\iint f(\gamma^{-1}z)d\nu^y(\gamma)d\alpha^y(z) =$ $= \iint f(\gamma^{-1}z)d\alpha^y(z)d\nu^y(\gamma) = \iint \delta(\gamma^{-1})f(z')d\alpha^x(z')d\nu^y(\gamma)$, d'où le résultat.

3) D'après 2) on peut supposer l'existence de $g \in \mathcal{F}^+(X)$ avec $\nu * g = 1$. Pour $y \in G^{(0)}$ soit β^y la mesure $f\alpha^y$ sur $F(y)$, il nous suffit de montrer l'égalité

$$\Lambda_\nu(\alpha(f)) = \Lambda_\nu((\delta^{-1}\nu * \beta)(g))$$

car par hypothèse $\nu * f \leqslant \nu * f'$ donc $\delta^{-1}\nu * \beta \leqslant \delta^{-1}\nu * \beta'$. On a : $(\delta^{-1}\nu * \beta)^y = \int F(\gamma)\beta^x\ \delta(\gamma)^{-1}\ d\nu^y(\gamma)$, et donc, avec $h(\gamma) = \int g(\gamma^{-1}z)\ d\beta^y(z)$ on a :

$$\Lambda_\nu((\delta^{-1}\nu * \beta)g) = \iiint g(\gamma z)\ d\beta^x(z)\ \delta(\gamma)^{-1}\ d\nu^y(\gamma)\ d\Lambda_\nu(y) =$$

$$= \iint h(\gamma^{-1})\ \delta(\gamma)^{-1} d\nu^y(\gamma) d\Lambda_\nu(y) = \iint h(\gamma) d\nu^y(\gamma) d\Lambda_\nu(y) =$$

$$= \int \beta^y(\nu * g)\ d\Lambda_\nu(y) = \int \beta^y(1)\ d\Lambda_\nu(y) = \Lambda_\nu(\alpha(f)) . \quad \text{Q.E.D.}$$

L'énoncé 2) du lemme 1 nous conduit à étudier la signification de l'existence de $f \in \mathcal{F}^+(X)$ telle que $\nu * f = 1$.

Lemme 2

Soit F un foncteur mesurable de G dans la catégorie des espaces mesurables usuels, les conditions suivantes sont alors équivalentes, où $X = \bigcup_{x \in G^{(0)}} F(x)$.

a) Il existe $\nu \in \mathcal{E}^+$, $f \in \mathcal{F}^+(X)$ avec $\nu * f = 1$.

b) $\forall\ \nu \in \mathcal{E}^+$, fidèle, $\exists\ f \in \mathcal{F}^+(X)$ avec $\nu * f = 1$.

c) Le noyau qui à $z \in X$ associe la mesure ρ^z, où $\rho^z(f) = \int f(\gamma^{-1}z) d\nu^y(\gamma)$, est propre , pour une ν fidèle.

Démonstration :

c) $\Rightarrow$ a) . Soit (A_n) une suite croissante de sous-ensembles mesurables de X, avec $\bigcup A_n = X$ et $\rho^z(A_n)$ borné pour tout n, alors $f_1 = \Sigma_n \varepsilon_n\ 1_{A_n}$

pour $\varepsilon_n > 0$ convenable vérifie $(\nu * f_1)(z) > 0 \quad \forall z$ et $g = \nu * f_1$ bornée. Prenant $f = g^{-1} f_1$ on obtient $\nu * f = 1$.

a) $\Rightarrow$ b) . Soit ν_0 et soit $f_0 \in \mathcal{F}^+(X)$ avec $\nu_0 * f_0 = 1$. Il existe $\lambda \in \mathcal{C}^+$ avec $\nu_0 = \nu * \lambda$, on a alors $\nu * (\lambda * f_0) = 1$.

b) $\Rightarrow$ c) . Montrons que l'on peut trouver $f_1 \in \mathcal{F}^+(X)$ avec $\nu * f_1 = 1$ et $f_1(z) > 0 \quad \forall z$, il suffira alors de prendre $A_n = \{ z \in X,\ f_1(z) \geq 1/n \}$ pour voir que ρ est propre. Soit $k \in \mathcal{F}^+(G)$ vérifiant les conditions suivantes $\nu(\tilde{k}) = 1$, $k(\gamma) > 0 \quad \forall \gamma \in G$, posons :

$$f_1(z) = \int f(\gamma^{-1} z)\, k(\gamma)\, d\nu^y(\gamma) \quad .$$

Comme $\nu * k = 1$ on voit que $f_1(z) > 0 \quad \forall z$, calculons $\nu * f_1$.

$$(\nu * f_1)(z) = \iint f(\gamma^{-1}\gamma'^{-1} z)\, k(\gamma) d\nu^{x'}(\gamma) d\nu^y(\gamma') \quad (\text{où } x' = s(\gamma').)$$

$$= \iint f(\gamma''^{-1} z) k(\gamma'^{-1}\gamma'') d\nu^y(\gamma'') d\nu^y(\gamma') = 1 \qquad \text{Q.E.D.}$$

Définition 3

Nous dirons que F est <u>propre</u> s'il vérifie les conditions équivalentes du lemme 2 .

Soient F un foncteur mesurable de G dans la catégorie des espaces mesurables usuels et $X = \bigcup_{x \in G^{(0)}} F(x)$, nous dirons par abus de langage que l'action de G sur X est propre ssi F est propre.

Exemple :

Le foncteur mesurable L qui à tout $x \in G^{(0)}$ associe G^x et à tout $\gamma \in G$, $\gamma : x \longmapsto y$ associe la translation à gauche $\gamma' \longmapsto \gamma.\gamma'$ de G^x dans G^y est propre.

Nous étudions maintenant les propriétés d'invariance de l'intégrale $\int F d\Lambda$. Le lemme 1, 2) permet de se limiter au cas où F est propre.

Il est clair que $\int (F_1 \oplus F_2)\, d\Lambda = \int F_1\, d\Lambda + \int F_2 d\Lambda$.

Proposition 4

Soient F, F' des foncteurs mesurables de G dans la catégorie des espaces mesurables usuels, $X = \bigcup_{x \in G^{(0)}} F(x)$, $X' = \bigcup_{x \in G^{(0)}} F'(x)$ et $z \mapsto \lambda^z$ une application mesurable qui à $z \in X$ associe une mesure de probabilité λ^z sur X', portée par $F'(\pi(z))$. On suppose que $\lambda^{\gamma z} = \gamma\lambda^z \quad \forall\, \gamma$, $s(\gamma) = \pi(z)$.

a) Si F' est propre alors F est propre.

b) Si F et F' sont des foncteurs mesurables propres dans la catégorie des espaces mesurés et si pour tout $x \in G^{(0)}$ on a :

$\int \lambda^z\, d\alpha^x(z) = \alpha'^x$, alors $\int F\, d\Lambda = \int F'\, d\Lambda$.

Démonstration

Pour $f \in \mathcal{F}^+(X')$ soit $f * \tilde{\lambda} \in \mathcal{F}^+(X)$ définie par $(f * \tilde{\lambda})(z) = \int f(z')d\lambda^z(z')$. On a $\nu * (f * \tilde{\lambda})(z) = \iint f(z')d\lambda^{\gamma^{-1}z}(z')d\nu^y(\gamma) =$

$= \iint f(\gamma^{-1}z')\, d\lambda^z(z')\, d\nu^y(\gamma) = ((\nu * f) * \tilde{\lambda})(z)$. Prenant f telle que $\nu * f = 1$, on obtient $\nu * (f * \tilde{\lambda}) = 1 * \tilde{\lambda} = 1$ d'où a) .

Pour montrer b) il suffit, avec f comme ci-dessus, de comparer $\alpha'(f)$ et $\alpha(f * \tilde{\lambda})$.Or, $\alpha'^x(f) = \int f(z')d\lambda^z(z')d\alpha^x(z) = \alpha^x(f * \tilde{\lambda})$. Q.E.D.

Lemme 5

Soit F une variable aléatoire propre sur G telle que $\int F\, d\Lambda = 0$, alors l'ensemble des $x \in G^{(0)}$ pour lesquels $\alpha^x \neq 0$ est saturé Λ-négligeable.

Démonstration

Il existe $\nu \in \mathcal{E}^+$ fidèle et $f_1 \in \mathcal{F}^+(X)$, $X = \bigcup F(x)$ telles que

$f_1(z) > 0 \ \forall z \in X$ et $\nu * f_1 = 1$. (Cf Lemme 2c)). On a $\int F d\Lambda = \Lambda_\nu(\alpha(f_1))$ donc $\alpha^x = 0$ pour Λ_ν presque tout $x \in G^{(0)}$. Comme $\gamma\alpha^x = \delta(\gamma)\alpha^y$ l'ensemble $\{ x \in G^{(0)}, \alpha^x = 0 \}$ est saturé. Q.E.D.

Homomorphisme propre de G dans G'

Rappelons que si G et G' sont des groupes localement compacts et h est un homomorphisme de G dans G' (continu) alors l'application h est propre ssi son noyau est compact et son image est fermée. Cette notion se généralise à notre cadre de la manière suivante :

Définition 6

Soient $(G,\mathcal{B})$ et $(G',\mathcal{B}')$ des groupoïdes mesurables et h un homomorphisme mesurable de G dans G'. Nous dirons que h est <u>propre</u> si l'action de G sur $\bigcup_{x\in G^{(0)}} G'^{h(x)}$ donnée par $\gamma' \longmapsto h(\gamma)\gamma'$ est propre.

Notons $X = \bigcup_{x\in G^{(0)}} G'^{h(x)}$, il existe par hypothèse pour $\nu \in \mathcal{E}^+$ fidèle, une $f \in \mathcal{F}^+(X)$ telle que $\nu * f = 1$. Vérifions d'abord que si G et G' sont des groupes, on retrouve la notion usuelle. Si $h : G \mapsto G'$ est propre au sens de la définition 6 l'égalité $\int f(h(\gamma)^{-1}\gamma')\,d\nu(\gamma) = 1$ montre que $K = h^{-1}\{e\}$ est compact car il existe sur G une fonction $\neq 0$, continue, intégrable et invariante à gauche par K. De plus l'image de h est fermée, en effet le quotient de G' par h(G) est dénombrablement séparé grâce à l'application qui à tout $\gamma' \in G'$ associe la mesure de probabilité $\lambda_{\gamma'}$ telle que :

$$\lambda_{\gamma'}(k) = (\nu * fk)(\gamma') \qquad \forall\, k \in \mathcal{F}^+(G')\ .$$

Rappelons que deux homomorphismes h, h' de G dans G' sont dits semblables si il existe une application mesurable θ de $G^{(0)}$ dans G', tel que pour tout x $\theta(x) : h(x) \longmapsto h'(x)$ et que pour $\gamma : x \longrightarrow y$ on ait $\theta(y)h(\gamma) = h'(\gamma)\theta(x)$.

On écrit alors $h' = h^{\theta}$ ou $h' \sim h$.

Proposition 7

a) Si h est propre et $h' \sim h$ alors h' est propre.

b) Si h_1 et h_2 sont propres $h_1 \circ h_2$ est propre.

c) Si $h_1 \circ h_2$ est propre alors h_2 est propre.

Démonstration :

a) Soient $X = \bigcup_{x \in G^{(0)}} G'^{h(x)}$ et $X' = \bigcup_{x \in G^{(0)}} G'^{h'(x)}$.

Pour $z = (x, \gamma') \in X$ avec $r(\gamma') = h(x)$, posons $\varphi(z) = (x, \theta(x)\gamma') \in X'$, par construction φ est une application mesurable qui commute avec l'action de G et qui est bijective car on obtient φ^{-1} en partant de $x \longmapsto \theta(x)^{-1}$ au lieu de θ. Le a) résulte donc de la proposition 4

b) Partons d'un homomorphisme propre $h : G \longmapsto G'$ et d'une action propre de G' sur $X' = \bigcup_{y \in G'^{(0)}} X'^{y}$. Montrons que l'action composée de G sur $X = \bigcup_{x \in G^{(0)}} X'^{h(x)}$ est propre.

Soient $\nu' \in \mathcal{E}'_+$, $f \in \mathcal{F}^+(X')$ avec $\nu' * f = 1$ et $\nu \in \mathcal{E}_+$, $g \in \mathcal{F}^+(Y)$ avec $\nu * g = 1$, où $Y = \bigcup_{x \in G^{(0)}} G'^{h(x)}$ correspond à l'action de G sur G'. Définissons une fonction sur X par :

$$k(x,z') = \int f(\gamma'^{-1}z')g(x,\gamma')\, d\nu'^{h(x)}(\gamma')$$

où $z' \in X'^{h(x)}$, $r(\gamma') = h(x)$. Montrons que $\nu * k = 1$. Pour $\gamma_1 \in G$, $\gamma_1 : x_1 \rightarrow x$, on a $k(\gamma_1^{-1}(x,z')) = k(x_1, h(\gamma_1)^{-1}z') =$

$= \int f(\gamma^{-1}z')g(x_1, h(\gamma_1)^{-1} \circ \gamma)\, d\nu'^{h(x)}(\gamma)$. Ainsi $\int k(\gamma_1^{-1}(x,z'))d\nu^{x}(\gamma_1) =$

$= \iint g(x_1, h(\gamma_1)^{-1}\gamma)d\nu^{x}(\gamma_1)f(\gamma^{-1}z')d\nu'^{h(x)}(\gamma) = 1$.

c) Soient $h : G \longrightarrow G'$, $h' : G' \longrightarrow G''$, $\nu \in \mathcal{E}^+$ fidèle et f une fonction sur $X = \bigcup_{x \in G^{(0)}} G''^{h' \circ h(x)}$ telle que $\nu * f = 1$.

Soit $Y = \bigcup_{x \in G^{(0)}} G'^{h(x)}$ et posons pour $z = (x,\gamma') \in Y$, $k(z) = f(x,h'(\gamma'))$.

Cela a un sens car $r(h'(\gamma')) = h'(r(\gamma')) = h'\, h(x)$. Pour $\gamma_1 \in G$, $\gamma_1 : x_1 \longrightarrow x$ on a $k(\gamma_1^{-1}z) = k(x_1, h(\gamma_1)^{-1}\gamma') = f(x_1, h'.\, h(\gamma_1)^{-1} h'(\gamma')) = f(\gamma_1^{-1}z')$ l'égalité $\nu * f = 1$ implique donc que $\nu * k = 1$.

Q.E.D.

Corollaire 8

Soient $(G,\mathcal{B})$ et $(G',\mathcal{B}')$ des groupoïdes mesurables et $h : G \longrightarrow G'$ une équivalence (mesurable) entre G et G' (i.e. il existe $h' : G' \longrightarrow G$ avec $h' \circ h \sim id_G$ et $h \circ h' \sim id_{G'}$. Alors h (et h') est propre.

Démonstration :

Il est clair que id_G est propre, on applique alors a) et c).

Exemples

a) Soit G un groupoïde mesurable discret, et soit $G_1 \subset G$ une partie mesurable de G stable par $(\gamma',\gamma) \longmapsto \gamma'\gamma$ et $\gamma \longmapsto \gamma^{-1}$. Alors G_1 est un groupoïde mesurable, la fonction transverse caractéristique de $G_1^{(0)}$ est propre, donc G_1 est discret. L'homomorphisme naturel de G_1 dans G est propre.

b) Noyau stable d'un homomorphisme de G dans un groupe localement compact H.

Soit ψ un homomorphisme mesurable de G dans un groupe localement compact H.

Soit G' le groupoïde $G \times H$, avec $G'^{(0)} = G^{(0)} \times H$, muni de la loi de composition : $(\gamma,t) \circ (\gamma',t') = (\gamma \circ \gamma',t)$, où $r(\gamma,t) = (r(\gamma),t)$ et $s(\gamma,t) = (s(\gamma),t\psi(\gamma))$.

Par construction G' est un groupoïde mesurable et l'application $h : G' \longrightarrow G$ qui à (γ, t) associe γ est un homomorphisme de G' dans G. Montrons que h est <u>propre</u> .:

Soit $y' = (y,t) \in G'^{(0)}$, on a $h(y') = y$ et la restriction de h à $G'^{y'}$ est une bijection bimesurable sur G^y. Pour toute fonction transverse $\nu \in \mathcal{E}^+$ sur G, il existe donc une unique fonction transverse $\nu' \in \mathcal{E}'^+$ sur G' telle que

$$h(\nu'^{y'}) = \nu^y \qquad \forall\, y' \in G'^{(0)} \quad , \quad y = h(y') .$$

L'invariance à gauche du noyau ν' résulte de l'égalité $h(\gamma_1\gamma_2) = = h(\gamma_1)h(\gamma_2)$, $\forall\, (\gamma_1,\gamma_2) \in G'^{(2)}$, pour vérifier que ν' est propre on peut supposer ν fidèle, et il suffit de trouver une fonction mesurable positive f' sur G' avec $\nu' * f' = 1$; cela montrera aussi la propreté de h . Soit f sur G avec $\nu * f = 1$, alors avec $f' = f \circ h$, on a $\tilde{f}' = \tilde{f} \circ h$, $\nu'^{y'}(\tilde{f}') = \nu^y(\tilde{f}) = 1$ donc $\nu' * f' = 1$.

Pour tout $s \in H$, l'égalité $\theta_s(\gamma,t) = (\gamma, st)$ définit un automorphisme de G' .

Image d'une mesure transverse par un homomorphisme propre de G dans G'.

Soient Λ une mesure transverse de module δ sur G et h un homomorphisme propre de G dans G', δ' un homomorphisme de G' dans $\mathbb{R}^*_+$ tel que $\delta' \circ h = \delta$.

Nous allons construire sur G' une mesure transverse $\Lambda' = h(\Lambda)$ de module δ' .

Pour tout foncteur mesurable F de G' dans la catégorie des espaces mesurés on obtient par composition avec h un foncteur mesurable h^*F de G dans cette catégorie. De plus, le (b) de la proposition montre que si F est propre il en est de même de h^*F. Soit alors ν' une fonction transverse sur G', $\nu' \in \mathcal{E}'^+$ et munissons, pour $x' \in G^{(0)}$, l'espace $G'^{x'}$ de la mesure $\alpha^{x'} = \delta'^{-1}\nu'^{x'}$, on obtient ainsi un foncteur $L^{\nu'}$ de G' dans la catégorie des espaces mesurés, on pose :

$$\Lambda'(\nu') = \int h^*(L^{\nu'})\, d\Lambda$$

Proposition 9

a) $\Lambda' = h(\Lambda)$ est une mesure transverse de module δ' sur G' .

b) Si $h' = h^\theta$ alors $h(\Lambda) = h'(\Lambda)$, si $\delta'(\theta(x)) = 1 \quad \forall x \in G^{(0)}$.

c) $\int h^*F'\, d\Lambda = \int F'\, d(h\Lambda), \quad \forall F'$ propre.

d) $h(\Lambda) = 0 \iff \Lambda = 0$.

Démonstration

a) Par construction $\Lambda'(\nu') \in [0, \infty] \quad \forall \nu' \in \mathcal{E}'_+$, et l'additivité de Λ' résulte du lemme 1, 3) .

De même (lemme 1,3)) on vérifie que Λ' est normale.

Montrons que Λ' est de module δ' . Soient $\nu', \nu'' \in \mathcal{E}'_+$ et $\lambda \in \mathcal{C}'$ avec $\lambda'^{x'}(1) = 1 \quad \forall x' \in G'^{(0)}$ et $\nu' * \delta'\lambda' = \nu''$. Soit $X = \bigcup_{x \in G^{(0)}} G'^{h(x)}$ l'espace mesurable associé au foncteur h^*L et considérons l'application mesurable qui à tout $z \in X$ associe la mesure de probabilité λ^z sur $\pi^{-1}(\pi(z)) \subset X$ qui pour $z=(x,\gamma')x'=s(\gamma')$vaut $(x,\gamma'\lambda'^{x'})$. Par construction λ commute avec l'action de G. L'égalité $\delta'^{-1}\nu' * \lambda' = \delta'^{-1}\nu''$ et la proposition 4 b) montrent donc que $\int h^*(L^{\nu'})d\Lambda = \int h^*(L^{\nu''})d\Lambda$.

b) Reprenons les notations de la proposition 7, et soit $\nu' \in \mathcal{E}'_+$. Pour tout $x \in G^{(0)}$ l'image par φ de la mesure $\delta'^{-1}\nu'^{h(x)}$ sur $G'^{h(x)}$ est égale à $\delta'^{-1}\nu'^{h'(x)}$ car $\delta' \circ \theta = 1$. Ainsi la proposition 4 b) montre que $\int h^* L^{\nu'} d\Lambda = \int h'^* L^{\nu'} d\Lambda$ d'où b) .

c) Reprenons les notations de la proposition 7, avec $F = h^*F'$. Soit α'^y la mesure sur $X'^y = F'(y)$ et notons α^x la mesure $\alpha'^{h(x)}$ sur $X^x = F(x) = F'(h(x))$. On doit comparer $\Lambda_\nu(\alpha(k))$ et $\Lambda'_{\nu'}(\alpha'(f)) = \Lambda'((\alpha'(f)\circ s)\nu') = \int h^* L^{\nu''} d\Lambda$ où $\nu'' = (\alpha'(f)\circ s)\nu'$, ainsi :

$$\Lambda'_{\nu'}(\alpha'(f)) = h\,\Lambda_\nu(\nu''(g)) = \Lambda_\nu(\nu'((\alpha'(f)\circ s)g)\circ h) .$$

Soit $x \in G^{(0)}$ comparons $\alpha^x(k)$ et $\nu'^{h(x)}((\alpha'(f)\circ s)g)$.

On a $\alpha^x(k) = \iint f(\gamma'^{-1}z')g(x,\gamma')d\nu'^{h(x)}(\gamma')d\alpha'^{h(x)}(z') =$

$= \iint f(z'')d\alpha'^{x'}(z'')g(x,\gamma')d\nu'^{h(x)}(\gamma')$ où $x' = s(\gamma')$, ce qui coïncide bien avec $\nu'^{h(x)}((\alpha'(f)\circ s)g)$.

d) Résulte facilement du lemme 5, avec $F = h^* L^{\nu'}$ où $\nu' \in \mathcal{E}'_+$ est fidèle.

Q.E.D.

<u>Exemples</u> :

1) Soient $\Gamma \subset H$ un sous-groupe discret du groupe localement compact H et h l'injection canonique de Γ dans H, Λ la mesure transverse naturelle sur Γ. Alors $h(\Lambda)$ est la mesure transverse sur H qui à toute mesure de Haar à gauche ν sur H associe le covolume $\nu(\Gamma\backslash H)$ de Γ dans H .

2) Soient X, H, $G = X \times H$ et δ comme dans le corollaire 2.7. L'homomorphisme canonique h de $X \times H$ dans H, associée à la deuxième projection

est propre. La condition $\Delta_H \circ h = \delta$ étant supposée, on voit qu'un choix de mesure de Haar à gauche dk sur H fixe une bijection entre mesures H invariantes sur X et mesures transverses Λ de module δ sur G. L'image $h(\Lambda)$ est la mesure transverse sur H qui à dk associe la masse totale de μ avec les notations du corollaire 2.7.

Mesures transverses sur $G \times_\theta H$.

Soient $(G,\mathcal{B})$ un groupoïde mesurable et θ une action mesurable du groupe localement compact H par automorphisme de $(G,\mathcal{B})$. Soit $G_1 = G \times_\theta H$ le produit semidirect de G par H, comme espace mesurable on a $G_1 = G \times H$, $G_1^{(0)} = G^{(0)}$, $r(\gamma,t) = r(\gamma)$, $s(\gamma,t) = s(\gamma)t = \theta_t^{-1}(s(\gamma))$ et $(\gamma_1,t_1) \circ (\gamma_2,t_2) = (\gamma_1\theta_{t_1}(\gamma_2),t_1t_2)$ si $s(\gamma_1) = \theta_{t_1}(r\gamma_2)$.

Soient dt une mesure de Haar à gauche sur H et ν une fonction transverse sur G, $\nu \in \mathcal{E}^+$. L'identification évidente de G_1^y avec $G^y \times H$, pour $y \in G^{(0)}$, définit ainsi une fonction transverse $\nu_1 = \nu \times dh$ sur G_1. Soient Λ une mesure transverse sur G et δ son module. On suppose que $\delta \circ \theta_t = \delta$, $\forall\ t \in H$ et qu'il existe une application de H dans l'ensemble des fonctions mesurables de $G^{(0)}$ dans $\mathbb{R}^*_+$ constantes sur les classes de $G^{(0)}$ avec :

$$\theta_t(\Lambda) = \varphi_t\Lambda \qquad \forall\ t \in H, \qquad \varphi_{s+t} = \varphi_s . \varphi_t \circ \theta_s^{-1} \qquad \forall\ s,t \in H .$$

Pour $(\gamma,t) \in G_1$ posons $\delta_1(\gamma,t) = \Delta_H^{-1}(t)\varphi_t(s(\gamma))\delta(\gamma)$. Alors δ_1 est un homomorphisme de G_1 dans $\mathbb{R}^*_+$ et il existe une unique mesure transverse Λ_1 sur G_1, de module δ_1 , telle que $\forall\ \nu \in \mathcal{E}^+$ on ait :

$$(\Lambda_1)_{\nu_1} = \Lambda_\nu \quad .$$

Décomposition d'un homomorphisme de G dans un groupe localement compact $\underline{H}$ ([12], [46]) .

Soient $\psi : G \longrightarrow H$ un homomorphisme de G dans H, et Λ une mesure transverse de module δ sur G.

Soient G' le noyau stable de ψ et $h : G' \longrightarrow G$ l'homomorphisme propre canonique (exemple b)). Posons

$$\delta'(\gamma,t) = \delta(\gamma)\Delta_H(\psi(\gamma)) , \qquad \forall (\gamma,t) \in G' .$$

Soit dt une mesure de Haar à gauche sur H, il existe alors sur G' une unique mesure transverse Λ' de module δ', telle que pour toute $\nu \in \mathcal{E}^+$ on ait :

$$\Lambda'_{\nu'} = \Lambda_\nu \times dt \quad \text{sur} \quad G'^{(0)} = G^{(0)} \times H .$$

En effet, pour $\nu \in \mathcal{E}^+$, $\mu = \Lambda_\nu$ on a :

$$\iiint f(\gamma,t)d\nu^y(\gamma)d\mu(y)dt = \iiint f(\gamma^{-1},t)\delta(\gamma)d\nu^y(\gamma)d\mu(y)dt =$$

$$\iiint f((\gamma,t)^{-1})\delta(\gamma)\Delta_H(\psi(\gamma))d\nu^y(\gamma)d\mu(y)dt .$$

Car $(\gamma,t)^{-1} = (\gamma^{-1},t\psi(\gamma))$. L'existence de Λ' résulte donc du théorème 3 car si $\nu_1 = (k \circ s)\nu$ on a $\nu'_1 = (k \circ h)\circ s\nu'$ ce qui est compatible avec l'égalité $\Lambda'_{\nu'_1} = (k \circ h)\, \Lambda'_{\nu'}$.

Par construction la mesure Λ' sur G' est invariante par l'action canonique θ de H sur G', $\theta_s(\gamma,t) = (\gamma,st)$.

Le paragraphe précédent montre donc l'existence d'une mesure transverse canonique Λ'_1 sur $G' \times_\theta H$, dont le module δ'_1 est donné par l'égalité :

$$\delta'_1(\gamma',t) = \Delta_H(t)^{-1}\delta'(\gamma') .$$

Proposition 10

Soient G, H, ψ , G', h, θ comme ci-dessus et I le groupoïde mesurable $H \times H$ avec $(H \times H)^{(0)} = H$, r et s étant les deux projections. Alors l'application k de $G'_1 = G' \times_\theta H$ dans $G \times I$ qui à (γ', t_1) où $\gamma' = (\gamma, t)$ associe $(\gamma, t, t_1^{-1} t\psi(\gamma))$ est un isomorphisme de G'_1 sur $G \times I$. Soit Λ_I le mesure transverse de module $\delta_I, \delta_I(t_1, t_2) = \Delta_H(t_1^{-1} t_2)$ sur I, image de la mesure unité sur le groupoïde à un élément e par l'application qui l'envoie sur l'unité de H. Alors pour toute mesure transverse Λ de module δ sur G, l'image par k de la mesure transverse Λ'_1 sur G'_1 est égale à $\Lambda \times \Lambda_I$.

Démonstration :

On a : $r(\gamma', t_1) = r(\gamma') = (r(\gamma), t)$, $(s(\gamma', t_1) = \theta_{t_1}^{-1} s(\gamma') =$

$$(s(\gamma), t_1^{-1} t\psi(\gamma)) \quad \text{dans } G'_1 .$$

Dans $G \times I$ on a $r(\gamma, t, t') = (r(\gamma), t)$ et $s(\gamma, t, t') = (s(\gamma), t')$, on vérifie donc la compatibilité de r et s avec l'égalité $k(x,t) = (x,t)$ $\forall (x,t) \in G'^{(0)}_1$. La multiplicativité de k est alors immédiate, ainsi que sa surjectivité. On a $\delta'_1(\gamma', t_1) = \Delta_H(t_1)^{-1} \Delta_H(\psi(\gamma))\delta(\gamma)$, donc comme $\Delta_H(t^{-1} t_1^{-1} t\psi(\gamma)) = \Delta_H(t_1^{-1})\Delta_H(\psi(\gamma))$, on voit que $(\delta \times \delta_I) \circ k = \delta'_1$. Vérifions que $k(\Lambda'_1) = \Lambda \times \Lambda_I$. Soit $\nu \in \mathcal{E}^+$ une fonction transverse fidèle sur G et soit dt une mesure de Haar à gauche sur H. Soient ν' et $\nu'_1 = \nu' \times dt$ les fonctions transverses correspondantes sur G' et G'_1, on a $\Lambda'_{\nu'} = \mu \times dt$ où $\mu = \Lambda_\nu$ et $(\Lambda'_1)_{\nu'_1} = \mu \times dt$ sur $G'^{(0)}_1$. Ici, k est un isomorphisme, et il transporte ν'_1 en la fonction transverse $\nu \times dt$ sur $G \times I$ la vérification est donc immédiate. Q.E.D.

IV. REPRESENTATIONS DE CARRE INTEGRABLE DE G.

Soient G un groupoïde mesurable, H un champ mesurable d'espaces hilbertiens, de base $G^{(0)}$. (Cf [31]) .

Définition 1 :

On appelle représentation de G dans H la donnée pour tout $\gamma \in G$, $\gamma : x \longrightarrow y$ d'une isométrie $U(\gamma)$ de H_x sur H_y avec :

a) $U(\gamma_1{}^{-1}\gamma_2) = U(\gamma_1)^{-1}\ U(\gamma_2) \quad \forall\ \gamma_1,\gamma_2 \in G,\ \ r(\gamma_1) = r(\gamma_2)$.

b) Pour tout couple ξ,η de sections mesurables de H, la fonction (ξ,η) sur G ainsi définie est mesurable :

$$(\xi,\eta)(\gamma) = \langle \xi_y,\ U(\gamma)\eta_x \rangle \qquad \forall\ \gamma : x \longrightarrow y\ .$$

Soient ξ une section mesurable bornée de H et $y \in G^{(0)}$. L'application $\gamma \longmapsto U(\gamma)\xi_x$ de G^y dans H_y est mesurable bornée. Ainsi pour tout noyau borné λ sur G on peut poser $(U(\lambda)\xi)_y = \int U(\gamma)\xi_x\ d\lambda^y(\gamma)$.

Il est clair que $U(\lambda)\xi$ est une section bornée de H, elle est mesurable car, pour toute section bornée mesurable η de H

$$\langle \eta_y, (U(\lambda)\xi)_y \rangle = \int_{G^y} \langle \eta_y,\ U(\gamma)\xi_x \rangle\ d\lambda^y(\gamma) = \lambda((\eta,\xi))$$

et la fonction (η,ξ) est mesurable bornée par hypothèse.

Proposition 2

a) Soient ξ,η des sections mesurables bornées de H, et λ un noyau borné sur G, on a :

$$(\eta,\xi) = (\xi,\eta)^{v}\ , \qquad (U(\lambda)\xi,\eta) = \lambda * (\xi,\eta)\ , \qquad (\xi,\ U(\lambda)\eta) = (\xi,\eta) * \lambda^{v}.$$

b) Soient λ un noyau propre (positif) sur G, tel que $\lambda^y \neq 0$ si $H_y \neq \{0\}$, D un ensemble dénombrable de fonctions mesurables f sur G telles que

Sup $\lambda(|f|)$ soit fini $\forall f \in D$, et que D soit total dans $L^1(G^y, \lambda^y)$ $\forall y \in G^{(0)}$.

Alors , pour tout ensemble dénombrable S, total, de sections mesurables bornées de H, $\{ U(f\lambda)\xi, \quad f \in D, \quad \xi \in S \}$ est aussi total.

Démonstration :

a) On a $(\eta,\xi)(\gamma) = < \eta_y, U(\gamma)\xi_x > = < U(\gamma)^{-1}\eta_y, \xi_x > =$

$= (< \xi_x, U(\gamma^{-1})\eta_y >)^-$. De même ,

$(\lambda * (\xi,\eta))(\gamma) = \int < \xi_y, U(\gamma'^{-1}\gamma)\, \eta_x > d\lambda^y(\gamma')$

$= \int < U(\gamma')\xi_x, \; U(\gamma)\eta_x > d\lambda^y(\gamma') = (U(\lambda)\xi,\eta)(\gamma)$.

b) Soient $y \in G^{(0)}$ et $\eta \in H_y$ tels que $< \eta, (U(f\lambda)\xi)_y > = 0$, $\forall f \in D$, $\forall \xi \in S$. On a $\int f(\gamma) < \eta, U(\gamma)\xi_x > d\lambda^y(\gamma) = 0$, $\forall f \in D$, donc $N_\xi = \{ \gamma \in G^y, < \eta, U(\gamma)\xi_x > \neq 0 \}$ est λ^y-négligeable pour tout $\xi \in S$.

Si $H_y \neq \{0\}$ on a $\lambda^y \neq 0$ donc il existe $\gamma \in (\cup N_\xi)^c$. On a alors $< \eta, U(\gamma)\xi_x > = 0$ $\forall \xi \in S$ et donc $U(\gamma)^{-1}\eta = 0$ d'où $\eta = 0$.

Q.E.D.

Opérateurs d'entrelacement

Soient (H,U), (H', U') deux représentations de G.

Par définition, un opérateur d'entrelacement T est une famille mesurable $(T_x)_{x\in G^{(0)}}$ d'opérateurs bornés $T_x : H_x \longrightarrow H'_x$ telle que :

1) $\sup \|T_x\| < \infty$

2) $\forall\, \gamma \in G,\ \gamma : x \longrightarrow y$ on a $U'(\gamma)T_x = T_y\ U(\gamma)$.

Pour toute section mesurable ξ de H, on note T_ξ la section mesurable $(T_x\xi_x)_{x\in G^{(0)}}$.

Nous noterons $\mathrm{Hom}_G(H,H')$ l'espace vectoriel normé des opérateurs d'entrelacement de H à H' .

Proposition 3

a) Si $T_1 \in \mathrm{Hom}_G(H,H')$, $T_2 \in \mathrm{Hom}_G(H',H'')$, alors $T_2 \circ T_1 = (T_{2_x} T_{1_x})_{x\in G^{(0)}}$ appartient à $\mathrm{Hom}_G(H,H'')$.

b) Si $T \in \mathrm{Hom}_G(H,H')$ soit $T_x = v_x |T_x|$ la décomposition polaire de T_x alors $v = (v_x) \in \mathrm{Hom}_G(H,H')$ et $|T| \in \mathrm{End}_G(H)$.

c) Soit $T \in \mathrm{Hom}_G(H,H')$, pour tout noyau borné λ et toute section mesurable bornée ξ de H on a :

$$U'(\lambda)T\xi = T\ U(\lambda)\xi \quad .$$

d) Pour tout $x \in G^{(0)}$, soit $E_x \subset H_x$ un sous-espace vectoriel fermé de H_x et P_x le projecteur orthogonal associé. On suppose que $U(\gamma)P_x = P_y\ U(\gamma) \quad \forall\, \gamma : x \longrightarrow y$. Pour que la restriction de U à E soit une représentation de G il faut et il suffit que $x \to P_x$ soit mesurable.

e) Soient $P_1, P_2 \in End_G(H)$ des projecteurs , et P_3, P_4 les projecteurs $(P_3)_x = P_{1_x} \vee P_{2_x} - P_{1_x}$ $\quad (P_4)_x = P_{2_x} - P_{1_x} \wedge P_{2_x}$, $\forall\, x \in G^{(0)}$. Alors $P_3, P_4 \in End_G(H)$ et les sous-représentations associées sont équivalentes.

a) La mesurabilité de $x \longmapsto T_x$ équivaut à la mesurabilité des sections $(T_x\xi_x)_{x \in G^{(0)}}$, pour toute section mesurable bornée ξ de H .

b) On écrit $(v\xi)_x = \lim\limits_{\varepsilon \to 0} T_x(\varepsilon + T_x^* T_x)^{-\frac{1}{2}} \xi_x$ pour toute section mesurable bornée ξ de H .

c) $(U'(\lambda)T\xi)_y = \int U(\gamma)T_x\xi_x d\lambda^y(\gamma) = \int T_y\, U(\gamma)\xi_x d\lambda(\gamma) = T_y(U(\lambda)\xi)_y$

d) Supposons d'abord P mesurable, soit (ξ_n) un ensemble dénombrable total de sections mesurables de H, alors les $P\xi_n$ forment un ensemble analogue pour le champ E.

Réciproquement, soit (ξ_n) un ensemble orthonormal total de sections mesurables de E, alors $P_x\eta = \Sigma < \eta, \xi_n(x) > \xi_n(x)$ $\forall\, \eta \in H_x$, ce qui montre la mesurabilité de P.

e) $P_1 \vee P_2$ et $P_1 \wedge P_2$ sont mesurables (b), il suffit alors de prendre comme équivalence entre P_3 et P_4 l'isométrie partielle $v = (v_x)_{x \in G^{(0)}}$ de la décomposition polaire de $P_2(1 - P_1)$.

Q.E.D.

Sous-représentations associées à une action mesurable bornée.

Soient (H,U) une représentation de G, ξ une section mesurable bornée de H et pour $y \in G^{(0)}$, soit P_y^{ξ} le projecteur orthogonal de H_y sur le sous-espace fermé engendré par les $U(\gamma)\xi_x$, $\gamma \in G^y$. En général $P^{\xi} = (P_y^{\xi})$ n'est pas mesurable. La proposition suivante montre qu'il existe toujours assez de sections mesurables bornées ξ pour lesquelles P^{ξ} est mesurable.

Proposition 4

a) Soient (H,U) et ξ comme ci-dessus, $\nu \in \mathcal{E}^+$ et pour $y \in G^{(0)}$, $P_y^{\nu,\xi}$ le projecteur orthogonal de H_y sur $\{ U(f\nu)\xi)_y,\ \nu|f| \text{borné} \}^-$, alors $P^{\nu,\xi}$ est mesurable, $P^{\nu,\xi} \in End_G(H)$.

b) Soit $\xi' = P^{\nu,\xi}(\xi)$, alors pour tout $y \in G^{(0)}$ on a $\xi_x = \xi'_x$, $s(\nu^y)$ presque sûrement, de plus $P^{\nu,\xi} = P^{\nu,\xi'} = P^{\xi'}$.

c) Soit (ξ_n) une suite totale de sections mesurables bornées, il existe alors $A_n \in End_G(H)$, tels qu'avec $\eta_n = A_n\xi_n$, chacun des projecteurs P^{η_n} soit mesurable et $\Sigma P^{\eta_n} = 1$.

Démonstration :

a) Soit D un ensemble dénombrable de fonctions mesurables sur G vérifiant les conditions de la proposition 2 b) relativement à ν, alors $\{ U(f\nu)\xi,\ f \in D \}$ est un ensemble dénombrable de sections mesurables bornées de H qui engendre l'image de $P_x^{\nu,\xi}$ dans H_x $\forall x \in G^{(0)}$.

b) On a $P_y^{\nu,\xi}(U(f\nu)\xi)_y = (U(f\nu)\xi')_y$ d'où

$$\int f(\gamma)U(\gamma)\xi_x d\nu^y(\gamma) = \int f(\gamma)U(\gamma)\xi'_x\, d\nu^y(\gamma)$$

pour toute f avec $\nu|f|$ bornée .

Cela montre que $\xi_x = \xi'_x$ $s(\nu^y)$-p.s. Ainsi on a $P^{\nu,\xi'} = P^{\nu,\xi}$, or $P^{\xi'} \leqslant P^{\nu,\xi}$ car $P^{\nu,\xi}(\xi') = \xi'$.

Comme $P^{\nu,\xi'} \leqslant P^{\xi'}$ on obtient l'égalité cherchée.

c) Pour $n \in \mathbb{N}$ soit $Q_n = P^{\nu,\xi_n}$ où $\nu \in \mathcal{E}^+$ est fidèle .

La proposition 2 b) montre que pour tout $x \in G^{(0)}$ on a $\vee Q_{n_x} = 1$. Posons $Q'_n = \overset{n}{\underset{1}{\vee}} Q_j$, on a $Q'_n \leqslant Q'_{n+1}$ et $\vee Q'_n = 1$.

Ainsi $P_n = Q'_n - Q'_{n-1}$ détermine une suite de projecteurs $P_n \in \mathrm{End}_G(H)$ avec $\Sigma P_n = 1$. Il s'agit de trouver $A_n \in \mathrm{End}_G(H)$ avec $P_n = P^{\nu,A_n\xi_n} = P^{P_nA_n\xi_n}$. La proposition 3 e) permet alors de remplacer $P_n = Q'_{n-1} \vee Q_n - Q'_{n-1}$ par $P'_n = Q_n - Q_n \wedge Q'_{n-1}$.

On a alors $P'_n \leqslant Q_n = P^{\nu,\xi_n}$ donc $P'_n = P^{\nu,P'_n\xi_n}$ d'où le résultat .

Q.E.D.

Représentation régulières gauches de G .

Notons $L^1(G)$ l'ensemble des triplets (ν',ν,f) où $\nu',\nu \in \mathcal{E}_+$, f est une fonction mesurable sur G telle que $\|(\nu',\nu,f)\| = \mathrm{Sup}(\nu|f|, \nu'|f|) < \infty$. Pour $(\nu',\nu,f) \in L^1(G)$ on a $(\nu,\nu',\tilde{f}) \in L^1(G)$ et la norme est inchangée. Pour $(\nu'',\nu',f') \in L^1(G)$ et $(\nu',\nu,f) \in L^1(G)$ on pose $(\nu'',\nu',f') * (\nu',\nu,f) = (\nu'',\nu,f'\nu' * f)$ et on vérifie que $\|(\nu'', \nu',f') * (\nu',\nu,f)\| \leqslant \|(\nu'',\nu',f')\| \, \|(\nu',\nu,f)\|$. L'égalité $(\nu',\nu,f)^\sim = (\nu,\nu',\tilde{f})$ définit une involution isométrique de $L^1(G)$.

Soit $\nu \in \mathcal{E}^+$ une fonction transverse sur G. Pour tout $y \in G^{(0)}$, $L^2(G^y,\nu^y) = H_y$ est un espace hilbertien et pour $\gamma : x \longmapsto y$ la translation à gauche $L(\gamma)$ définie par

$$(L(\gamma)f)(\gamma') = f(\gamma^{-1}\gamma') \qquad \forall \gamma' \in G^y$$

nous donne une isométrie de $L^2(G^x, \nu^x)$ sur $L^2(G^y, \nu^y)$. Munissons le champ $H = (H_y)_{y\in G^{(0)}}$ de l'unique structure mesurable pour laquelle les sections suivantes sont mesurables : $y \longmapsto$ (restriction de f à G^y), où f est une fonction mesurable sur G avec $\int |f|^2 \, d\nu^y < \infty \quad \forall y$. On obtient ainsi une représentation de G que nous noterons L^ν, dans $H = L^2(G,\nu)$.

Proposition 5

a) Pour toute section mesurable $\xi = (\xi_y)_{y\in G^{(0)}}$ de H, il existe une fonction mesurable f sur G telle que $\xi_y = f|G^y \quad \forall y \in G^{(0)}$.

b) Pour f comme dans a) et $\lambda \in \mathcal{E}$ on a $\lambda * f = L(\lambda)f$.

c) Pour f_1, f_2 comme ci-dessus on a $(f_1,f_2) = f_1\nu * f_2^\vee$

Démonstration

a) Comme ν est propre, on peut supposer qu'il existe $A \subset G$ mesurable, tel que pour tout $y \in G^{(0)}$, ξ_y soit nul dans A^c et que $\mathrm{Sup}\, \nu^y(A) < \infty$.

Soit alors $(B_n)_{n\in N}$ une suite de partitions finies de A, croissante, engendrant la tribu $\mathcal{B}$ sur A. Définissons pour tout $n \in N$ une fonction k_n sur G en posant $k_n(\gamma) = 0$ si $\gamma \notin A$, et $k_n(\gamma) = \nu^y(b)^{-1} \int_b \xi_y \, d\nu^y$ si l'atome b de B_n contenant γ vérifie $\nu^y(b) \neq 0$, et $k_n(\gamma) = 0$ sinon. On pose alors $f(\gamma) = \lim_{n\to\infty} k_n(\gamma)$ si la suite converge et $f(\gamma) = 0$ sinon.

b) Immédiat.

c) On a $(f_1,f_2)(\gamma) = \langle f_1{}^y, L(\gamma)f_2{}^x \rangle \int f_1(\gamma')\overline{f_2(\gamma^{-1}\gamma')}d\nu^y(\gamma') =$

$= f_1\nu * f_2{}^v$.

Passons maintenant à l'analogue de la représentation de L^1 d'un groupe localement compact par convolutions à droite dans L^2 .

Proposition 6.

a) Soit $(\nu',\nu,f) \in L^1(G)$, alors l'égalité $R_\nu^{\nu'}(f)_y\alpha = \alpha * (f\nu)^\sim$ $\forall\, \alpha \in L^2(G^y,\nu^y)$ définit un opérateur (borné par $\|(\nu',\nu,f)\|$)de $L^2(G^y,\nu^y)$ à $L^2(G^y,\nu'^y)$

b) La famille $(R_\nu^{\nu'}(f)_y)_{y\in G(0)}$ est un opérateur d'entrelacement de $L^2(G,\nu)$ à $L^2(G,\nu')$.

c) On a $(R_\nu^{\nu'}(f))^* = R_{\nu'}^{\nu}(f^v)$ et $R_\nu^{\nu''}(k\nu' * f) = R_{\nu'}^{\nu''}(k)\, R_\nu^{\nu'}(f)$.

d) Soient $x \in G^{(0)}$, $(f_n)_{n\in N}$ une suite de fonctions mesurables sur G avec $|f_n| \leq g \;\; \forall n$, où $(\nu,\nu,g) \in L^1(G)$, telle que $f_n(\gamma^{-1}\gamma')$ converge vers $f(\gamma^{-1}\gamma')$, $\nu^x \times \nu^x$ presque partout. Alors $R_\nu^\nu(f_n)_x \to R_\nu^\nu(f)_x$ faiblement.

Démonstration

a) Pour $\gamma_1,\gamma_2 \in G^y$, posons $k(\gamma_1,\gamma_2) = f(\gamma_1{}^{-1}\gamma_2)$, l'égalité $(Tq)(\gamma_1) = \int k(\gamma_1,\gamma_2)q(\gamma_2)d\nu^y(\gamma_2)$ définit un opérateur de $L^2(G^y,\nu^y)$ dans $L^2(G^y,\nu'^y)$ dont la norme est majorée par

$\mathrm{Sup}(\sup_{\gamma_1} \int |k(\gamma_1,\gamma_2)| d\nu^y(\gamma_2), \sup_{\gamma_2} \int |k(\gamma_1,\gamma_2)| d\nu'^y(\gamma_1))$ on obtient donc l'estimation a) (cf [32]) .

b) Les translations à gauche et à droite commutent.

c) Avec les notations de a) l'adjoint de T est donné par $\overline{k(\gamma_2,\gamma_1)} = f(\gamma_2^{-1}\gamma_1) = f^v(\gamma_1^{-1}\gamma_2)$. La dernière égalité résulte de l'associativité dans G.

d) Pour $\xi,\eta \in L^2(G^x,\nu^x)$ on a : $< R_\nu^\nu(f_n)_x\ \xi,\eta > =$

$$= \iint f_n(\gamma^{-1}\gamma')\xi(\gamma')\overline{\eta(\gamma)}d\nu^x(\gamma)d\nu^x(\gamma') \text{ , où}$$

$$\iint g(\gamma^{-1}\gamma')|\xi(\gamma')||\eta(\gamma)|\ d\nu^x(\gamma)d\nu^x(\gamma') < \infty \text{ .}$$ Q.E.D.

Notons enfin la propriété suivante des représentations régulières de G :

Proposition 7

Soient $\nu \in \mathcal{E}^+$ et L la représentation correspondante de G, alors pour toute représentation V de G dans H avec $H_x \neq 0\ \ \forall\ x \in G^{(0)}$, la représentation L est équivalente à une sous-représentation de $L \otimes V$.

Démonstration

Pour tout $n \in \{1,\ldots,\infty\}$ soit l_n un espace hilbertien de dimension n . Soit V' la représentation triviale de G dans H' où H'_x est l'espace l_n de même dimension que H_x pour tout $x \in G^{(0)}$. Il nous suffit de montrer que $L \otimes V$ est équivalente à $L \otimes V'$. Soit $K = s^*H$ le champ d'espaces de Hilbert sur G tel que $K_\gamma = H_{s(\gamma)}$, identifions $L^2(G^y,\nu^y) \otimes H_y$ avec l'espace $L^2(G^y,\nu^y,K)$ des sections de carré sommable de K par

$$f \otimes \eta \ \in L^2(G^y,\nu^y) \otimes H_y \longmapsto (\gamma \longmapsto f(\gamma)V(\gamma)^{-1}\eta) \text{ .}$$

Cette identification transforme $L(\gamma) \otimes V(\gamma)$ en la translation à gauche par γ de $L^2(G^x,\nu^x,K)$ dans $L^2(G^y,\nu^y,K)$. Q.E.D.

Représentation de carré intégrable.

Soient $\nu \in \mathcal{E}^+$ et U une représentation de G dans H. La condition suivante définit un sous-espace vectoriel de l'espace des sections mesurables bornées de H :

$$D(U,\nu) = \{ \xi,\ \exists\, c > 0,\ \text{avec:}\quad \forall\, y \in G^{(0)},\quad \forall\, \alpha \in H_y$$
$$\int |< \alpha, U(\gamma)\xi_x >|^2\, d\nu^y(\gamma) \leqslant c^2\ \|\alpha\|^2 \ \} .$$

Ainsi, pour $\xi \in D(U,\nu)$ et toute section mesurable bornée η de H, le coefficient (η,ξ) est une section mesurable bornée de $(L^2(G^y,\nu^y))_{y\in G^{(0)}}$.

Proposition 8

a) Soit $\xi \in D(U,\nu)$, l'égalité suivante définit un opérateur d'entrelacement entre U et la représentation régulière gauche L^ν :

$$T_\nu(\xi)\alpha = (\alpha,\xi) \qquad \forall\, \alpha \ \text{section mesurable bornée de H.}$$

b) Soit f une section mesurable bornée de $(L^2(G^y,\nu^y))_{y\in G^{(0)}}$ avec $\nu|f|$ borné, alors :

$$T_\nu(\xi)^* f = U(f\nu)\xi \qquad \forall\, \xi \in D(U,\nu)$$

c) Soient U, U' des représentations de G et A un opérateur d'entrelacement de U à U' alors $A\xi \in D(U',\nu)$, $\forall\, \xi \in D(U,\nu)$ et $T_\nu(A\xi) = T_\nu(\xi)A^*$.

d) Soit ξ une section mesurable bornée de H, soient $\nu,\nu' \in \mathcal{E}^+$ tels que $(\nu',\nu,(\xi,\xi)) \in L^1(G)$, alors $\xi \in D(U,\nu) \cap D(U,\nu')$ et $T_{\nu'}(\xi)T_\nu(\xi)^* = R_\nu^{\nu'}((\xi,\xi)^\sim)$.

e) Soient $\xi \in D(U,\nu)$, $(\nu',\nu,f) \in L^1(G)$. Alors $U(f\nu)\xi \in D(U,\nu')$ et $T_{\nu'}(U(f\nu)\xi) = R_\nu^{\nu'}(\overline{f})\ T_\nu(\xi)$.

f) Pour $\xi,\eta \in D(U,\nu)$, l'égalité $\theta_\nu(\xi,\eta) = T_\nu(\xi)^* T_\nu(\eta)$ définit un opérateur d'entrelacement de U à U, et :

$(\theta_\nu(\xi,\eta)\xi',\eta') = (\xi',\eta) *_\nu (\eta',\xi)^\vee$

pour toutes sections mesurables bornées ξ',η' de H.

Démonstration

a) L'opérateur $T_\nu(\xi)_y : H_y \to L^2(G^y,\nu^y)$ associe à tout $\alpha \in H_y$ la fonction $\gamma \longmapsto \langle \alpha, U(\gamma)\xi_x \rangle$ sur G^y, de sorte que par hypothèse on a $\|T_\nu(\xi)_y\| \leq c$. Pour $\gamma : x \to y$ on a $\langle U(\gamma)\alpha, U(\gamma')\xi_{x'} \rangle =$
$= \langle \alpha, U(\gamma^{-1}\gamma')\xi_{x'} \rangle$ ce qui montre que $T_\nu(\xi)$ est un opérateur d'entrelacement.

b) Pour $\alpha \in H_y$ on a : $\langle T_\nu(\xi)_y \alpha, f \rangle = \int \langle \alpha, U(\gamma)\xi_x \rangle \overline{f(\gamma)} d\nu^y(\gamma) =$
$= \langle \alpha, \int f(\gamma) U(\gamma)\xi_x d\nu^y(\gamma) \rangle$.

c) Pour toute section mesurable bornée α' de H' on a :

$(\alpha', A\xi) = (A^*\alpha',\xi)$ d'où le résultat.

d) Pour f comme dans b) on a :

$T_{\nu'}(\xi)(T_\nu(\xi)^* f) = T_{\nu'}(\xi)(U(f\nu)\xi) = L(f\nu)T_{\nu'}(\xi)\xi = f\nu * (\xi,\xi) =$
$= R_\nu^{\nu'}((\xi,\xi)^\sim)f$.

e) Soit η une section mesurable bornée de H, on a :

$T_{\nu'}(U(f\nu)\xi)\eta = (\eta, U(f\nu)\xi) = (\eta,\xi) * (f\nu)^\vee = R_\nu^{\nu'}(\overline{f})(\eta,\xi) = R_\nu^{\nu'}(\overline{f})T_\nu(\xi)\eta$.

f) On a $(\theta_\nu(\xi,\eta)\xi',\eta') = (T_\nu(\eta)\xi', T_\nu(\xi)\eta') = ((\xi',\eta),(\eta',\xi)) =$
$= (\xi',\eta) *_\nu (\eta',\xi)^\vee$ (Prop. 5c)).

Corollaire 9

Pour tout $\nu \in \mathcal{E}^+$, soit $\mathcal{J}_\nu$ le sous-espace vectoriel de $\mathrm{End}_G(H)$ engendré par les opérateurs $\theta_\nu(\xi,\eta)$, $\xi,\eta \in D(U,\nu)$.

1) $\mathcal{J}_\nu$ est un idéal bilatère de $\mathrm{End}_G(H)$.

2) Pour $\nu_1 \leq \nu_2$ on a $\mathcal{J}_{\nu_1} \subset \mathcal{J}_{\nu_2}$.

Démonstration

1) Pour $A,B \in \mathrm{End}_G(H)$ on a $\theta_\nu(A\xi,B\eta) = A\theta_\nu(\xi,\eta)B^*$ d'où le résultat.

2) Soit f une fonction mesurable sur $G^{(0)}$, $0 \leqslant f \leqslant 1$, telle que $\nu_1 = (f \circ s)\nu_2$. Soit M l'opérateur d'entrelacement de $L^2(G,\nu_1)$ dans $L^2(G,\nu_2)$ qui est défini par :

$$(Mg)(\gamma) = f^{\frac{1}{2}}(s(\gamma))g(\gamma) \qquad \forall\ g\ .$$

Par construction My est une isométrie pour tout $y \in G^{(0)}$ et on a $T_{\nu_2}(f^{\frac{1}{2}}\xi) = M\ .\ T_{\nu_1}(\xi) \qquad \forall\ \xi \in D(U,\nu_1)$, ainsi :

$$\theta_{\nu_2}(f^{\frac{1}{2}}\ \xi, f^{\frac{1}{2}}\ \xi) = T_{\nu_1}(\xi)^* M^* M\ T_{\nu_1}(\xi) = \theta_{\nu_1}(\xi,\xi)\ .$$

Q.E.D.

Théorème 10

Soient $\nu \in \mathcal{E}^+$ une fonction transverse fidèle et U une représentation de G dans H. Les conditions suivantes sont équivalentes et indépendantes du choix de ν .

1) $D(U,\nu)$ contient un sous-ensemble dénombrable total.

2) U est équivalente à une sous-représentation de la somme directe d'une infinité dénombrable de copies de L^ν .

3) U est sous-équivalente à une représentation U' telle que : pour toute représentation V de G dans K avec $K_x \neq 0$ $\forall$ x on a U' sous-équivalente à $U' \otimes V$.

Démonstration

1) $\Rightarrow$ 2) . On peut supposer qu'il existe une section mesurable bornée $\xi \in D(U,\nu)$ telle que pour tout $y \in G^{(0)}$, les $(U(f^\nu)\xi)_y$ ($\nu|f|$ borné) engendrent H_y . Cela montre que le support de $T_\nu(\xi)_y$ est égal à H_y, d'où le résultat en utilisant la décomposition polaire de l'opérateur d'entrelacement $T_\nu(\xi)$.

2) $\Rightarrow$ 3) . La proposition 7 montre que L^ν et donc $\overset{\infty}{\underset{1}{\oplus}} L^\nu$ a la propriété demandée à U' .

3) $\Rightarrow$ 1) . La propriété 1) est stable par passage à une sous-représentation, il suffit donc de la vérifier pour $U' \otimes L^\nu$ et donc pour une somme d'une infinité de copies de L^ν (Démonstration de la proposition 7). Cela résulte alors de la proposition 8 . Q.E.D.

Définition

Une représentation de G sera dite de carré intégrable si elle vérifie les conditions équivalentes du théorème 10.

On vérifie les propriétés suivantes :

Proposition 12

a) Si (H,U) est de carré intégrable, toute sous-représentation l'est aussi.

b) Toute somme directe de représentations de carré intégrable est de carré intégrable.

c) Si U est de carré intégrable alors $U \otimes V$ l'est aussi, pour toute représentation V.

d) Pour tout foncteur mesurable propre de G dans la catégorie des espaces mesurés la représentation $L^2 \circ F$ est de carré intégrable.

Démonstration

Vérifions d) . Nous supposons F(x) muni d'une mesure α^x avec $F(\gamma)\alpha^x = \delta(\gamma)\alpha^y$, $\forall\ \gamma : x \to y$ où δ est un homomorphisme de G dans $\mathbb{R}^*_+$. Nous posons alors $(U(\gamma)f)(z) = \delta(\gamma)^{\frac{1}{2}} f(\gamma^{-1}z)$, $\forall\ z \in F(y)$, $\gamma : x \to y$ ce qui définit la représentation $L^2 \circ F$ de G, dans le champ mesurable des $L^2(F(x),\alpha^x)$.

Soient $X = \cup F(x)$ et g une fonction bornée strictement positive ($g(z) > 0 \quad \forall\ z$) sur X telle que $\nu * g \leqslant 1$. Pour tout $x \in G^{(0)}$ soit B_x l'opérateur de multiplication par g dans $L^2(F(x),\alpha^x)$. Alors pour tout $y \in G^{(0)}$ l'opérateur $\int U(\gamma)B_x U(\gamma)^{-1} d\nu^y(\gamma)$ de $L^2(F(y),\alpha^y)$ dans lui-même est donné par la multiplication par $\nu * g$. Ainsi d) résulte du lemme suivant :

Lemme 13

Soient U une représentation de G dans H, $\nu \in \mathcal{E}^+$, et $(B_x)_{x \in G^{(0)}}$une famille mesurable bornée d'opérateurs positifs $B_x \in \mathcal{L}(H_x)$ telle que la famille $C_y = \int U(\gamma)B_x U(\gamma)^{-1} d\nu^y(\gamma)$ soit bornée. Alors pour toute section mesurable bornée ξ de H, la section $x \to B^{\frac{1}{2}}_x \xi_x$ est dans $D(U,\nu)$.

Démonstration

Pour $\alpha \in H_y$, on a : $| < \alpha, U(\gamma)B^{\frac{1}{2}}_x \xi_x > |^2 = | < B^{\frac{1}{2}}_x U(\gamma)^{-1}\alpha,\ \xi_x > |^2 \leqslant$

$\leq \text{Sup} \|\xi_x\|^2 < U(\gamma)B_xU(\gamma)^{-1}\alpha, \alpha >$ d'où le résultat . Q.E.D.

Corollaire 14

Soient h un homomorphisme propre de G dans G' et U une représentation de carré intégrable de G' dans H, alors $h^*U = U \circ h$ est de carré intégrable.

Démonstration

En effet, il suffit de vérifier cela pour U de la forme L^ν mais h^* U est alors de la forme $L^2 \circ F$ avec F propre (proposition III 7).

Q.E.D.

Proposition 15

Supposons G séparable. Soit U une représentation de carré intégrable de G dans H.

a) Pour tout $y \in G^{(0)}$ la restriction de U à G_y^y est une représentation de carré intégrable de ce groupe localement compact dans l'espace H_y .

b) Soit $\nu \in \mathcal{E}^+$ une fonction transverse avec Supp H $\subset$ Supp ν , il existe un sous-ensemble dénombrable total de $D(U,\nu)$ tel que les $\theta_\nu(\xi,\eta)$, $\xi,\eta \in D$ engendrent pour tout $y \in G^{(0)}$, le commutant de G_y^y dans H_y.

Démonstration

On peut supposer que $U = L^\nu$ est la représentation régulière gauche associée à ν. Soient $y \in G^{(0)}$, α une mesure de Haar à gauche sur $G_y^y = H$. Il existe une mesure positive π sur $X = s(G^y)$ et une section $x \to \gamma_x$ de l'application s, qui soit π-mesurable et telle que :

$$\nu^y = \int R(\gamma_x)\alpha \, d\pi(x)$$

où $R(\gamma_x)$ désigne la translation à droite par γ_x. Soit a l'application de G^y dans $H \times X$ telle que :

$$a(\gamma) = (\gamma \, . \, \gamma^{-1}{}_{s(\gamma)} \, , \, s(\gamma)) \, .$$

On a $a(\gamma . \gamma_x) = (\gamma, x)$ donc a est un isomorphisme d'espaces mesurés de (G^y, ν^y) sur $(H \times X, \alpha \times \pi)$ qui transforme l'action de H par translations à gauche sur G^y en l'action de H par translations à gauche $\times$ identité sur $H \times X$.

Ainsi la restriction de U à H est un multiple de la représentation régulière de H d'où a). De plus le commutant de H dans $L^2(G^y, \nu^y)$ est engendré par les opérateurs T_k, $(T_k f)(\gamma) = \int k(\gamma,\gamma')f(\gamma')d\nu^y(\gamma')$ où $k(g\gamma, g\gamma') = k(\gamma,\gamma')$ $\forall g \in G^y_y$ et $\mathrm{Sup}(\mathrm{Sup}_\gamma \int |k(\gamma,\gamma')|\, d\nu^y(\gamma'), \mathrm{Sup}_\gamma \int |k(\gamma,\gamma')|\, d\nu^y(\gamma))$ est fini. Soit D un ensemble dénombrable de fonctions mesurables f sur G avec $(\nu,\nu,f) \in L^1(G)$, total dans $L^1(G^y, \nu^y)$ pour tout y, et tel que pour $f \in D$, l'application $y \to f^y$ soit une section mesurable bornée de $(L^2(G^y, \nu^y))$. On a alors $f \in D(U,\nu)$, $\forall f \in D$ et $\theta_\nu(f,g)$ coïncide avec $R^\nu_\nu(f *_\nu g^\nu)$. On peut supposer que D est stable par convolution : $(f,g) \to f *_\nu g$. Il suffit de montrer que les opérateurs $R^\nu_\nu(f)_y$, $f \in D$ engendrent le commutant de G^y_y. La fermeture faible de l'espace engendré par ces opérateurs contient les $R^\nu_\nu(h)_y$, où $(\nu,\nu,h) \in L^1(G)$ et donc tous les opérateurs T_k ci-dessus, d'où le résultat.

Q.E.D.

V . L ' ALGEBRE DE VON NEUMANN DES OPERATEURS ALEATOIRES .

Soit Λ une mesure transverse de module δ sur G.

La construction ci-dessous ne dépend que de la classe de Λ i.e. que de la notion d'ensemble saturé Λ-négligeable. Cependant, pour montrer que l'algèbre étudiée est une algèbre de von Neumann, i.e. a un prédual, nous aurons (comme dans le cas classique pour trouver un prédual : L^1 à L^∞)à supposer que Λ est semi-finie.

Définition 1

Soient H_1, H_2 des représentations de carré intégrable de G, un opérateur aléatoire $T \in \mathrm{Hom}_\Lambda(H_1,H_2)$ est une classe, modulo l'égalité Λ - presque partout, d'éléments de $\mathrm{Hom}_G(H_1,H_2)$.

Pour $T \in \mathrm{Hom}_\Lambda(H_1,H_2)$ nous poserons $\|T\|_\infty = \operatorname{Ess\,Sup}_\Lambda \|T_x\|$ ce qui a un sens car la fonction $x \to \|T_x\|$ est mesurable et constante sur les classes de $G^{(0)}$.

Nous utiliserons aussi la terminologie espace hilbertien Λ-aléatoire pour désigner une classe, modulo l'égalité Λ-presque partout, de représentations de carré intégrable de G.

Théorème 2

Pour tout espace hilbertien Λ-aléatoire H l'algèbre involutive normée $\mathrm{End}_\Lambda(H)$ est une algèbre de von Neumann.

Il en résulte que la catégorie $\mathcal{C}_\Lambda$ dont les objets sont les espaces hilbertiens et les morphismes sont les opérateurs Λ-aléatoires est une W^*-catégorie ([34]). Cette W^*-catégorie ne dépend que du couple $(G,\mathcal{B})$. et de la classe de Λ , en effet la notion de représentation de carré intégrable de G n'utilisait que la structure mesurable de G. Notons que pour le moment, pour H donné, $\mathrm{End}_{\Lambda}(H)$ est une algèbre de von Neumann abstraite, i.e. n'agit pas dans un espace de Hilbert particulier.

Les résultats du numéro IV montrent que la catégorie $\mathcal{C}_{\Lambda}$ est munie des opérations de somme directe, de transposition, et de produit tensoriel. Bien que $\mathcal{C}_{\Lambda}$ ne possède pas en général d'objet non nul canonique, les objets de la forme $H = \bigoplus_{1}^{\infty} L$ où L est la représentation régulière associée à $\nu \in \mathcal{E}^{+}$, fidèle, sont indépendants du choix de ν. L'algèbre de von Neumann $\mathrm{End}_{\Lambda}(H)$ est donc aussi, indépendante du choix de ν. Rappelons qu'une algèbre hilbertienne à gauche est une algèbre involutive $(\mathcal{A}, ., \#)$ sur $\mathbb{C}$, munie d'une structure préhilbertienne séparée, et telle que (cf [47])

(1) $< \xi\eta, \zeta > \quad < \eta, \xi^{\#}\zeta > \qquad \forall\ \xi,\eta,\zeta \in \mathcal{A}$

(2) Pour tout ξ l'opérateur $L(\xi)$, $L(\xi)\eta = \xi\eta$ est borné.

(3) La représentation $\xi \longmapsto L(\xi)$ est non dégénérée (dans $\mathcal{H} = \overline{\mathcal{A}}$).

(4) L'involution $\xi \longmapsto \xi^{\#}$ est un opérateur préfermé de $\mathcal{H}$.

Soit alors $\nu \in \mathcal{E}^{+}$ une fonction transverse sur G. Soient $\mu = \Lambda_{\nu}$ et $m = \mu \circ \nu$, $\mathcal{H} = L^{2}(G,m)$. Construisons une algèbre hilbertienne à gauche $\mathcal{A}$ formée de fonctions mesurables sur G, de telle sorte que a) l'espace hilbertien soit $\mathcal{H} = L^{2}(G,m)$, b) le produit soit $(f,g) \to f *_{\nu} g = f\nu * g$ c) l'involution soit $f \longrightarrow f^{\#} = \delta^{-1}f^{\vee}$. L'opérateur $S : f \longrightarrow f^{\#}$ est préfermé et $S = J\Delta^{\frac{1}{2}}$ où $Jf = \delta^{-\frac{1}{2}}f^{\vee}$, $\Delta f = \delta f$ de sorte que la condition 4 est automatique. Par construction J est une involution isométrique et l'opérateur $L(f)$ est égal à $JR((Jf)^{\vee})J$, où $R(k)$ désigne l'opérateur de convolution à droite par k. Dans la décomposition $\mathcal{H} = \int L^{2}(G^{x},\nu^{x})d\mu$ $R(h)$ est décomposé en $(R_{\nu}^{\nu}(h)_{x})_{x\in G^{(0)}}$ et il est donc borné par $\mathrm{Sup}(\nu|h|, \nu|\tilde{h}|)$. On prendra donc pour $\mathcal{A}$ l'espace des fonctions mesurables f sur G telles que :

$$f \in L^{2}(G,m) \qquad f^{\#} \in L^{2}(G,m), \qquad (\nu,\nu,Jf) \in L^{1}(G).$$

C'est une algèbre involutive car $Jf^{\#} = (Jf)^{\vee}$ et $L(f)$, $L(f^{\#})$ sont bornés, de plus 3) résulte de la proposition 2b).

Notation 3

Soit $W(\nu)$ l'algèbre de von Neumann associée à l'algèbre hilbertienne à gauche $L^2(G,m)$, $m = \Lambda_\nu \circ \nu$ pour $\nu \in \mathcal{E}^+$.

Soient $\nu \in \mathcal{E}^+$, H un espace hilbertien Λ-aléatoire. L'espace $\nu(H) = \int H_x \, d\Lambda_\nu(x)$ est un espace hilbertien et pour $T \in \mathrm{Hom}_\Lambda(H_1,H_2)$, l'opérateur décomposable $(T_x)_{x\in G^{(0)}}$ définit un opérateur borné $\nu(T)$ de $\nu(H_1)$ dans $\nu(H_2)$. Il est clair que le théorème 2 se déduit du résultat suivant :

Théorème 4

Soit $\nu \in \mathcal{E}^+$.

(1) Pour tout espace hilbertien Λ-aléatoire H, il existe une unique représentation normale de $W(\nu)$ dans $\nu(H)$ telle que $U_\nu(f) = U(f\nu)$, $f \in \mathcal{A}_\nu$.

(2) $H \longmapsto \nu(H)$, $T \longmapsto \nu(T)$ est un foncteur de $\mathcal{C}_\Lambda$ dans la catégorie des $W(\nu)$-modules.

(3) Si ν est fidèle, ce foncteur est une équivalence de catégories.

Le (3) signifie que $T \longmapsto \nu(T)$ est une isométrie de $\mathrm{End}_\Lambda(H)$ sur le commutant de $W(\nu)$ dans $\nu(H)$, ce qui montre que $\mathrm{End}_\Lambda(H)$ est bien une algèbre de von Neumann.

Démonstration

(1) On peut supposer que H est la représentation régulière gauche L associée à ν (théorème 4.10). Pour toute section mesurable ξ de $(L^2(G^x,\nu^x))_{x\in G^{(0)}}$, on a :

$$(L(f\nu)\xi)_y = \int L(\gamma)\, \xi_x f(\gamma) d\nu^y(\gamma) .$$

Ainsi dans $L^2(G,m) = \int L^2(G^x, \nu^x)d\mu(x)$ l'opérateur $L(f\nu)$ coïncide avec la convolution à gauche par f, de sorte que la représentation normale $(L)_\nu$ n'est autre que la représentation canonique de $W(\nu)$ dans $L^2(G,m)$.

2) C'est une vérification simple, notons cependant que en général on n'a pas d'interprétation pour $\nu(H_1 \otimes H_2)$.

Si ν est fidèle on a $\nu(T) = 0 \Leftrightarrow T = 0$ pour $T \in \mathrm{End}_\Lambda(H)$.

3) Montrons d'abord que tous les opérateurs diagonaux dans $\nu(H) = \int H_x \, d\mu(x)$ sont dans l'image de $W(\nu)$.

Soit f une fonction mesurable bornée sur $G^{(0)}$ et soit $r(f)$ l'opérateur de multiplication par $(f \circ r)$ dans $L^2(G,m)$. Quand on écrit $L^2(G,m) = \int L^2(G^x, \nu^x)d\mu(x)$ les opérateurs de convolution à droite sont décomposés, il est donc clair que $r(f)$ commute avec eux et donc : $r(f) \in W(\nu)$. Calculons alors $U_\nu(r(f))$ comme opérateurs dans $\nu(H)$. Pour tout élément g de l'algèbre hilbertienne à gauche $\mathcal{A}_\nu$ on a $r(f) \circ L(g) = L((f \circ r)g)$, ainsi $U_\nu(r(f))U(g\nu) = U((f \circ r)g\nu)$ d'où pour toute section mesurable bornée ξ :

$$[U_\nu(r(f)) \, (U(g\nu)\xi)]_y = \int U(\gamma)\xi_x \, f(y)g(\gamma)d\nu^y(\gamma) = f(y) \, (U(g\nu)\xi)_y$$

Soit T un élément du commutant de $W(\nu)$ dans l'espace de Hilbert $\nu(H) = \int H_x \, d\mu(x)$, $\mu = \Lambda_\nu$. Comme T commute avec les opérateurs diagonaux, c'est un opérateur décomposable et il existe une application mesurable bornée $x \longmapsto T_x$, $x \in G^{(0)}$ telle que pour toute section mesurable ξ de H de carré μ-intégrable, on ait $(T\xi)_x = T_x\xi_x$ μ-presque sûrement.

Pour toute fonction mesurable h sur G avec $(\nu,\nu,h) \in L^1(G)$, T commute avec $U(h\nu)$, ce qui montre que :

$$\mu \; \{y \in G^{(0)}, \quad \int (T_y \, U(\gamma) - U(\gamma)T_x) \; \xi_x h(\gamma)d\nu^y(\gamma) \neq 0 \} = 0 .$$

Prenant des ensembles dénombrables totaux de h et de ξ on a donc un sous-ensemble mesurable A de $G^{(0)}$, avec :

$\mu(A^c) = 0$, $\forall\, y \in A$, $T_y\, U(\gamma) = U(\gamma) T_x$ pour ν^y-presque tout $\gamma \in G^y$.

Soit B le sous-ensemble saturé mesurable de $G^{(0)}$, complémentaire de $[A^c]_\nu$, alors B^c est Λ-négligeable (prop. II 8 b)). Pour $x \in B$, l'ensemble A^c est $s(\nu^x)$-négligeable.

Prenons f comme dans le lemme 1.3, avec $\nu(f) = 1$.

Posons $T'_y = \int_{G^y} U(\gamma) T_x\, U(\gamma)^{-1} f(\gamma) d\nu^y(\gamma)$ pour $y \in B$ et $T'_y = 0$ si $y \notin B$. Pour $y \in A$ on a $T'_y = T_y$, il nous suffit donc de vérifier que pour $\gamma_1 : x_1 \to y_1$, $x_1, y_1 \in B$ on a $U(\gamma_1) T'_{x_1} U(\gamma_1)^{-1} = T'_{y_1}$, or le premier membre s'écrit :

$$\int U(\gamma_1\gamma)\, T_x\, U(\gamma_1\gamma)^{-1} f(\gamma)\, d\nu^{x_1}(\gamma) =$$

$$\int U(\gamma')\, T_x\, U(\gamma')^{-1} f(\gamma_1^{-1}\gamma')\, d\nu^{y_1}(\gamma')$$

donc si $y_1 \in A$ cela coïncide avec T_{y_1}, vu que $U(\gamma')\, T_x\, U(\gamma')^{-1}$ est égal à T_{y_1}, $s(\nu^{y_1})$ - presque partout.

Cela montre l'égalité cherchée pour $y_1 \in A$ et $x_1 \sim y_1$ donc dans le cas général vu que pour $x \in B$, $[x] \cap A \neq \emptyset$. On a montré que le commutant de $W(\nu)$ dans $\nu(H)$ est égal à $\nu(\mathrm{End}_\Lambda(H))$, il nous reste à vérifier que toute représentation normale de $W(\nu)$ est de la forme $\nu(H)$. Or toute représentation normale de $W(\nu)$ (dans un espace séparable) est une sous-représentation de $\overset{\infty}{\underset{1}{\oplus}} L_\nu$ d'où la conclusion.

Q.E.D.

Corollaire 5

Soient H un espace hilbertien Λ-aléatoire et $\nu \in \mathcal{E}^+$. Alors l'espace vectoriel $J^\nu \subset \mathrm{End}_\Lambda(H)$ engendré par les $\theta_\nu(\xi,\eta)$, $\xi,\eta \in D(U,\nu)$ est un idéal bilatère de $\mathrm{End}_\Lambda(H)$, faiblement dense si ν est fidèle.

Démonstration

On a un homomorphisme surjectif naturel de $End_G(H)$ sur $End_\Lambda(H)$ et J^ν est l'image de $\mathcal{J}^\nu$ (Corollaire IV 9) qui est un idéal de $End_G(H)$. Si ν est fidèle, la proposition IV 2 montre que la réunion des images des opérateurs $T_\nu(\xi)^*$ (cf proposition IV 8), $\xi \in D$ sous-ensemble dénombrable total de $D(U,\nu)$, est totale dans H_x pour tout $x \in G^{(0)}$. Ainsi la représentation naturelle de J^ν dans $\nu(H)$ est non dégénérée d'où le résultat.

Q.E.D.

Corollaire 6

Soient $(G_i, \mathcal{B}_i, \Lambda_i)$ des groupoïdes mesurables, $i = 1,2$ et $h : G_1 \to G_2$ un homomorphisme propre tel que $h(\Lambda_1)$ soit absolument continue relativement à Λ_2.

a) Pour tout espace Λ_2-aléatoire H l'espace h^*H est Λ_1-aléatoire.

b) L'application qui à $T = (T_x) \in End_{\Lambda_2}(H)$ associe $h^*T = (T_{h(x)}) \in$ $\in End_{\Lambda_1}(h^*H)$ est un homomorphisme normal.

c) Si h est une équivalence de catégorie avec $h(\Lambda_1) \sim \Lambda_2$ alors h^* est un isomorphisme de $End_{\Lambda_2}(H)$ sur $End_{\Lambda_1}(h^*H)$.

Démonstration

a) On a $(h^*H)_x = H_{h(x)}$, il suffit de vérifier que si l'on modifie H sur A saturé Λ_2-négligeable, cela ne modifie h^*H que sur $h^{-1}(A)$ qui est saturé Λ_1-négligeable.

b) Par construction h^* est un homomorphisme normiquement continu, on vérifie directement qu'il est complètement additif donc normal.

c) Soit k avec $h \bullet k \sim id_{G_2}$, $k \bullet h \sim id_{G_1}$. Comme k^*h^*H est équivalent à H on peur supposer que $H = k^*H_1$. On a alors un entrelacement canonique entre h^*H et H_1 qui remplace $T \in End_\Lambda(h^*H)$ par T_1 tel que $(h^* \circ k^*)T_1 = T$.

Cela montre que h^* est surjectif. L'injectivité est immédiate.

Q.E.D.

Corollaire 7

Supposons que $G_y^y = \{y\}$ pour Λ-presque tout $y \in G^{(0)}$. Pour tout espace Λ-aléatoire H, le centre de $End_\Lambda(H)$ est l'algèbre des opérateurs aléatoires $f = (f(x)1_{H_x})_{x \in G^{(0)}}$ où f est mesurable bornée constante sur les classes de $G^{(0)}$.

Démonstration

Soit D un ensemble dénombrable total, $D \subset D(U,\nu)$ vérifiant les conditions de la proposition IV 15 b), où $\nu \in \mathcal{E}^+$ est fidèle. Soit $A \subset G^{(0)}$ mesurable saturé, A^c Λ-négligeable, tel que pour $x \in A$ les $\theta_\nu(\xi,\eta)$, $\xi,\eta \in D$ soient irréductibles dans H_x. Si $T \in$ Centre $End_\Lambda(H)$ on peut trouver un représentant $T' \in End_G(H)$ qui commute Λ-presque partout avec les $\theta_\nu(\xi,\eta)$, $\xi,\eta \in D$. On a alors $T'_x = f(x)1_{H_x}$, $x \in G^{(0)}$ Λ-presque partout.

Q.E.D.

Corollaire 8

On suppose que $G_y^y = \{y\}$ $\forall y \in G^{(0)}$. Les conditions suivantes sont équivalentes :

1) $End_\Lambda(H)$ est un facteur $\forall$ H .

2) $Hom_\Lambda(H_1,H_2) \neq \{0\}$ si H_1 et $H_2 \neq 0$

3) $\exists \nu \in \mathcal{E}^+$ fidèle telle que $W(\nu)$ soit un facteur.

4) Pour tout $A \subset G^{(0)}$, mesurable saturé, on a $\Lambda(A)$ ou $\Lambda(A^c) = 0$

5) Λ est extrémale parmi les mesures transverses de module δ .

Démonstration

On a 1) $\Rightarrow$ 2) $\Rightarrow$ 3) et 3) $\Rightarrow$ 1) résulte de V 4 . Le corollaire 7 montre que 1) $\Leftrightarrow$ 4).

Corollaire 9

Supposons que $G^y_y = \{y\}$ pour Λ- presque tout $y \in G^{(0)}$. Les conditions suivantes sont équivalentes.

1) Il existe un espace hilbertien Λ-aléatoire H, avec $H_x \neq \{0\}$ Λ-presque partout, et $\mathrm{End}_\Lambda(H)$ de type I.

2) $\mathrm{End}_\Lambda(H)$ est de type I pour tout H.

3) Il existe $A \subset G^{(0)}$, mesurable saturé de complémentaire Λ-négligeable tel que la représentation triviale de G_A soit de carré intégrable.

4) Il existe une fonction transverse $\nu' \in \mathcal{E}^+$, bornée de support Λ -conégligeable.

Démonstration

1) $\Rightarrow$ 3) . Soit $P \in \mathrm{End}_\Lambda(H)$ un projecteur abélien de support central 1, alors $P_x \neq 0$ Λ-presque partout (corollaire 6). Il existe donc un espace hilbertien Λ -aléatoire $H' = P(H)$ vérifiant 1) avec $\mathrm{End}_\Lambda(H')$ commutatif. Cela impose comme dans le corollaire 7 que H'_x est de dimension 1 pour Λ-presque tout x, d'où 3).

3) $\Rightarrow$ 4) . Soit $\nu \in \mathcal{E}^+$ fidèle. On peut supposer que $A = G^{(0)}$. Il existe par hypothèse une suite de fonctions mesurables bornées f_n sur $G^{(0)}$ telles que $\forall x \in G^{(0)}$, $\exists n \in \mathbb{N}$, $f_n(x) \neq 0$ et $\int | f_n(x) |^2 d\nu^y(\gamma) < \infty$ $\forall n$. Soit alors (α_n) une suite de réels $\alpha_n > 0$ avec $\int \Sigma \alpha_n | f_n(x) |^2 d\nu^y(\gamma) \leqslant 1$. Posons $\nu' = (\varphi \circ s)\nu$, où $\varphi = \Sigma \alpha_n | f_n |^2$, alors ν' est une fonction transverse bornée.

4) $\Rightarrow$ 2) . Soit $\nu \in \mathcal{E}^+$ avec ν^y de masse totale 1 pour Λ-presque tout $y \in G^{(0)}$. Alors l'application E_ν de l'algèbre de von Neumann P intégrale directe sur $(G^{(0)}, \Lambda_\nu)$ des $\mathcal{L}(H_x)$, sur $\mathrm{End}_\Lambda(H)$ définie par :

$$(E_\nu(B))_y = \int U(\gamma)B_x\, U(\gamma)^{-1}\, d\nu^y(\gamma)$$

est une espérance conditionnelle normale fidèle. Comme P est de type I il en est de même de $\mathrm{End}_\Lambda(H)$.

Q.E.D.

Remarque 10

Si G est standard, en tant qu'espace mesurable, la condition 4) ci-dessus équivaut à l'existence d'une section mesurable, en dehors d'un ensemble Λ-négligeable, pour la relation d'équivalence naturelle sur $G^{(0)}$.

Corollaire 11

Soit M un facteur proprement infini de la forme $\mathrm{End}_\Lambda(H)$ où Λ est une mesure transverse sur un groupoïde mesurable G satisfaisant $G_x^x = \{x\}$ $\forall\, x \in G^{(0)}$. Il existe alors un endomorphisme σ de M et un unitaire $S \in M$ tels que, avec $\sigma_S = S\sigma(.)S^*$ on ait :

1) $\sigma(M)$ et $\sigma_S(M)$ sont le commutant l'un de l'autre et engendrent M,

2) $S^2 = 1$.

Notons que l'hypothèse "M isomorphe à $M \otimes M$" ne suffit pas à assurer 1) et 2) car l'automorphisme $x \otimes y \to y \otimes x$ de $M \otimes M$ n'est intérieur que si M est de type I (S.Sakai).

Nous laissons la démonstration à titre d'exercice; elle utilise l'équivalence de H avec $H \otimes H$ (modulo Λ) .

On pourra ensuite utiliser les résultats du numéro VI pour montrer l'existence d'un poids opératoriel de M sur $\sigma(M)$ dont le groupe d'automorphismes modulaires (défini sur $\sigma_S(M)$) est l'identité.

VI . POIDS NORMAUX SEMI FINIS SUR $END_{\Lambda}(\underline{H})$

Soient (G,Λ,δ) comme ci-dessus.

Si T est un opérateur densement défini, fermé, d'un espace de Hilbert H_1 dans H_2, sa décomposition polaire $T \subset u|T|$ équivaut à donner le couple d'opérateurs bornés $(u, (1 + T^*T)^{-1})$. Il y a donc un sens à parler de familles mesurables d'opérateurs non bornés fermés. (Cf [32]).

Définition 1

Soient (H,U) et (H',U') des représentations de carré intégrable de G et $(T_x)_{x \in G^{(0)}}$ une famille mesurable où T_x est un opérateur fermé densement défini de H_x dans H'_x. Nous dirons que T est de degré α, où $\alpha \in \mathbb{R}$ si :

$$\forall \gamma \in G,\ \gamma : x \longrightarrow y \text{ on a } U'(\gamma)T_x = \delta(\gamma)^{\alpha}\, T_y\, U(\gamma)$$

Comme nous étudions G modulo les ensembles saturés N qui sont Λ-négligeables, nous dirons encore que T est de degré α si l'égalité ci-dessus a lieu pour $\gamma \in G_{N^c}$ et nous parlerons d'opérateur aléatoire de degré α pour désigner une classe, modulo l'égalité Λ-presque partout, de familles mesurables de degré α. Quand G est un groupe localement compact la définition 1 coïncide avec celle de [15].

Théorème 2

Soit (H,U) une représentation de carré intégrable de G.

a) Soit T un opérateur aléatoire positif (i.e. T_x est autoadjoint positif pour tout $x \in G^{(0)}$) de degré 1, il existe alors un unique poids normal semi-fini φ_T sur l'algèbre de von Neumann $\mathrm{End}_{\Lambda}(H)$, tel que :

$$\varphi_T(\theta_\nu(\xi,\xi)) = \int < T_x\xi_x, \xi_x > d\Lambda_\nu(x)$$

alors un opérateur aléatoire positif T tels que $\nu(T) = T'$. De plus pour que $\nu(T_1) = \nu(T_2)$ il faut et il suffit que $T_1 = T_2$ Λ-presque partout. L'assertion b) résulte donc de [11] .

Q.E.D.

Corollaire 5

Gardons les notations du théorème 2.

a)Le groupe d'automorphismes modulaires de φ_T est donné par

$$(\sigma_t(A))_x = T_x^{it} A_x T_x^{-it} \qquad \forall\ A \in \mathrm{End}_\Lambda(H) .$$

b) Soient T_1, T_2 des opérateurs positifs aléatoires de degré 1, alors

$$(D\varphi_{T_2} : D\varphi_{T_1})_t = (T_{2_x}^{\ it}\ T_{1_x}^{\ -it})_{x \in G^{(0)}} .$$

Démonstration :

Cela résulte de [11] théorème 9 .

Corollaire 6

Supposons que pour Λ-presque tout $x \in G^{(0)}$ on ait $\delta(\gamma) = 1$ $\forall\ \gamma \in G_x^x$ et soit H un espace hilbertien Λ-aléatoire tel que la représentation associée de G_x^x soit factorielle pour Λ-presque tout $x \in G^{(0)}$. Soient T un opérateur aléatoire positif de degré 1 et $\varphi_T = \varphi$ le poids correspondant sur $\mathrm{End}_\Lambda(H)$. Pour $E \in \mathbb{R}$ on a équivalence entre

$$\exp E \in \mathrm{spectre}\,\sigma\varphi$$

et

$\forall\ \varepsilon > 0$, l'ensemble suivant n'est pas Λ-négligeable :

$$\{ x \in G^{(0)} ,\quad \exists\ E_1, E_2 \in \mathrm{Spectre}(\mathrm{Log}\ T_x), \quad E_1 - E_2 \in [E - \varepsilon , E + \varepsilon]\} .$$

Démonstration :

Soient $\nu \in \mathcal{E}^+$ une fonction transverse fidèle et P l'algèbre de von

Neumann des classes, modulo l'égalité Λ_ν-presque partout, d'applications mesurables bornées

$B = (B_x)_{x \in G^{(0)}}$, $B_x \in \mathcal{L}(H_x)$ $\forall\, x \in G^{(0)}$. Par construction P est une algèbre de von Neumann de type I et l'égalité

$$\rho_T(B) = \int \mathrm{Trace}(T_x\, B_x)\, d\Lambda_\nu(x) \qquad \forall\, B$$

définit un poids normal semifini sur P. Il s'agit de montrer que Spectre σ^φ = Spectre σ^ρ . Le corollaire 5 montre que la restriction de σ^ρ à $\mathrm{End}_\Lambda(H)$ coïncide avec σ^φ . Soit Q le commutant relatif de $\mathrm{End}_\Lambda(H)$ dans P.

La proposition IV(15b)montre que $B = (B_x)_{x \in G^{(0)}}$ est dans Q ssi $B_x \in (U(G_x^x))''$ pour Λ_ν -presque tout $x \in G^{(0)}$.

Ainsi $\mathrm{End}_\Lambda(H) \cup Q$ engendre P car $U(G_x^x)''$ est un facteur pour Λ_ν-presque tout $x \in G^{(0)}$. Comme $\delta(\gamma) = 1$ pour $\gamma \in G_x^x$ on voit que la restriction de σ^ρ à Q est l'identité, et donc que pour $f \in L^1(\mathbb{R})$, $a_i \in \mathrm{End}_\Lambda(H)$ et $b_i \in Q$ on a : $\sigma^\rho(f)\,(\Sigma\, a_i b_i) = \Sigma\, \sigma^\varphi(f)(a_i) b_i$. Ainsi $\sigma^\rho(f) = 0 \Leftrightarrow \sigma^\varphi(f) = 0$. Q.E.D.

Corollaire 7

Avec les hypothèses du corollaire 6 pour que φ_T soit une trace il faut et il suffit que T_x soit un scalaire $T_x = \lambda_x 1$ pour Λ-presque tout $x \in G^{(0)}$.

Ainsi les calculs se font exactement comme si on travaillait dans H_x avec le poids défini sur $\mathcal{L}(H_x)$ par l'opérateur positif T_x , par $A \longmapsto \mathrm{Trace}\,(T_x A)$. Nous noterons $\Phi_T(1)$ sous la forme $\int \mathrm{Trace}(T_x)\, d\Lambda(x)$. Si T est un opérateur aléatoire de degré 1/2 de H dans H' on a $\int \mathrm{Trace}\,(T_x^* T_x)\, d\Lambda(x) = \int \mathrm{Trace}\,(T_x T_x^*)\, d\Lambda(x)$, comme conséquence de [11].

Le poids opératoriel E_ν

Le lien entre le poids φ_T et le poids sur l'algèbre de von Neumann P intégrale directe des $\mathcal{L}(H_x)$ selon Λ_ν , associé à $\int Tr(T_x.)d\Lambda_\nu(x)$ est précisé ainsi :

Lemme 8

Soient H un espace hilbertien Λ-aléatoire et ν une fonction transverse fidèle sur G. Il existe alors un unique poids opératoriel E_ν de l'algèbre de von Neumann P sur $End_\Lambda(H)$ tel que pour tout opérateur aléatoire positif T on ait $\varphi_T \circ E_\nu = \rho_T$. Pour tout $B = (B_x)_{x\in G^{(0)}}$, $B \in P^+$, tel que la famille suivante soit bornée :

$$C_y = \int U(\gamma)B_x\, U(\gamma)^{-1}d\nu^y(\gamma) \text{ , on a :}$$

$$E_\nu(B) = C \ .$$

Démonstration

Pour tout T la restriction de $\sigma_t^{\rho_T}$ à $End_\Lambda(H)$ étant égale à σ^{φ_T} il existe un poids opératoriel E_ν^T tel que $\Phi_T \circ E_\nu^T = \rho_T$. Le corollaire 5b) montre que E_ν^T ne dépend pas du choix de T . Montrons que $E_\nu(B) = C$. Soit $\xi = (\xi_x)_{x\in G^{(0)}}$ une section mesurable bornée de H, $\|\xi_x\| \leqslant 1$ $\forall$ x, et $\eta_x = B_x^{\frac{1}{2}}\, \xi_x$. Comme $\eta_x \otimes \eta_x^c \leqslant B_x$ on a $\int (U(\gamma)\eta_x \otimes (U(\gamma)\eta_x)^c)\, d\nu^y(\gamma) \leqslant C_y$ $\forall\, y \in G^{(0)}$ ce qui montre que $\eta \in D(U, \nu)$ car :

$\int U(\gamma)\eta_x \otimes (U(\gamma)\eta_x)^c\, d\nu^y(\gamma) = \theta_\nu(\eta,\eta)_y$ par construction . Soit ξ^n , $n \in \mathbb{N}$ une suite de sections mesurables bornées de H telles que pour tout $x \in G^{(0)}$ l'ensemble des ξ^n différents de 0, soit une base orthonormale de H_x. Avec $\eta^n = B^{\frac{1}{2}}\xi^n$ on a $B_x = \sum_1^\infty \eta_x^n \otimes \eta_x^{n^c}$ $\forall\, x \in G^{(0)}$. Il suffit donc, vu la normalité de E_ν , de vérifier que $E_\nu(\eta \otimes \eta^c) = \theta_\nu(\eta,\eta)$ $\forall\, \eta \in D(U,\nu)$, pour conclure que :

$$E_\nu(B) = \operatorname{Sup}_n E_\nu\left(\sum_1^n \eta_j \otimes \eta_j^c\right) = \operatorname{Sup}_n \sum_1^n \theta_\nu(\eta_j,\eta_j) = C .$$ Or, on a

pour tout T de degré 1 l'égalité

$\rho_T(\eta \otimes \eta^c) = \int < T_x\eta_x, \eta_x > d\Lambda_\nu(x) = \Phi_T(\theta_\nu(\eta,\eta))$, d'où le résultat grâce au théorème 2 . Q.E.D.

Lemme 9

Soient F un foncteur mesurable propre de G dans la catégorie des espaces mesurés et H l'espace Λ-aléatoire $L^2 \bullet F$. Pour toute fonction mesurable positive f sur $\bigcup_{x \in G^{(0)}} F(x)$ soit $M(f) = (M(f)_x)_{x \in G^{(0)}}$ la famille des opérateurs de multiplication par f dans $H_x = L^2(F(x))$. Alors $\forall\, \nu \in \mathcal{E}^+$ on a $E_\nu(M(f)) = M(\nu * f)$.

Démonstration

L'opérateur $U(\gamma)M(f)_x\, U(\gamma)^{-1}$ est égal à la multiplication par la fonction $\gamma' \longmapsto f(\gamma^{-1}\gamma')$ sur F(y). Ainsi

$\int U(\gamma)M(f)_x\, U(\gamma)^{-1}\, d\nu^y(\gamma)$ est égal à la multiplication par

$\int f(\gamma^{-1}\gamma')d\nu^y(\gamma) = (\nu * f)(\gamma')$ sur F(y) . Q.E.D.

Groupes d'automorphismes modulaires intégrables et flot des poids de $End_\Lambda(H)$.

Soient $(G, \mathcal{B}, \Lambda)$ comme ci-dessus, δ le module de Λ, et H un espace hilbertien Λ-aléatoire. Soit alors (G', h) le noyau stable de δ, de sorte que (cf. numéro III) $G' = G \times \mathbb{R}_+^*$ est doté d'une mesure transverse canonique Λ' et $h(\gamma, s) = \gamma$ est un homomorphisme propre.

Nous étudions les poids $\varphi = \varphi_T$ sur $End_\Lambda(H)$ dont le groupe d'automorphismes modulaires, σ^φ , est intégrable ; cette étude contient à la fois le calcul du flot des poids de $End_\Lambda(H)$ et de sa décomposition continue [9].

Lemme 10

Soient T un opérateur positif de degré 1 de H dans H et $\varphi = \varphi_T$ le poids correspondant sur $End_\Lambda(H)$.

a) Si σ^φ est intégrable, la mesure spectrale de T_x est absolument continue, Λ-presque partout, et la décomposition spectrale $H_x = \int H_{(x,t)} dt$ définit une représentation H' de $G' = G \times \mathbb{R}_+^*$.

b) Soient E^φ le poids opératoriel de $End_\Lambda(H)$, sur le centralisateur de φ et $\xi = (\xi_x)_{x \in G^{(0)}}$ tel que $\xi \in D(H, \nu)$ pour une $\nu \in \mathcal{E}^+$, avec $\theta_\nu(\xi, \xi) \in \text{Domaine} E^\varphi$. Soit $\xi_{(x,t)}$ la section correspondante de H', alors :

$$E^\varphi(\theta_\nu(\xi, \xi)) = \theta_{\nu'}(\xi', \xi')$$

Démonstration

a) Prenons $\nu \in \mathcal{E}^+$ fidèle et P et E_ν comme ci-dessus, alors $\psi = \varphi \circ E_\nu$ est intégrable donc le poids $Tr(T_x \cdot)$ est intégrable sur

$\mathcal{L}(H_x)$ pour Λ_ν-presque tout x . On a $U(\gamma)\, T_x\, U(\gamma)^{-1} = \delta(\gamma)\, T_y$, $\forall\ \gamma : x \to y$, ainsi l'isométrie $U(\gamma)$ de H_x sur H_y se décompose en isométries $U'(\gamma,s)$ de $H_{(x,t)}$ sur $H_{(y,s)}$ où $(\gamma,s) \in G \times \mathbb{R}_+^* = G'$, $r(\gamma,s) = (y,s)$ et $s(\gamma,s) = (s(\gamma), s\delta(\gamma)) = (x,t)$. Les égalités $U(\gamma_1\gamma_2) = U(\gamma_1)\, U(\gamma_2)$ et $\delta(\gamma_1\gamma_2) = \delta(\gamma_1)\delta(\gamma_2)$ montrent que U' est bien une représentation de G' .

b) Pour $y' = (y,t)$ rappelons que $d\nu'^{y'}(\gamma,t) = d\nu^y(\gamma)$. On a $E^\varphi(\theta_\nu(\xi,\xi)) =$

$= \int_{-\infty}^{+\infty} \sigma_t^{\varphi}(\theta_\nu(\xi,\xi))dt$, d'où $[E^\varphi(\theta_\nu(\xi,\xi))]_y =$

$$= \int_{-\infty}^{+\infty} T_y^{\,it}\ \theta_\nu(\xi,\xi)_y\ T_y^{-it} dt .$$

Donc pour tout $\alpha = (\alpha_t)_{t \in \mathbb{R}_+^*}$ dans $H_y = \int H_{(y,t)} dt$ on a :

$$< E^\varphi(\theta_\nu(\xi,\xi))_y\ \alpha,\alpha > = \int < \theta_\nu(\xi,\xi)_y\ T_y^{-it}\alpha,\ T_y^{-it}\alpha > dt =$$

$$= \iint |< T_y^{-it}\alpha,\ U(\gamma)\xi_x >|^2 d\nu^y(\gamma)dt$$

$$= \iint | \int \lambda^{-it} < \alpha_\lambda,\ U'(\gamma,\lambda)\xi'_{s(\gamma,\lambda)} > d\lambda\ |^2\ dt\ d\nu^y(\gamma)$$

$$= \iint |< \alpha_\lambda, U'(\gamma,\lambda)\xi'_{s(\gamma,\lambda)} > |^2\ d\lambda\ \ d\nu^y(\gamma) \ =$$

$$= \int < \theta_{\nu'}(\xi',\xi')\alpha_\lambda,\alpha_\lambda > d\lambda \qquad \text{Q.E.D.}$$

<u>Théorème 11</u>

Soient φ un poids (normal fidèle semi-fini) sur $\mathrm{End}_\Lambda(H)$ tel que σ^φ soit intégrable, et $T = (T_x)$ l'opérateur de degré 1 correspondant. La décomposition spectrale de T définit alors un espace Λ'-aléatoire H' sur G' et un isomorphisme canonique entre $\mathrm{End}_{\Lambda'}(H')$ et le centralisateur de φ .

Démonstration

L'existence de la représentation H' de G' résulte du lemme 10. Pour voir que H' est (Λ'-presque sûrement) de carré intégrable, il suffit (avec les notations du lemme) de trouver un ensemble dénombrable total D de sections $\xi \in D(H,\nu)$ telles que $\theta_\nu(\xi,\xi)$ soit dans le domaine de E^φ pour tout $\xi \in D$. Or si $A \in \mathrm{End}_\Lambda(H)$ vérifie $E^\varphi(AA^*) \in \mathrm{End}_\Lambda(H)$, la section $\xi' = A\xi$, $\xi \in D(H,\nu)$ vérifie les conditions ci-dessus car $\theta_\nu(\xi',\xi') \leq c\, AA^*$ où $c \in \mathbb{R}_+$. Soit $A' = (A'_{(x,t)})$ un élément de $\mathrm{End}_{\Lambda'}(H')$ alors pour tout $x \in G^{(0)}$, l'opérateur décomposable dans H_x associé à la famille $A'_{(x,t)}$ commute avec T_x, de plus $A = (A_x)_{x\in G^{(0)}}$ définit un élément de $\mathrm{End}_\Lambda(H)$. On obtient ainsi un isomorphisme de $\mathrm{End}_{\Lambda'}(H')$ sur le centralisateur de φ . Sa surjectivité résulte de la décomposabilité dans H_x de tous opérateur qui commute avec T_x. Q.E.D.

Démontrons maintenant une condition nécessaire et suffisante pour qu'un poids φ diagonalisable soit tel que σ^φ soit intégrable. Se donner une base (discrete ou continue) de H revient à écrire l'espace Λ-aléatoire H sous la forme $H = L^2 \circ F$ où F est un foncteur mesurable propre de G dans la catégorie des espaces mesurés. Nous dirons que l'opérateur positif $T = (T_x)_{x\in G^{(0)}}$ de degré 1, est diagonal dans cette base si il existe une fonction mesurable ρ sur $X = \cup F(x)$ telle que pour tout x, T_x soit l'opérateur de multiplication par ρ dans $L^2(F(x))$. Comme T est de degré 1 on a :

$$\rho(\gamma^{-1}z) = \delta(\gamma)\rho(z) \qquad \forall\, \gamma : x \to y\ , \quad \forall\, z \in F(y)\ .$$

Théorème 12

Soit T un opérateur positif de degré 1, diagonalisable, de l'espace Λ-aléatoire H dans lui-même. Pour que σ^φ, $\varphi = \varphi_T$, soit intégrable il faut et il suffit que, pour Λ-presque tout $x \in G^{(0)}$, la mesure spectrale de T_x soit absolument continue.

Démonstration

Soient $\nu \in \mathcal{E}^+$ une fonction transverse fidèle sur G, P l'algèbre de von Neumann intégrale directe des $\mathcal{L}(H_x)$ selon Λ_ν, et E_ν le poids opératoriel canonique de P sur $\mathrm{End}_\Lambda(H)$. On a $H = L^2 \bullet F$ avec F propre, soit donc f une fonction mesurable bornée sur $X = \bigcup_{x = G^{(0)}} F(x)$, telle que $\nu * f \leqslant 1$. Le lemme 9 montre que l'opérateur de multiplication M(f) est dans le domaine du poids opératoriel E_ν. De plus, comme T est diagonal, M(f) commute avec T, le résultat découle donc du lemme suivant :

Lemme 13

Soient N et M des algèbres de von Neumann, $N \subset M$ et E un poids opératoriel normal fidèle de M sur N, φ un poids normal fidèle sur N et $\psi = \varphi \bullet E$. On suppose que le domaine de E (i.e. $\{ x \in M^+, E(x) \in N_+\}$) contient une famille filtrante croissante $(x_\alpha)_{\alpha \in I}$ avec $x_\alpha \in M_\psi$, $\forall \alpha \in I$ (ici M_ψ désigne le centralisateur de ψ). Alors pour que le groupe σ^φ soit intégrable ([9]) il faut et il suffit que σ^ψ le soit.

Démonstration

Si σ^φ est intégrable, il existe une famille filtrante croissante d'éléments de N^+, $(y_\alpha)_{\alpha \in J}$ qui sont σ^φ-intégrables

$$\int_{-\infty}^{+\infty} \sigma_t^\varphi(y_\alpha)\, dt \in N^+ \qquad \forall \alpha \in J .$$

Comme la restriction de σ^ψ à N est égale à σ^φ on voit que ψ est intégrable. Réciproquement soit $y \in M^+$, σ^ψ-intégrable, posons $y_\alpha = E(x_\alpha^{\frac{1}{2}}\, y\, x_\alpha^{\frac{1}{2}})$. Pour tout $t \in \mathbb{R}$ on a :

$$\sigma_t^\varphi(y_\alpha) = E(\sigma_t^\psi(x_\alpha^{\frac{1}{2}}\, y\, x_\alpha^{\frac{1}{2}})) = E(x_\alpha^{\frac{1}{2}}\, \sigma_t^\psi(y)\, x_\alpha^{\frac{1}{2}}) .$$ On voit

donc que y_α est σ^φ-intégrable :

$$\int_{-A}^{A} \sigma_t^{\varphi}(y_\alpha)\, dt \leqslant E(x_\alpha^{\frac{1}{2}} (\int_{-A}^{A} \sigma_t^{\psi}(y)\, dt)\, x_\alpha^{\frac{1}{2}}) .$$ Q.E.D.

Calcul du poids $\varphi_T(A) = \int \mathrm{Trace}(T_x A_x)\, d\Lambda(x) = \mathrm{Trace}_\Lambda(TA)$.

Proposition 14

Gardons les notations du lemme 9 et soient $\nu_i \in \mathcal{E}^+$, f_i fonctions mesurables positives sur $\bigcup_{x \in G^{(0)}} F(x)$ avec $\Sigma\, \nu_i * f_i = 1$. Pour tout opérateur T aléatoire positif de degré 1 et tout $A \in \mathrm{End}_\Lambda(H)^+$ on a :

$$\varphi_T(A) = \sum_i \int \mathrm{Trace}\, (A_x^{\frac{1}{2}} M(f_i)\, A_x^{\frac{1}{2}}\, T_x)\, d\Lambda_{\nu_i}(x)$$

Démonstration

On a $E_{\nu_i}(A^{\frac{1}{2}} M(f_i) A^{\frac{1}{2}}) = A^{\frac{1}{2}}\, E_{\nu_i}(M(f_i)) A^{\frac{1}{2}}$

$= A^{\frac{1}{2}} M(\nu_i * f_i) A^{\frac{1}{2}}$ et $\varphi_T(A^{\frac{1}{2}} M(\nu_i * f_i) A^{\frac{1}{2}}) =$

$= \int \mathrm{Trace}(A_x^{\frac{1}{2}}\, M(f_i)\, A_x^{\frac{1}{2}}\, T_x)\, d\Lambda_{\nu_i}(x)$ Q.E.D.

Gardons les notations ci-dessus et munissons pour tout $x \in G^{(0)}$ l'espace mesurable F(x) de la mesure "trace locale de T_x" définie par l'égalité $\alpha_x(f) = \mathrm{Trace}\, (T_x^{\frac{1}{2}}\, M(f)\, T_x^{\frac{1}{2}})$ pour f mesurable bornée positive sur G^x . Soit F_T le foncteur $x \longmapsto (F(x), \alpha_x)$ de G dans la catégorie des espaces mesurés.

Corollaire 15

On a $\varphi_T(1) = \int F_T\, d\Lambda$

Démonstration

Soit f une fonction mesurable positive sur $\bigcup_{G^{(0)}} F(x)$ telle que $\nu * f = 1$. La proposition 14 montre que :

$$\varphi_T(1) = \int \mathrm{Trace}(M(f)T_x)\, d\Lambda_\nu(x) = \int \alpha_x(f)\, d\Lambda_\nu(x)$$

$$= \int F_T\, d\Lambda \ . \text{ (Cf Numéro III)}$$

Q.E.D.

Soient $E = (E_x)_{x\in G^{(0)}}$ un champ mesurable d'espaces hilbertiens sur $G^{(0)}$ et pour $x \in G^{(0)}$, H_x l'espace des sections de carré intégrable pour ν^x ($\nu \in \mathcal{E}^+$ fixée) de $s^*(E)$, avec

$$\|\xi\|^2 = \int_{G^x} \|\xi(\gamma)\|^2\, d\nu^x(\gamma)$$

Les translations à gauche définissent une représentation de carré intégrable de G dans $H = (H_x)_{x\in G^{(0)}}$.

Pour tout $x \in G^{(0)}$, soit δ_x^{-1} l'opérateur de multiplication par δ^{-1} dans $H_x = L^2(G^x, \nu^x, s^*(E))$.

Corollaire 16

Soit $T \in \mathrm{End}_\Lambda(H)$ de la forme $(T_x\xi)(\gamma) = \int k(\gamma^{-1}\gamma')\xi(\gamma')\, d\nu^x(\gamma')$, où k est une section mesurable du champ mesurable sur G qui à γ: $x \to y$ associe $E_x^* \otimes E_y$.

On a : $\int \mathrm{Trace}\, (\delta_x^{-1} |T_x|^2)\, d\Lambda = \int \|k(\gamma)\|^2_{HS}\, \delta^{-1} d(\Lambda_\nu \bullet \nu)(\gamma)$.

Démonstration :

Pour f comme ci-dessus et $x \in G^{(0)}$, la norme de Hilbert-Schmidt de $M(f)^{\frac{1}{2}}\, T_x\, \delta_x^{-\frac{1}{2}}$ vaut $\iint \|k(\gamma^{-1}\gamma')\|^2_{HS}\, f(\gamma)\delta(\gamma')^{-1}\, d\nu^x(\gamma)d\nu^x(\gamma')$.
L'égalité résulte alors de la proposition 14. Q.E.D.

Proposition 17

Soient Λ et Λ' des mesures transverses semi-finies de module δ, δ' sur G et G' et h un homomorphisme propre de G dans G' tel que $h(\Lambda) = \Lambda'$ et $\delta = \delta' \circ h$. Soient H' un espace hilbertien Λ'aléatoire, $H = h^{*}H'$, T' un opérateur aléatoire positif de degré 1 de H' dans H' et $T = h^{*}T'$. Alors T est un opérateur aléatoire positif de degré 1 de H dans H et :

$$\int \operatorname{Trace}(h^{*}T')\, d\Lambda = \int \operatorname{Trace} T'\, d\Lambda'$$

Démonstration

On a $U(\gamma)T_x = U'(h(\gamma))\, T'_{h(x)} = (\delta' \circ h)(\gamma)\, T'_{h(y)}\, U'(h(\gamma))$

$= \delta(\gamma)\, T_y\, U(\gamma)$, ce qui montre que T est un opérateur aléatoire positif de degré 1. Pour démontrer l'égalité cherchée on peut supposer que $H' = L^2 \circ F'$ où F' est un foncteur propre de G' dans la catégorie des espaces mesurés. Reprenons les notations du corollaire 15. Ainsi $F'_{T'}$ associe à $x \in G'^{(0)}$ la mesure α'^{x}, $\alpha'^{x}(f) = \operatorname{Trace}(M(f)T'_x)$ sur $F'_{(x)}$ et F_T associe $x \in G^{(0)}$ la mesure α^x, $\alpha^x(k) = \operatorname{Trace}(M(k)T_x) =$ $= \operatorname{Trace}(M(k)T'_{h(x)})$ sur $F(x) = F'(h(x))$. On a donc $F_T = F'_{T'} \circ h$ et l'égalité cherchée résulte de III 9c).

Q.E.D.

Le cas unimodulaire

Supposons que $\delta = 1$.

Définition 18

On appelle dimension formelle de l'espace Λ-aléatoire H le scalaire $\dim_\Lambda(H) \in [0, +\infty]$ défini par

$$\dim_\Lambda(H) = \int \mathrm{Trace}(1_{H_x})\, d\Lambda(x)$$

Cette définition a un sens car comme $\delta = 1$ l'opérateur aléatoire $(1)_{x \in G^{(0)}}$ est de degré 1 .

Proposition 19

a) Si $\mathrm{Hom}_\Lambda(H_1, H_2)$ contient un élément inversible on a $\dim_\Lambda(H_1) = \dim_\Lambda(H_2)$.

b) $\mathrm{Dim}_\Lambda(\oplus H_i) = \Sigma\ \mathrm{Dim}_\Lambda(H_i)$

c) $\mathrm{Dim}_{\Sigma\Lambda_i}(H) = \Sigma\ \mathrm{Dim}_{\Lambda_i}(H)$

d) Si $h : G \to G'$ est propre et $h(\Lambda) = \Lambda'$ alors

$\mathrm{Dim}_\Lambda(h^*H) = \mathrm{Dim}_{h(\Lambda)}(H)$.

Démonstration

a)b)c) sont conséquences immédiates de la définition et d) résulte de la proposition 12. Q.E.D.

Proposition 20

a) Soit G un groupe localement compact unimodulaire, dg un choix de mesure de Haar à gauche sur G et Λ la mesure transverse telle que $\Lambda(dg) = 1$. Pour toute représentation de carré intégrable π de G, le scalaire $\dim_\Lambda(\pi)$ coïncide avec la dimension formelle usuelle de π .

b) Si $T \subset G^{(0)}$ est une transversale au groupoïde G, et ν_T sa fonction caractéristique, alors $\Lambda(\nu_T)$ est égal à $\mathrm{Dim}_\Lambda(H)$ où H est l'espace aléatoire $H_x = l^2(T \cap G^x)$.

Démonstration

a) Pour tout $\xi \in H$ on a, avec $\nu = dg$, l'égalité $\theta_\nu(\xi,\xi) = d^{-1}\|\xi\|^2 1_H$ où d est la dimension formelle usuelle (cf. [13] p. 278). Ainsi pour $\|\xi\| = 1$ on a $\dim_\Lambda(H) = d \int < \xi_x, \xi_x > d\Lambda_\nu(x) = d$.

b) Soit k la fonction sur G qui vaut 0 si $\gamma \notin G^{(0)}$ ou si $\gamma \notin T$ et vaut 1 si $\gamma \in T$. Le corollaire 15 montre que $\Lambda(\nu_T) = \int \mathrm{Trace}(A_x)\, d\Lambda(x)$, où pour tout $x \in G^{(0)}$, A_x est donné par la matrice diagonale $(\gamma,\gamma') \to k(\gamma^{-1}\gamma')$ agissant dans $l^2(G^x \cap s^{-1}(T))$. Comme $\gamma,\gamma' \in s^{-1}(T)$ on a $k(\gamma^{-1}\gamma') = 0$ si $\gamma \neq \gamma'$ et $k(\gamma^{-1}\gamma') = 1$ si $\gamma = \gamma'$ donc $A_x = 1_{H_x}$.

Q.E.D.

Nous explicitons maintenant les résultats de la théorie de Breuer [6] dans le cadre ci-dessus. Soit H un espace Λ-aléatoire, alors la fermeture normique de l'idéal de définition de la trace : Trace_Λ sur $\mathrm{End}_\Lambda(H)$ est l'ensemble des $T \in \mathrm{End}_\Lambda(H)$ tel que $\dim_\Lambda E_a(|T|) < \infty$, où $E_a(|T|)$ est le projecteur spectral de $|T|$ associé à $[a, +\infty[$) pour tout $a > 0$. Nous dirons qu'un opérateur Λ-aléatoire T est Λ-compact s'il est dans l'idéal bilatère fermé ci-dessus. Un Λ-opérateur à indice de H_1 dans H_2 est un opérateur Λ-aléatoire $T \in \mathrm{Hom}_\Lambda(H_1,H_2)$ inversible modulo les opérateurs Λ-compacts. On a alors :

$\mathrm{Dim}_\Lambda(\mathrm{Ker}\, T) < \infty$, $\mathrm{Dim}_\Lambda(\mathrm{Ker}\, T^*) < \infty$ et on pose

$$\mathrm{Ind}_\Lambda(T) = \mathrm{Dim}_\Lambda(\mathrm{Ker}\, T) - \mathrm{Dim}_\Lambda(\mathrm{Ker}\, T^*) .$$

On a alors :

Proposition 21 ([6]) .

a) Soient T_1, T_2 des Λ-opérateurs à indice, on a alors

$$\mathrm{Ind}_\Lambda(T_1 \bullet T_2) = \mathrm{Ind}_\Lambda(T_1) + \mathrm{Ind}_\Lambda(T_2) .$$

b) L'application $T \longrightarrow \mathrm{Ind}_\Lambda(T) \in \mathbb{R}$ est continue quand on munit $\mathbb{R}$ de la topologie discrète et l'ensemble des Λ-opérateurs à indice de la topologie normique.

c) Soient T un Λ-opérateur à indice et K un opérateur Λ-compact, alors $\mathrm{Ind}_\Lambda(T + K) = \mathrm{Ind}_\Lambda(T)$.

VII MESURES TRANSVERSES ET FEUILLETAGES

Soit $(V,\mathcal{F})$ une variété feuilletée; l'espace Ω des feuilles est un espace mesurable singulier (image de V par la projection p qui à $x \in V$ associe la feuille de x). Le groupoïde d'holonomie G du feuilletage (construit par Winkelnkemper [48]) donne une désingularisation naturelle de Ω . On dispose donc d'une notion de mesure généralisée sur Ω que nous relions à la notion classique de mesure transverse à un feuilletage.

La présence de la topologie dans le sens transverse suggère que l'espace Ω est un "espace localement compact singulier". Ceci se traduit par l'existence d'une C*-algèbre canoniquement associée au feuilletage, et qui dans le cas où $\mathcal{F}$ est de dimension 0 se réduit à l'algèbre des fonctions continues nulles à l'infini sur V . L'analogue du lien entre mesures de Radon sur un espace localement compact Ω (i.e. formes linéaires positives sur $C_c(\Omega)$) et mesures sur Ω est alors la correspondance entre mesures transverses localement finies pour le feuilletage et traces sur $C^*(V,\mathcal{F})$. (Poids dans le cas non unimodulaire.)

FEUILLETAGES DE CLASSE $C^{\infty,0}$ (Notations)

Soient $p,q,n \in \mathbb{N}$, T un ouvert de $\mathbb{R}^p$, U un ouvert de $\mathbb{R}^q$ et f une application de $T\times U$ dans $\mathbb{R}^n$; nous dirons que f est de classe $C^{\infty,0}$ si l'application $u \in U \longmapsto f(\cdot,u)$ est continue de U dans $C^\infty(T,\mathbb{R}^n)$. Il revient au même de dire que les dérivées partielles $\frac{\partial^\alpha}{\partial t^\alpha} f(t,u)$, $\alpha = (\alpha_1,\dots,\alpha_p) \in \mathbb{N}^p$ dépendent continûment de $(t,u) \in T\times U$. Une variété feuilletée $(V,\mathcal{F})$ de classe $C^{\infty,0}$ est donnée par un atlas, chaque système de coordonnées locales étant un homéomorphisme d'un ouvert Ω de l'espace topologique V avec un ouvert $T\times U$ de $\mathbb{R}^p\times\mathbb{R}^q$, et chaque changement de carte étant localement de la forme

$$t' = \varphi(t,u) \qquad u' = \Gamma(u)$$

où φ est de classe $C^{\infty,0}$ et Γ est un homéomorphisme local. Par hypothèse V est une variété topologique de dimension $p+q$, mais l'atlas ci-dessus dote l'ensemble sous-jacent à V d'une structure de variété (en général non connexe) de dimension p , obtenue en remplaçant la topologie usuelle de $\mathbb{R}^q$ par la topologie discrète. (Cf. [4], n° 2, p. 29.) On obtient ainsi la variété feuille $\mathcal{F}$ qui est par construction de classe C^∞. On appelle feuille du feuilletage toute composante connexe de la variété feuille. Notre but est d'étudier la relation d'équivalence sur V qui correspond à la partition de V en feuilles. Soit A un ouvert de V ; pour $x,y \in A$, nous écrirons $x \sim y$ (A) ssi x et y sont sur la même feuille du feuilletage restriction de $\mathcal{F}$ à A . Si A est le domaine d'un système de coordonnées locales $A \approx T \times U$, avec T connexe, les classes d'équivalence de la relation $x \sim y$ (A) sont de la forme $T \times \{u\}$, $u \in U$, et seront appelées les plaques de A .

Nous dirons qu'une fonction f sur V est de classe $C^{\infty,0}$ si, dans tout système de coordonnées locales (t,u) , la fonction f(t,u) , $(t,u) \in T \times U \subset \mathbb{R}^p \times \mathbb{R}^q$ est de classe $C^{\infty,0}$. Les considérations de [1], p. 123, s'adaptent facilement pour définir les notions de fibré vectoriel E de classe $C^{\infty,0}$ sur V , ainsi que l'espace $C^{\infty,0}(V,E)$ (ou simplement $C^{\infty,0}(E)$) des sections de classe $C^{\infty,0}$ d'un tel fibré.

GROUPOIDE D'HOLONOMIE (OU GRAPHE) D'UN FEUILLETAGE

Soient $(V,\mathcal{F})$ une variété feuilletée de classe $C^{\infty,0}$ et $\mathcal{R} \subset V \times V$ la relation d'équivalence sur V qui correspond à la partition en feuilles. La présence d'holonomie conduit (voir Winkelnkemper [48]) à remplacer $\mathcal{R}$ par un groupoïde G , tel que $G^{(0)} = V$ et que $\mathcal{R}$ soit l'image de G par le couple d'applications $(r,s) : G \longrightarrow V \times V$. L'avantage de G sur $\mathcal{R}$ étant l'existence sur G d'une structure de variété (connexe si V est connexe) compatible avec sa structure de groupoïde.

Appelons (cf. [20], p. 369) application distinguée toute application π d'un ouvert V dans $\mathbb{R}^q$ qui est localement de la forme $\pi(t,u) = h(u)$ avec h un homéomorphisme de $\mathbb{R}^q$. Soient D l'ensemble des germes d'applications distinguées de V dans $\mathbb{R}^q$ et σ l'application qui à un germe associe sa source. Munissons D de la structure de variété de dimension p (= dim$\mathcal{F}$), qui fait de σ un revêtement de la variété feuille $\mathcal{F}$. (Cf. [20], p. 378.)

Soit alors γ un chemin continu tracé sur $\mathcal{F}$ de x à y ; l'holonomie $h(\gamma)$ est l'application qui à tout $\pi \in \sigma^{-1}\{x\}$ associe l'extrémité $\pi' = h(\gamma)\pi$ du relevé d'origine π du chemin γ dans la variété D . On a $\pi' \in \sigma^{-1}\{y\}$.
Le groupoïde des germes d'homéomorphismes φ de $\mathbb{R}^q$ agit transitivement, par composition, sur $\sigma^{-1}\{x\}$, et on a :

$$h(\gamma)\varphi\circ\pi = \varphi\circ h(\gamma)\pi \quad .$$

Notons aussi que $h(\gamma_1\circ\gamma_2) = h(\gamma_1)\circ h(\gamma_2)$ si γ_1 et γ_2 sont composables, et que $h(\gamma)$ ne dépend que de la classe d'homotopie du chemin γ .

DEFINITION 1. Le <u>groupoïde d'holonomie</u> $G = \mathrm{Hol}(\mathcal{F})$ de $(V,\mathcal{F})$ est le quotient du groupoide fondamental de $\mathcal{F}$ par la relation qui identifie γ_1 et γ_2 ssi $h(\gamma_1) = h(\gamma_2)$.

En particulier, pour $x \in G^{(o)} = V$, le groupe $G_x^x = G_{\{x\}}$ est le groupe d'holonomie du feuilletage au point x . Soient $x,y \in G^{(o)} = V$; pour qu'il existe $\gamma \in G$ avec $s(\gamma) = x$, $r(\gamma) = y$ il faut et il suffit que x et y soient sur la même feuille. Ainsi l'image de G dans $V \times V$ par l'application (r,s) est égale à $\mathcal{R}$.

Décrivons maintenant un atlas sur G qui le munit d'une structure de variété (non toujours séparée) de dimension $\dim G = 2p+q$ et d'un feuilletage $\mathcal{G}$ de classe $C^{\infty,o}$ et de codimension q .

LEMME 2. Soit $\gamma : x \longrightarrow y$ un chemin continu tracé sur $\mathcal{F}$. Il existe alors $s_i \in [0,1]$, $i = 0,1,\ldots,n$, $0 = s_o < s_1 < \ldots < s_n$ et des applications distinguées $\pi_i : \Omega_i \longrightarrow \mathbb{R}^q$ tels que toute plaque $p = \pi_i^{-1}(u)$ de Ω_i rencontre une et une seule plaque de Ω_{i+1} , $p' = \pi_{i+1}^{-1}(u)$, et que $\gamma(t) \in \Omega_i$ pour tout $t \in [s_i, s_{i+1}]$. On a alors $h(\gamma)\pi_{o,x} = \pi_{n,y}$ et pour tous $x',y' \in V$ $x' \in \Omega_o$ $y' \in \Omega_n$ tels que $\pi_o(x') = \pi_n(y')$ il existe γ' avec $h(\gamma')\pi_{o,x'} = \pi_{n,y'}$.

PREUVE. Soient Ω, Ω' des ouverts distingués (i.e. des domaines de systèmes de coordonnées locales); nous écrirons $\Omega \triangleleft \Omega'$ ssi $\Omega \subset \Omega'$ et l'intersection avec Ω de toute plaque de Ω' est connexe, i.e. est une plaque de Ω. On a alors pour $x,y \in \Omega$: $x \sim y\ (\Omega') \Leftrightarrow x \sim y\ (\Omega)$.

Soit $(V_\alpha)_{\alpha \in A}$ un recouvrement fini de $\{\gamma(t)\ ,\ t \in [0,1]\}$ par des ouverts distingués relativement compacts de V . Soient d une distance sur V définissant la topologie de $K = \overline{\bigcup V_\alpha}$, et $\varepsilon > 0$ tel que, pour tout $t \in [0,1]$, il existe $\alpha \in A$ avec $B(\gamma(t),\varepsilon) \subset V_\alpha$ ($B(x,\varepsilon) = \{y \in V\ ,\ d(y,x) < \varepsilon\}$). Pour $t \in [0,1]$, soient α avec $B(\gamma(t),\varepsilon) \subset V_\alpha$, W_t un ouvert distingué contenant $\gamma(t)$, de diamètre inférieur à $\varepsilon/2$ avec $W_t \lhd V_\alpha$, et I_t un intervalle ouvert contenant t avec $\gamma(I_t) \subset W_t$. Choisissons ainsi $t_0 < t_1 < \ldots < t_n$, V_{α_i} et W_{t_i} de sorte que les I_{t_i} recouvrent $[0,1]$.
Montrons qu'une plaque p de W_{t_j} rencontre au plus une plaque de W_{t_i} . Soient $x,y \in W_{t_i} \cap p$. Comme le diamètre de p est inférieur à $\varepsilon/2$, on a $p \subset V_{\alpha_i}$ car $B(\gamma(t_i),\varepsilon) \subset V_{\alpha_i}$, et $W_{t_i} \subset B(\gamma(t_i),\varepsilon/2)$. Ainsi x et y sont sur la même plaque de V_{α_i} et donc de W_{t_i} , d'où le résultat. Quitte à supprimer une réunion de plaques dans chaque $W_{t_i} = \Omega_i$ on peut supposer que toute plaque de Ω_i rencontre une plaque de Ω_{i+1} . On construit alors par récurrence des applications distinguées π_i de domaine Ω_i , qui donnent la même image dans $\mathbb{R}^q$ aux plaques adjacentes de Ω_i et Ω_{i+1} , et on vérifie les conditions du lemme. Q.E.D.

Nous dirons que deux systèmes de coordonnées locales $\Omega \approx T \times U$, $\Omega' \approx T' \times U$ dans V sont <u>compatibles</u> si, en désignant par π (resp. π') l'application distinguée $\pi(t,u) = u$ (resp. $\pi'(t',u') = u'$), il existe pour tout $x \in \Omega$ et pour tout $y \in \Omega'$ tels que $\pi(x) = \pi'(y)$ un chemin γ sur $\mathcal{F}$ tel que $h(\gamma)\pi_x = \pi'_y$. Soit alors

$$W(\pi',\pi) = \{\gamma \in G\ ,\ s(\gamma) = x \in \Omega\ ,\ r(\gamma) = y \in \Omega'\ ,\ h(\gamma)\pi_x = \pi'_y\}$$

et associons à $\gamma \in W$ le triplet (t',t,u) obtenu à partir des coordonnées $x = (t,u)$, $y = (t',u)$. On obtient ainsi une bijection de W sur $T' \times T \times U$; de plus le lemme 2 montre que G est la réunion des W ; on a donc bien un atlas, et il reste à calculer les changements de carte.

Avec les notations évidentes, soit $\gamma \in W(\pi',\pi) \cap W(\pi'_1,\pi_1)$, $\gamma : x \to y$.

Soit Γ un homéomorphisme de $\mathbb{R}^q$ tel que $\Gamma \circ \pi_x = \pi_{1,x}$. Comme $h(\gamma)\pi_x = \pi'_y$ et $h(\gamma)\pi_{1,x} = \pi'_{1,y}$ on a $\Gamma \circ \pi'_y = \pi'_{1,y}$. Ainsi localement le changement de coordonnées est de la forme

$$u_1 = \Gamma(u) \quad , \quad t'_1 = \varphi'(t',u) \quad , \quad t_1 = \varphi(t,u)$$

où φ' et φ sont de classe $C^{\infty,0}$. On a donc :

PROPOSITION 3. a) Muni de l'atlas ci-dessus G est une variété de dimension $2p+q$, munie d'un feuilletage $\mathcal{G}$ de classe $C^{\infty,0}$ et de codimension q.

b) Les applications r, s de G dans $G^{(0)} = V$ sont continues et ouvertes.

c) L'application $\circ$ de $G^{(2)}$ dans G est continue et s'écrit localement $(t'',t',u)\circ(t',t,u) = (t'',t,u)$.

d) Pour tout $x \in V$, l'application s de G^x sur la feuille de x est le revêtement associé au groupe d'holonomie.

L'ALGEBRE DES OPERATEURS REGULARISANTS

Nous supposerons pour simplifier les notations que le groupoïde d'holonomie G du feuilletage $(V,\mathcal{F})$ est séparé, les démonstrations s'appliquant au cas général.

L'algèbre $C_c^{\infty,0}(V,\mathcal{F})$ ci-dessous peut se définir de manière canonique en utilisant, à la place de fonctions sur G, des sections du fibré $|\Lambda|^{\frac{1}{2}}\mathcal{G}$ des densités d'ordre $\frac{1}{2}$ sur $\mathcal{G}$. Pour les notations il est cependant plus simple de fixer une fois pour toutes une section α de classe $C^{\infty,0}$, strictement positive en tout point, du fibré $|\Lambda|\mathcal{F}$ sur V. Soit alors $\nu = s^*(\alpha)$ la fonction transverse sur G qui à $x \in G^{(0)} = V$ associe la mesure ν^x correspondant à la densité d'ordre 1 $s^*(\alpha)$ provenant de α par le revêtement $s : G^x \longrightarrow \mathcal{F}$.
Soit $C_c^{\infty,0}(G)$ l'espace des fonctions de classe $C^{\infty,0}$ (relativement à la structure feuilletée $(G,\mathcal{G})$) et à support compact sur G.

PROPOSITION 4. Muni du produit $(f_1,f_2) \longmapsto f_1 *_\nu f_2$ et de l'involution $f \longmapsto f^\vee$, l'espace $C_c^{\infty,0}(G)$ est une algèbre involutive.

PREUVE. Il s'agit de montrer que $f_1 *_\nu f_2 \in C_c^{\infty,0}(G)$. Comme

$\mathrm{Supp}(f_1 *_\nu f_2) \subset \mathrm{Supp}(f_1) \circ \mathrm{Supp}(f_2)$, le c) de la proposition 3 montre que $\mathrm{Supp}(f_1 *_\nu f_2)$ est compact. Vérifions que $f_1 *_\nu f_2$ est de classe $C^{\infty,0}$. On a

$$(f_1 *_\nu f_2)(\gamma) = \int f_1(\gamma_1) f_2(\gamma_1^{-1}\gamma) d\nu^y(\gamma_1) \quad .$$

En utilisant une partition de l'unité de classe $C^{\infty,0}$ dans G , on peut supposer que $f_i \in C_c^{\infty,0}(W(\pi_i', \pi_i))$ $i=1,2$ avec les notations de la proposition 3 où π_1 , π_1' (π_2 , π_2') sont les applications distinguées associées aux couples de systèmes de coordonnées compatibles $\Omega_1 \approx T_1 \times U_1$, $\Omega_1' \approx T_1' \times U_1$ ... . Ainsi dans la formule ci-dessus, $s(\gamma_1)$ varie dans le compact K de $\Omega_2' \cap \Omega_1$ intersection de $s(\mathrm{Supp}(f_1))$ avec $r(\mathrm{Supp}(f_2))$. Utilisant une partition de l'unité dans K (et remplaçant f_1 par $(\varphi \circ s) f_1$), on peut donc supposer que les applications distinguées π_2' et π_1 coincident sur K . On a alors :

$$(f_1 *_\nu f_2)(t'',t,u) = \int f_1(t'',t',u) f_2(t',t,u) \alpha |dt'|$$

en coordonnées locales, où $\alpha = \alpha(t',u)$ est un coefficient de classe $C^{\infty,0}$ devant la densité $|dt'|$. Il est alors immédiat que $f_1 *_\nu f_2$ est de classe $C^{\infty,0}$. Q.E.D.

PROPOSITION 5. a) Pour tout $x \in V = G^{(0)}$ l'application R_x qui à $f \in C_c^{\infty,0}(G)$ associe $R_x(f) = R_\nu^\nu(f)_x$ est une représentation involutive non dégénérée de $C_c^{\infty,0}(G)$ dans $L^2(G^x, \nu^x)$.

b) Le commutant de R_x est engendré par les $L(\gamma)$, $\gamma \in G_x^x$.

c) Pour que R_x soit non disjointe de R_y , il faut et il suffit qu'il existe $\gamma : x \longrightarrow y$, $\gamma \in G$; $L(\gamma)$ est alors une équivalence entre R_x et R_y .

PREUVE. Avec les notations de la proposition IV.5, on a pour $f \in C_c^{\infty,0}(G)$, $(\nu,\nu,f) \in L^1(G)$; la proposition IV.6 montre donc que R_x est une représentation involutive de $C_c^{\infty,0}(G)$ dans $L^2(G^x,\nu^x)$. Comme dans la proposition IV.15, l'image de R_x engendre le commutant de $\{L(\gamma) \ , \ \gamma \in G_x^x\}$ dans $L^2(G^x,\nu^x)$. En particulier R_x est non dégénérée. Il reste à montrer que R_x est disjointe de R_y quand $x \not\sim y$ (G) . Soit $T \neq 0$ un opérateur d'entrelacement entre R_x et R_y , et soit $\xi \in L^2(G^x,\nu^x)$, nul hors d'un compact K de G^x , tel que $\eta = T\xi \neq 0$. Comme R_y est non dégénérée, il existe $f \in C_c^{\infty,0}(G)$ telle que $R_y(f)T\xi \neq 0$. Pour toute fonction φ de classe $C^{\infty,0}$ sur $V = G^{(0)}$ on a $f(\varphi \circ s) \in C_c^{\infty,0}(G)$ et

$$(R_y(f\varphi \circ s)\eta)(\gamma) = \int f(\gamma^{-1}\gamma') \varphi(s(\gamma')) \eta(\gamma') d\nu^y(\gamma') \quad .$$

Si $x \not\sim y$ (G) , le compact $s(K) \subset V$ est disjoint de $s(G^y)$; il existe donc $\varphi \in C_c^{\infty,0}(G)$ nulle sur $s(K)$ et telle que $R_y(f\varphi\circ s)\eta \neq 0$. (Si $0 \leq \varphi_n \leq 1$ et $\varphi_n \to 1$ simplement sur $s(G^y)$, on a $R_y(f\,\varphi_n\circ s)\eta \to \eta$.) Comme $\varphi\circ s$ est nulle sur K on a $R_x(f\varphi\circ s)\xi = 0$ ce qui contredit l'égalité

$$R_y(f\varphi\circ s)\eta = TR_x(f\varphi\circ s)\xi \quad . \text{ Q.E.D.}$$

Nous introduisons maintenant la C*-algèbre qui joue le rôle de l'algèbre des fonctions continues nulles à l'infini, sur l'espace des feuilles de $\mathcal{F}$.

DEFINITION 6. Soit $C^*(V,\mathcal{F})$ la C*-algèbre complétée de l'algèbre involutive $C_c^{\infty,0}(G)$ pour la norme $\|f\| = \sup_{x\in V}\|R_x(f)\|$.

Bien entendu chaque représentation R_x , $x \in V$, se prolonge en une représentation de $C^*(V,\mathcal{F})$ et la proposition 5 reste valable pour cette extension.

Pour tout ouvert Ω de V soit $C^*(\Omega,\mathcal{F})$ la C*-algèbre construite à partir de la restriction de $\mathcal{F}$ à Ω.

PROPOSITION 7. a) Soit $\Omega \approx T\times U$ un système de coordonnées locales (T connexe); alors $C^*(\Omega,\mathcal{F})$ s'identifie au produit tensoriel de $C_0(U)$ par la C*-algèbre élémentaire des opérateurs compacts dans $L^2(T)$.

b) Avec les notations ci-dessus, l'application naturelle de $C_c^{\infty,0}(T\times T\times U)$ dans $C_c^{\infty,0}(G)$ se prolonge en un homomorphisme isométrique de $C^*(\Omega,\mathcal{F})$ dans $C^*(V,\mathcal{F})$.

PREUVE. a) Le groupoïde d'holonomie de $(\Omega,\mathcal{F})$ s'identifie à $T\times T\times U$. Un élément k de $C_c^{\infty,0}$ est donc en particulier une application continue à support compact U dans $C_c^{\infty}(T\times T) \subset \mathcal{k}$, algèbre des opérateurs compacts dans $L^2(T)$. On a donc une inclusion naturelle de $C^*(\Omega,\mathcal{F})$ dans $C_0(U)\otimes\mathcal{k}$. Pour vérifier qu'elle est surjective, il suffit de vérifier que $f\otimes k$ est dans son image, pour $f \in C_0(U)$ et $k\in\mathcal{k}$; or c'est immédiat car $C_c^{\infty}(T\times T)$ est dense en norme dans $\mathcal{k}$.

b) Soit $W \approx T\times T\times U$ le sous-ensemble de G des γ de la forme (t',t,u) ; c'est un sous-groupoïde ouvert de G . Soit $x \in V$; dans $s^{-1}(\Omega)\cap G^x$ la relation $\gamma_1 \sim \gamma_2$ ssi $\gamma_1^{-1}\gamma_2 \in W$ est donc une relation d'équivalence; chaque classe d'équivalence ℓ est ouverte (car W est ouvert) et est connexe (car T est connexe). L'ensemble $\mathcal{L}$ de ces classes est donc la partition de $s^{-1}(\Omega)\cap G^x$ en composantes connexes. La restriction de s à $\ell \in \mathcal{L}$ est un homéomorphisme de ℓ sur la plaque $p = s(\ell)$ de Ω. En effet, si $\gamma_1, \gamma_2 \in \ell$ et $s(\gamma_1) = s(\gamma_2)$ on a $\gamma_1^{-1}\gamma_2 = (t,t,u) \in G^{(o)}$, d'où $\gamma_1 = \gamma_2$.

Identifions $W = T \times T \times U$ au groupoïde d'holonomie de la restriction de $\mathcal{F}$ à Ω ; l'inclusion i de $C_c^{\infty,0}(W)$ dans $C_c^{\infty,0}(G)$ est alors un homomorphisme d'algèbres involutives. Soit $x \in V$; montrons que $R_x \circ i$ est équivalente, comme représentation de $C_c^{\infty,0}(W)$, à une somme directe de représentations R_{x_i}, $x_i \in W$ avec la représentation dégénérée 0. Soient $k \in C_c^{\infty,0}(W)$ et $f \in L^2(G^x,\nu^x)$; on a :

$$(R_x(k)f)(\gamma) = \int k(\gamma^{-1}\gamma')f(\gamma')\,d\nu^x(\gamma') .$$

Pour $\gamma, \gamma' \in G^x$ on a $k(\gamma^{-1}\gamma') \neq 0$ seulement si $\gamma^{-1}\gamma' \in W$, donc si $\gamma \sim \gamma'$ au sens ci-dessus, i.e. si γ et γ' sont dans la même composante connexe $\ell \in \mathcal{L}$ de $s^{-1}(\Omega)\cap G^x$. Cela montre que $R_x(k)$ est décomposable dans la décomposition de $L^2(G^x,\nu^x)$ associée à la partition $G^x = (s^{-1}(\Omega)^c \cap G^x) \cup \left(\bigcup_{\ell \in \mathcal{L}} \ell\right)$.

La restriction de $R_x(k)$ à $s^{-1}(\Omega)^c \cap G^x$ est nulle. Soit $\ell \in \mathcal{L}$; alors s est un homéomorphisme de ℓ sur la plaque $p = s(\ell)$ de Ω, ce qui montre que $R_x \circ i$ restreint à $L^2(\ell)$ est équivalente à R_a pour tout $a \in p$.

On a montré que i se prolonge en une isométrie de $C^*(\Omega, \mathcal{F})$ dans $C^*(V,\mathcal{F})$.

Q.E.D.

MESURES TRANSVERSES ET FEUILLETAGES

Soient $(V,\mathcal{F})$ une variété feuilletée de classe $C^{\infty,0}$ et G son groupoïde d'holonomie. Nous relions ci-dessous la notion de mesure transverse sur G aux quatre aspects suivants de la notion de mesure transverse au feuilletage (cf. [29] et [36], [45]) :

1) Une mesure de Radon sur la réunion des sous-variétés transverses à $\mathcal{F}$ invariante (resp. quasi-invariante) par le pseudo-groupe d'holonomie.

2) Pour toute mesure de Radon, transversalement mesurable, ν sur la variété feuille $\mathcal{F}$, une mesure μ sur V ayant ν comme mesure conditionnelle (resp. $\delta^{-1}\nu$).

3) Un courant fermé C (resp. vérifiant $bC = \omega \wedge C$ où ω est une 1-forme fermée sur $\mathcal{F}$) sur V positif dans le sens des feuilles.

4) Une trace (resp. un poids KMS) sur la C*-algèbre $C^*(V,\mathcal{F})$.

Rappelons que si X est un espace localement compact (à base dénombrable), une mesure de Radon (positive) sur X est une mesure positive sur la tribu des boréliens, qui est <u>localement finie</u>, au sens où $\mu(f)<\infty$, pour toute f bornée à support compact.

DEFINITION 8. Une mesure transverse Λ sur G est dite <u>localement finie</u> ssi $\Lambda(\nu)<\infty$, pour tout $\nu \in \mathcal{E}^+$ <u>localement bornée</u> (i.e. $\operatorname{Sup} \nu^x(K)<\infty$ pour tout compact K de G) et à <u>support compact</u> (i.e. il existe un compact $K_1 \subset V$ avec ν^x portée par $s^{-1}(K_1)$ pour tout $x \in V$).

Soit $Z \subset V$ une sous-variété de dimension q de V ; nous dirons que Z est <u>transverse</u> à $\mathcal{F}$, si pour tout $z \in Z$ il existe une application distinguée $\pi : \Omega \longrightarrow U$ $z \in \Omega$ dont la restriction à $Z \cap \Omega$ est un homéomorphisme. Le pseudo-groupe d'holonomie opère sur la réunion disjointe des sous-variétés transverses à $\mathcal{F}$ (cf. [29]).

LEMME 9. Soient Z_1 , Z_2 des sous-variétés transverses à $\mathcal{F}$, $\phi : Z_1 \longrightarrow Z_2$ un élément du pseudo-groupe d'holonomie, K_1 un compact de Z_1 et $K_2 = \phi(K_1)$. Soit λ le noyau sur G défini par $\lambda^y = 0$ si $y \notin K_2$ et $\lambda^y = \varepsilon_{\Gamma(y)}$ si $y \in K_2$, où $\Gamma(y)$ désigne le germe de ϕ au point $\phi^{-1}(y)$. On a alors

$$\nu_{K_2} * \lambda = \nu_{K_1} \quad .$$

PREUVE. On a $\nu_{K_2}^y = \sum_{s(\gamma)\in K_2} \varepsilon_\gamma$, donc $(\nu_{K_2} * \lambda)^y = \sum_{s(\gamma)\in K_2} L_\gamma \lambda^x = \sum_{s(\gamma)\in K_2} \varepsilon_{\gamma\Gamma(x)}$.
L'application qui à $\gamma \in G^y$, $s(\gamma) \in K_2$, associe $\gamma\Gamma(s(\gamma))$ est une bijection de $G^y \cap s^{-1}(K_2)$ sur $G^y \cap s^{-1}(K_1)$ car $K_2 = \phi(K_1)$. On a donc

$$(\nu_{K_2} * \lambda)^y = \sum_{s(\gamma')\in K_1} \varepsilon_{\gamma'} = \nu^y_{K_1} \quad . \quad \text{Q.E.D.}$$

PROPOSITION 10. a) Soit Λ une mesure transverse localement finie, de module δ sur G . Pour toute sous-variété Z transverse à $\mathcal{F}$, l'égalité $\tau(K) = \Lambda(\nu_K)$, K compact de Z , définit une mesure de Radon positive sur Z ; pour tout élément ϕ du pseudo-groupe d'holonomie, on a :

$$d\tau(\phi(x))/d\tau(x) = \delta(\phi_x) \qquad \phi_x = \text{germe de } \phi \text{ en } x .$$

b) La correspondance $\Lambda \longmapsto \tau$ est une bijection entre mesures transverses localement finies de module δ sur G et mesures de Radon sur la réunion des sous-variétés transverses vérifiant a).

PREUVE. Comme ν_K est localement finie à support compact, on a $\Lambda(\nu_K) < \infty$ et l'existence de τ en résulte. Avec les notations du lemme 9, on a

$$\tau(K_1) = \Lambda(\nu_{K_1}) = \Lambda(\nu_{K_2} * \lambda) = \Lambda((\lambda(\delta^{-1})\circ s)\nu_{K_2}) = \int_{K_2} \delta^{-1}(\Gamma(x))d\tau(x) .$$

Ainsi :

$$\int_{\phi(K_1)} d\tau(\phi^{-1}(x)) = \int_{\phi(K_1)} \delta^{-1}(\Gamma(x))d\tau(x) = \int_{\phi(K_1)} \delta(\Gamma(x)^{-1})\, d\tau(x) \quad ,$$

d'où le résultat car $\Gamma(x)^{-1}$ est le germe de ϕ^{-1} au point x . Nous avons montré a).

Pour b), soit $(\Omega_\alpha)_{\alpha\in I}$ un recouvrement ouvert localement fini de V par des ouverts distingués $\Omega_\alpha \approx T_\alpha \times U_\alpha$; associons à chaque Ω_α une sous-variété transverse $Z_\alpha = \{(t(u),u) , u \in U_\alpha\}$. Le sous-ensemble $Z = \bigcup_\alpha Z_\alpha$ de $V = G^{(o)}$ est alors une transversale au sens du numéro I. Le corollaire III.5 montre la bijectivité de $\Lambda \longmapsto \tau$. Q.E.D.

Pour toute mesure de Radon α sur la variété feuille $\mathcal{F}$, soit $\nu = s^*(\alpha)$ l'application qui à $x \in G^{(o)} = V$ associe la mesure relevée de α sur G^x par le revêtement s . On a par construction $\gamma\nu^x = \nu^y$ pour tout $\gamma \in G$, $\gamma : x \to y$. Nous dirons que α est <u>transversalement mesurable</u> si sa restriction à tout domaine $\Omega \approx T \times U$ d'un système de coordonnées locales est donnée par une application vaguement mesurable $u \longmapsto \alpha_u$ de U dans l'espace des mesures de Radon sur T , bornée si Ω est relativement compact.

LEMME 11. L'application $\alpha \longmapsto s^*(\alpha)$ est une bijection entre mesures de Radon transversalement mesurables sur $\mathcal{F}$ et fonctions transverses ν sur G telles que $\mathrm{Sup}\,\nu^x(K) < \infty$ pour tout compact K de G.

PREUVE. Soit $\nu \in \mathcal{E}^+$ telle que $\mathrm{Sup}\,\nu^x(K) < \infty$ pour tout compact K de G. Pour tout $x \in G^{(o)}$, ν^x est localement finie sur G^x ; c'est donc une mesure de Radon. Comme ν^x est invariante par G_x^x elle est de la forme $\nu^x = s^*(\alpha)$, ce qui en faisant varier x détermine une mesure de Radon α sur $\mathcal{F}$. Pour $\Omega \approx T \times U$ le groupoïde d'holonomie $W = T \times T \times U$ de $(\Omega, \mathcal{F})$ est un sous-groupoïde ouvert de G et pour $f \in C_c^+(W)$, l'application $x \longmapsto \nu^x(f)$ est mesurable car $\nu \in \mathcal{E}^+$, ce qui montre que α est transversalement mesurable. Q.E.D.

PROPOSITION 12. Soient α et $\nu = s^*(\alpha)$ comme ci-dessus, et supposons que le support de α soit égal à $\mathcal{F}$. L'application $\Lambda \longmapsto \Lambda_\nu$ est une bijection entre mesures transverses localement finies de module δ sur G et mesures de Radon μ sur V ayant la propriété suivante : Dans toute désintégration de μ dans un système de coordonnées locales $\Omega \approx T \times U$ selon l'application distinguée $\pi(t,u) = u$, les mesures conditionnelles sont de la forme : $d\mu_u = e^L d\alpha_u$, où $L : \Omega \longrightarrow \mathbb{R}$ vérifie $L(y) - L(x) = \mathrm{Log}(\delta(\gamma))$ pour tout $\gamma \in W = T \times T \times U \subset G$.

PREUVE. Comme Λ est localement finie, la mesure $\mu = \Lambda_\nu$ est aussi localement finie; c'est donc une mesure de Radon sur V. On a $(\mu\circ\nu)\tilde{f} = (\mu\circ\nu)\delta^{-1}f$ pour toute fonction mesurable positive f sur G ; en prenant f nulle hors de $W = T \times T \times U$ et en utilisant les coordonnées locales, on a donc :

$$\iint f(t,t',u)\,d\alpha_u(t)\,d\mu(t',u) = \iint (\delta^{-1}f)(t',t,u)\,d\alpha_u(t)\,d\mu(t',u) .$$

Soit alors $\mu = \int \mu_u\,d\rho(u)$ une désintégration de μ relativement à Ω.
L'égalité ci-dessus montre que (ρ-presque partout) $d\mu_u$ est proportionnelle à $e^L d\alpha_u$ (où L vérifie la condition ci-dessus), car

$$e^L d\alpha_u(t)\,d\mu_u(t') = e^L d\alpha_u(t')\,d\mu_u(t) .$$

Réciproquement, soit μ une mesure de Radon sur V vérifiant la condition de désintégration indiquée; montrons que $(\mu\circ\nu)\tilde{f} = (\mu\circ\nu)\delta^{-1}f$ pour toute f ; le théorème II.3 permettra de conclure.

On peut supposer que f est nulle hors de l'ouvert

$$W = \{ \gamma \in G \ , \quad x = s(\gamma) \in \Omega_o \ , \quad y = r(\gamma) \in \Omega_n \ , \quad h(\gamma)\pi_{o,x} = \pi_{n,y} \}$$

de G défini dans le lemme 2. Par hypothèse, ayant choisi une désintégration de μ dans Ω_o sous la forme

$$\mu = \int e^L \alpha_u \, d\rho_o(u) \qquad L_o : \Omega_o \longrightarrow \mathbb{R}$$

il existe pour $k = 1,\ldots,n$ une unique désintégration de μ dans Ω_k sous la forme

$$\mu = \int e^{L_k} \alpha_u \, d\rho_k(u)$$

où $L_k : \Omega_k \longrightarrow \mathbb{R}$ est déterminée par l'égalité $L_k(y) = L_o(x) + \mathrm{Log}\,\delta(\gamma)$ pour $\gamma : x \longrightarrow y$, $h(\gamma)\pi_{o,x} = \pi_{k,y}$. Il nous suffit donc de montrer que $\rho_o = \rho_n$, i.e. que $\rho_k = \rho_{k+1}$ pour tout k . Sur $\Omega_k \cap \Omega_{k+1}$ on a $L_k = L_{k+1}$ par construction, donc

$$\int e^L \alpha_u \, d(\rho_k - \rho_{k+1})(u)$$

Comme $\pi_k^{-1}(u) \cap \pi_{k+1}^{-1}(u)$ est de mesure non nulle pour α pour tout $u \in U$, il en résulte $\rho_k = \rho_{k+1}$. Q.E.D.

Supposons maintenant que $\mathrm{Log}\,\delta$ est de la forme $(\mathrm{Log}\,\delta)(\gamma) = \int_\gamma \omega$, où $\omega \in C_c^{\infty,0}(T^*\mathcal{F})$ est une 1-forme fermée sur $\mathcal{F}$.

PROPOSITION 13. a) Pour toute mesure transverse localement finie, de module δ sur G , l'égalité $\Lambda(s^*(\alpha)) = C(\alpha)$ détermine une forme linéaire positive C sur l'espace $C_c^{\infty,0}(|\Lambda|\mathcal{F})$ des densités d'ordre 1 sur $\mathcal{F}$, et on a :

$$C(\partial_X \alpha) = -C(\langle X,\omega\rangle \alpha) \qquad \text{pour tout} \quad X \in C_c^{\infty,0}(T\mathcal{F})$$

(où ∂_X désigne la dérivée de Lie relative à X).

b) L'application $\Lambda \longmapsto C$ ci-dessus est bijective.

Si $\omega = 0$ et si $\mathcal{F}$ est orienté tangentiellement, l'égalité ci-dessus s'écrit $C(d\beta) = 0$ pour toute section β de classe $C^{\infty,0}$ de $\Lambda^{p-1}(T^*\mathcal{F})$, $p = \dim \mathcal{F}$. En effet, on peut identifier grâce à l'orientation $\Lambda^p T\mathcal{F}$ et $|\Lambda|\mathcal{F}$ et on a $\partial_X = d\,i_X + i_X d$. On retrouve ainsi la correspondance de Ruelle et Sullivan ([36],[45]) entre courants fermés sur V , de même dimension que celle des feuilles, tels que toute forme α , dont la restriction à $\mathcal{F}$ est positive, vérifie

$C(\alpha) \geq 0$, et mesures transverses invariantes par holonomie.

PREUVE DE 13. a) Pour montrer que $C(\partial_X \alpha) = -C(\langle X,\omega\rangle\alpha)$, on peut supposer que α est nulle hors du domaine d'un système (t,u) de coordonnées locales. Il existe alors une mesure de Radon ρ sur U telle que (cf. proposition 12) :

$$\Lambda(s^*\alpha) = \int_U \left(\int_{T\times\{u\}} e^L \alpha \right) d\rho(u)$$

où $dL = \omega$ sur $T\times\{u\}$, pour $u \in U$. Munissons $\mathbb{R}^p$ et donc aussi T de son orientation canonique. Soit $\beta \in C^{\infty,0}(\Lambda^{p-1}T^*\mathcal{F})$ nul hors de $\Omega = T\times U$; alors $C(e^{-L}d(e^L\beta)) = \int_U \int_{T\times\{u\}} d(e^L\beta)d\rho(u) = 0$. Ainsi $C(d'\beta) = 0$ où $d'\beta = d\beta + \omega\wedge\beta$. On a alors $C(\partial_X\alpha) = C(d\, i_X\alpha) = -C(\omega\wedge i_X\alpha) = -C(\langle X,\omega\rangle\alpha)$.

b) Montrons la surjectivité de l'application $\Lambda \mapsto C$. Soit donc C vérifiant la condition a). Le calcul ci-dessus montre que C est localement de la forme $C(\alpha) = \int_U \int_{T\times\{u\}} e^L\alpha\, d\rho(u)$ où $dL = \omega$. On applique alors la proposition 12 en ayant choisi une section $\alpha \in C^{\infty,0}(|\Lambda|\mathcal{F})$ strictement positive en tout point. L'égalité $\mu(f) = C(f\alpha)$ définit une mesure de Radon sur V qui vérifie les conditions de 12 relativement à $\nu = s^*(\alpha)$; il existe donc Λ avec $\Lambda(s^*(f\alpha)) = \mu(f) = C(f\alpha)$ $f \in C_c^{\infty,0}(V)$. Q.E.D.

Reprenons les notations de la proposition 4. Soit $\delta : G \to \mathbb{R}_+^*$ un homomorphisme de classe $C^{\infty,0}$ et pour tout $x \in V = G^{(0)}$ soit δ_x^{-1} l'opérateur de multiplication par δ^{-1} dans $L^2(G^x)$. Par construction $(\delta_x^{-1})_{x\in V}$ est de degré 1 au sens de VI.1.

PROPOSITION 14. a) Soit Λ une mesure transverse localement finie, de module δ , sur G . L'égalité

$$\varphi(f) = \int \mathrm{Trace}(\delta_x^{-1} R_x(f))d\Lambda$$

détermine un poids semi-continu semi-fini sur $C^*(V,\mathcal{F})$.

b) Toute $f \in C_c^{\infty,0}(G)$ est dans le domaine de φ et on a

$$\varphi(f) = \int_{G^{(0)}} f\, d\Lambda_\nu$$

c) φ vérifie les conditions modulaires par rapport au groupe σ_t d'automorphismes de $C^*(V,\mathcal{F})$ défini par $\sigma_t(f) = \delta^{it}f$ pour tout $f \in C_c^{\infty,0}(G)$.

PREUVE. a) Pour $f \in C^*(V,\mathcal{F})$, la famille $R(f) = (R_x(f))_{x\in V}$ est un élément de $End_G((L^2(G^x))_{x\in V})$ (proposition IV.6.d) et théorème V.4). L'opérateur homogène de degré 1 $(\delta_x^{-1})_{x\in V}$ détermine un poids normal semi-fini sur $End_\Lambda((L^2(G^x))_{x\in V})$ qui, composé avec R , vérifie a). Il est donc clair que φ est semi-continu; sa semi-finitude résultera de b), et c) résulte du corollaire VI.5.

b) La proposition VIII,6,b) (indépendante de celle-ci) montre que f est dans le domaine de φ . Le corollaire VI.15 montre donc qu'il suffit de calculer $\int F d\Lambda$, où, pour $x \in V$, F(x) désigne l'espace G^x muni de la mesure "trace locale" de l'opérateur associé au noyau $\delta(\gamma)^{-\frac{1}{2}} f(\gamma^{-1}\gamma')\delta(\gamma')^{-\frac{1}{2}}$. Comme f est de classe $C^{\infty,0}$, la théorie usuelle des opérateurs nucléaires montre que la trace locale est donnée sur G^x par la mesure $\delta(\gamma)^{-1} f(\gamma^{-1}\gamma') d\nu^x(\gamma) = (f \circ s)\delta^{-1}\nu^x$, d'où le résultat.
Q.E.D.

VIII THEORIE DE L'INDICE ET FEUILLETAGES MESURES

Soient $(V,\mathcal{F})$ une variété feuilletée et Ω l'espace des feuilles. Considérons un opérateur différentiel elliptique D (scalaire pour simplifier), sur la variété feuille $\mathcal{F}$ (i.e. localement D est de la forme $\sum_{|\alpha|\leq n} a_\alpha(t,u)\frac{\partial^\alpha}{\partial t^\alpha}$ où les $\frac{\partial^\beta}{\partial t^\beta}a_\alpha$ sont continus et où le symbole principal est inversible). En supposant pour simplifier les groupes d'holonomie triviaux (cf. ci-dessous pour le cas général), on obtient un opérateur aléatoire non borné $(D_f)_{f\in\Omega}$ en associant à toute feuille $f\in\Omega$ l'opérateur fermeture dans $L^2(f)$ de D agissant sur $C_0^\infty(f)$. L'espace aléatoire $(\mathrm{Ker}D_f)_{f\in\Omega}$ est alors de carré intégrable (au sens du numéro IV), et de plus $\mathrm{Dim}_\Lambda(\mathrm{Ker}D) = \int \dim(\mathrm{Ker}D_f)d\Lambda$ est <u>fini</u> pour toute mesure transverse Λ au feuilletage $\mathcal{F}$, dès que V est <u>compacte</u>, ce que nous supposons désormais. On définit donc l'<u>indice analytique</u> de D par la formule

$$\mathrm{Ind}_\Lambda(D) = \mathrm{Dim}_\Lambda(\mathrm{Ker}D) - \mathrm{Dim}_\Lambda(\mathrm{Ker}D^*) \quad .$$

Nous démontrons, grâce à la méthode du développement asymptotique de la trace de l'opérateur de diffusion e^{-tDD^*}, l'analogue de la formule de l'indice d'Atiyah et Singer.

Supposons $\mathcal{F}$ orienté (tangentiellement); les trois ingrédients sont alors :

1) La classe d'homologie $[C]\in H_p(V,\mathbb{R})$ du courant de Ruelle et Sullivan associé à Λ.

2) La classe de cohomologie $\mathrm{ch}D \in H^*(V,\mathbb{Q})$ calculée exactement comme dans le cas classique grâce à l'isomorphisme de Thom de $H^*(V)$ avec $H^*(B,S)$ où B (resp. S) désigne le fibré en boules unités (resp. en sphères) de $T\mathcal{F}$, et à l'élément de K-théorie relative associé au symbole principal de D .

3) La classe de Todd $\mathrm{Td}(V)$ de la variété V .

La formule de l'indice est

$$\mathrm{Ind}_\Lambda(D) = (\mathrm{ch}D\cdot \mathrm{Td}(V))[C] \quad ,$$

A droite Λ n'intervient que par la classe d'homologie de C , ce qui n'est nullement évident dans le terme de gauche.

Nous donnons quelques applications simples de ce résultat : l'égalité

$$\sum (-1)^i \beta_i(\Lambda) = \langle e(\mathcal{F}), [C] \rangle$$

où les $\beta_i(\Lambda)$ ne dépendent pas du choix auxiliaire d'une métrique Riemannienne sur $\mathcal{F}$, et le lemme qui dit que $\beta_o(\Lambda)$ est nul si et seulement si l'ensemble des feuilles compactes d'holonomie finie est Λ-négligeable; ils se combinent dans le cas où $\dim \mathcal{F} = 2$ pour montrer que, si l'ensemble des feuilles compactes d'holonomie finie est Λ-négligeable, on a $\langle e(\mathcal{F}), [C] \rangle \leq 0$, i.e. l'intégrale de la courbure intrinsèque des feuilles est négative.

Même dans le cas des flots, i.e. en dimension 1 pour $\mathcal{F}$, cette formule donne des résultats intéressants, l'irrationalité de la classe $[C] \in H_1(V,\mathbb{R})$ donnant une borne inférieure sur le rang du groupe abélien dénombrable $K_o(C^*(V,\mathcal{F}))$.

CALCUL PSEUDODIFFERENTIEL INVARIANT A GAUCHE

Supposons G séparé. Soient E, F des fibrés hermitiens de dimension finie de classe $C^{\infty,o}$ sur V. Appelons G-opérateur de E dans F toute famille invariante à gauche $(P_x)_{x \in V}$ où, pour tout x, P_x est une application linéaire continue de $C^\infty(G^x, s^*(E))$ dans $C^\infty(G^x, s^*(F))$. L'invariance à gauche de P montre qu'il existe une distribution k sur $\mathcal{G}$ telle que, pour tout $x \in V$, le noyau distribution associé à P_x (dans G^x muni de la densité ν^x) soit $K(\gamma,\gamma') = k(\gamma^{-1}\gamma')$. Nous dirons qu'un G-opérateur P est régularisant si $k \in C_c^{\infty,o}$, i.e. s'il existe une section de classe $C_c^{\infty,o}$ du fibré sur G dont la fibre en $\gamma : x \longrightarrow y$ est $E_x^* \otimes F_y$ telle que

$$(P_x\xi)(\gamma) = \int k(\gamma^{-1}\gamma')\,\xi(\gamma')\,d\nu^x(\gamma') \qquad \text{pour tout} \quad \xi \in C^\infty .$$

Si K est un compact de G, nous dirons que le support de P est dans K quand la distribution k est nulle hors de K, i.e. quand

$$\mathrm{Supp}(P^x\xi) \subset \mathrm{Supp}\,\xi \circ K^{-1} \qquad \text{pour tout} \quad \xi \in C^\infty .$$

On a $\mathrm{Supp}\, P_1 \circ P_2 \subset \mathrm{Supp}\, P_1 \circ \mathrm{Supp}\, P_2$ pour P_1, P_2 à supports compacts. Comme dans le cas du calcul pseudodifférentiel usuel, nous dirons qu'un G-opérateur P est pseudolocal si, pour tout voisinage S de $G^{(o)}$, il existe un G-opérateur régularisant R avec $\mathrm{Supp}(P + R) \subset S$. Nous écrirons $P_1 \sim P_2$ si $P_1 - P_2$ est régularisant.

Soient $\Omega \approx T \times U$ un ouvert distingué (T connexe) et $\mathcal{P}^m_c(\Omega, E, F)$ l'espace des familles continues $(P_u)_{u \in U}$ d'opérateurs pseudodifférentiels d'ordre $\leq m$, où $P_u : C^\infty(T \times \{u\}, E) \longrightarrow C^\infty(T \times \{u\}, F)$ et où le noyau distribution $k \in C^{-\infty,0}(T \times T \times U)$ associé à P est à support compact. L'injection naturelle de $T \times T \times U$ dans G permet de considérer k comme une distribution sur $\mathcal{G}$; décrivons maintenant le G-opérateur $P' = (P'_x)_{x \in V}$ associé à cette distribution. La preuve de la proposition VII.7.b montre que, si $G^x \cap s^{-1}(\Omega) = \bigcup_{\ell} \ell$ est la décomposition de $G^x \cap s^{-1}(\Omega)$ en composantes connexes, l'opérateur P'_x est nul sur $G^x \cap s^{-1}(\Omega)^c$, et se décompose selon la partition $\mathcal{L}$, la restriction de P'_x à ℓ étant la relevée par le difféomorphisme s de P_u , agissant sur $s(\ell) = T \times \{u\}$.

Nous appelerons <u>G-opérateur pseudodifférentiel</u> toute combinaison linéaire finie d'opérateurs de la forme P' ci-dessus et d'opérateurs régularisants. Par construction un tel opérateur est pseudolocal et à support compact. Notons $\mathcal{P}^m(E,F)$ l'espace des G-opérateurs pseudodifférentiels d'ordre $\leq m$ de E dans F . L'espace $\mathcal{P}^{-\infty}(E,F)$ est celui des opérateurs régularisants.

PROPOSITION 1. a) On a $\mathcal{P}^m \circ \mathcal{P}^n \subset \mathcal{P}^{m+n}$ pour tous m et n .

b) Si $P \in \mathcal{P}^0(E,F)$, la famille $(P_x)_{x \in V}$ se prolonge en un opérateur d'entrelacement borné de $L^2(G, \nu, s^*(E))$ dans $L^2(G, \nu, s^*(F))$.

c) Si $P \in \mathcal{P}^m(\mathbb{C}, \mathbb{C})$, $m < 0$, on a $P \in C^*(V, \mathcal{F})$.

d) Si $P \in \mathcal{P}^m(E,F)$, $m < -p/2$ $(p = \dim \mathcal{F})$, le noyau distribution associé est une fonction mesurable sur G avec

$$\sup_y \int \| k(\gamma^{-1}) \|^2_{HS} \, d\nu^y(\gamma) < \infty .$$

PREUVE. a) Supposons d'abord $n = -\infty$. On peut alors supposer que $P' \in \mathcal{P}^m$ provient d'une famille continue $P \in \mathcal{P}^m_c(\Omega, E, F)$. L'argument de la proposition VII.4 montre que l'on peut supposer f nulle hors de $W' = T \times T' \times U$ où $\Omega' \approx T' \times U$ est compatible avec $\Omega \approx T \times U$. Le noyau associé à $P \circ f$ est alors de la forme

$$k_1(t,t'',u) = \int k(t,t',u)f(t',t'',u)\alpha|dt'|$$

et il est donc de classe $C^{\infty,0}$. Ayant traité ce cas (ainsi que le cas analogue où $m = -\infty$), on peut supposer que $P' \in \mathcal{P}^m$ et $Q' \in \mathcal{P}^n$ sont tous les deux construits à partir de familles continues $P,Q \in \mathcal{P}_c(\Omega,E,F)$, pour le même ouvert distingué $\Omega \approx T \times U$. L'assertion résulte alors du cas classique [1].

b) On peut supposer que l'opérateur est de la forme P' pour $P \in \mathcal{P}^0_c(\Omega,E,F)$. L'assertion résulte alors de l'inégalité $\|P'_x\| \leq \mathrm{Sup}\|P_u\|$.

c) Cela résulte de la proposition VII.7.b) et de la continuité, pour $P \in \mathcal{P}^m_c(\Omega,\mathbb{C},\mathbb{C})$, de l'application $u \longmapsto P_u$ de U dans l'algèbre des opérateurs compacts sur $L^2(T)$.

d) Il suffit de montrer le résultat pour P' , avec $P \in \mathcal{P}^m_c(\Omega,E,F)$. On a alors

$$k(t,t',u) = \int e^{i\langle t-t',\xi\rangle} a(t,\xi,u)d\xi \quad ,$$

où $\|a_{t,u}\|_2^2 = \int |a(t,\xi,u)|^2 |d\xi|$ est majoré uniformément, vu l'ordre de l'amplitude a : $|a(t,\xi,u)| \leq c(1+|\xi|)^m$. L'égalité de Parseval montre donc que

$$\int |k(t,t',u)|^2 dt' = \|a_{t,u}\|_2^2$$

est majoré uniformément. Q.E.D.

Soit P un G-opérateur de E dans F ; on lui associe un opérateur $s(P)$ de $C^\infty(\mathcal{F},E)$ dans $C^\infty(\mathcal{F},F)$ en posant pour $\varphi \in C^\infty(\mathcal{F},E)$ et $x \in \mathcal{F}$:

$$(s(P)\varphi)(x) = P_y(\varphi \circ s)(\gamma) \qquad \text{pour tout} \quad \gamma \in G \quad \gamma : x \longrightarrow y \ .$$

L'invariance à gauche de P montre que le résultat ne dépend pas du choix de $\gamma : s(\gamma) = x$. Par construction $s(P_1 \circ P_2) = s(P_1) \circ s(P_2)$ et $s(P)$ est pseudodifférentiel si P est pseudodifférentiel. Si $S \subset G$ est un voisinage ouvert de $G^{(0)}$ tel que $(r,s) : S \longrightarrow V \times V$ soit injective, la restriction de s à $\{P\ ,\ \mathrm{Support}\,P \subset S\}$ est injective.

Soit $P \in \mathcal{P}^m(E,F)$ un G-opérateur pseudodifférentiel de E dans F ; définissons le <u>symbole principal</u> de P comme celui de l'opérateur $s(P)$ de $\mathcal{F}$ dans $\mathcal{F}$. Si P est régularisant et associé à k , l'opérateur $s(P)$

est associé au noyau $k'(y,x) = \sum k(\gamma) \in E^*_x \otimes E_y$ (somme sur les $\gamma : x \to y$); c'est donc un opérateur régularisant et son symbole principal σ_m est nul pour tout m. On en déduit alors que, pour $P \in \mathcal{P}^m(E,F)$, $\sigma_m(P)$ est une fonction de classe $C^{\infty,0}$ sur l'ensemble des éléments non nuls de $T^*\mathcal{F}$. On définit l'<u>ellipticité</u> de P par l'invertibilité de $\sigma_m(P)$ ou, ce qui revient au même, par l'ellipticité de $s(P)$.

PROPOSITION 2. Soit $P \in \mathcal{P}^m(E,F)$ un G-opérateur elliptique de E dans F. Alors il existe un G-opérateur elliptique Q de F dans E tel que $PQ-id_F$ et $QP-id_E$ soient régularisants.

PREUVE. Soient $(\Omega_i)_{i\in I}$ un recouvrement de V par des ouverts distingués $\Omega_i \approx T_i \times U_i$, $(\varphi_i)_{i\in I}$ une partition de l'unité de classe $C^{\infty,0}$ subordonnée à ce recouvrement et S un voisinage compact de $G^{(0)}$ dans G tel que l'on ait pour tout $i \in I$

$$\{\gamma \in S \ , \ s(\gamma) \subset \text{Support}\varphi'_i\} \subset W_i = T_i \times T_i \times U_i$$

où $\varphi'_i \in C_c^{\infty,0}(\Omega_i)$ vaut 1 sur le support de φ_i. On peut supposer que $\text{Supp}\, P \subset S$. Pour tout i, soit $\varphi'_i \circ s$ le G-opérateur de E dans E de multiplication par $\varphi'_i \circ s$; la distribution k_i associée à $P\circ(\varphi'_i \circ s)$ a son support contenu dans W_i ; il existe donc $P_i \in \mathcal{P}^m(\Omega_i,E,F)$ tel que $P'_i = P\circ(\varphi'_i \circ s)$. La multiplicativité du symbole principal (qui résulte du cas usuel appliqué à $\mathcal{F}$) montre que $\sigma_m(P'_i) = \sigma_m(P)\varphi'_i$; d'où l'existence, pour chaque i, de $Q_i \in \mathcal{P}^{-m}(\Omega_i,E,F)$ avec $P_iQ_i - \varphi_i$ régularisant. L'opérateur $Q = \sum(\varphi'_i \circ s)\circ Q'_i$ est alors un quasi-inverse à droite, d'où le résultat. Q.E.D.

COROLLAIRE 3. Soient P_1 , $P_2 \in \mathcal{P}^m(E,F)$ avec P_2 elliptique; il existe alors $c < \infty$ tel que

$$\| P_{1,x}\xi \| \leq c(\| P_{2,x}\xi\| + \|\xi\|)$$

pour tout $x \in V$ et pour tout $\xi \in C_c^\infty(G^x)$.

PREUVE. Soit $Q_2 \in \mathcal{P}^{-m}(F,E)$ avec $Q_2P_2 - id_E$ régularisant. Comme $P_1Q_2 \in \mathcal{P}^0$ il existe (proposition 1) $c_1 < \infty$ avec $\|P_1Q_2(P_2\xi)\| \leq c_1\|P_2\xi\|$ pour tout $\xi \in C_c^\infty$. Comme $P_1(Q_2P_2-id_E)$ est régularisant, on a $\|P_1Q_2P_2\xi - P_1\xi\| \leq c_2\|\xi\|$

pour tout $\xi \in C_c^\infty$, d'où le résultat. Q.E.D.

ACTION D'UN G-OPERATEUR ELLIPTIQUE DANS L^2

Soient G , E et F comme ci-dessus avec $\nu = s^*(\alpha)$. Comme V est compacte la notion de section de carré intégrable de $s^*(E)$ sur G^x a un sens intrinsèque, i.e. qui ne dépend ni du choix de $\alpha \in C_+^{\infty,0}(|\Lambda|F)$ ni de celui de la structure hermitienne sur E . Plus précisément, si E et E_1 ont même fibré vectoriel sous-jacent et si $\nu = s^*(\alpha)$, $\nu_1 = s^*(\alpha_1)$, l'application identique de $L^2(G^x,\nu^x,s^*(E))$ dans $L^2(G^x,\nu_1{}^x,s^*(E_1))$ est un opérateur d'entrelacement inversible.

Soit D un G-opérateur différentiel elliptique, d'ordre m , de E dans F . La discussion du § 2 de [2] s'applique mot pour mot à l'opérateur D_x agissant sur G^x ; de plus, comme dans la proposition 3.1 de [2], la définition de D_x comme opérateur fermé à domaine dense de $L^2(G^x,s^*(E))$ dans $L^2(G^x,s^*(F))$ se fait sans ambiguité :

PROPOSITION 4. Pour tout $x \in V$, le domaine de la fermeture de la restriction de D_x à $C_c^\infty(G^x,s^*(E))$ coïncide avec $\{\xi \in L^2(G^x,s^*(E))\ ,\ D_x\xi \in L^2(G^x,s^*(E))\}$ (avec D_x au sens des distributions).

PREUVE. La proposition 2 et l'argument de la proposition 3.1 de [2] permettent de supposer que $\xi \in C^\infty \cap L^2$ pour montrer qu'il existe une suite $\xi_n \in C_c^\infty$ avec $\xi_n \longrightarrow \xi$, $D_x\xi_n \longrightarrow D_x\xi$. Avec les notations de la proposition 2, il existe pour tout $i \in I$ une constante $c < \infty$ telle que

$$\| D_x\circ(\varphi_i\circ s)\xi\| \leq c(\|(\varphi'_i\circ s)\circ D_x\xi\| + \|(\varphi'_i\circ s)\xi\|)$$

pour tout $\xi \in L^2(G^x,s^*(E))$. Cela résulte de la théorie usuelle des opérateurs elliptiques avec paramètres. On peut ainsi supposer que ξ est nul sur $s^{-1}(\Omega_i)^c \cap G^x$ et comme les composantes connexes de $s^{-1}(\Omega_i)\cap G^x$ sont relativement compactes et D_x local, le résultat est alors évident. Q.E.D.

Nous noterons encore D_x l'opérateur fermé défini dans la proposition 4. Si D^* désigne l'adjoint formel de D , la proposition 4 montre que D^*_x est l'adjoint de D_x pour tout x . Ainsi $\Delta_x = (D^* \circ D)_x$ est autoadjoint; comme $\Delta_x \subset D^*_x D_x$, on voit que $\Delta_x = D^*_x D_x = |D_x|^2$.

PROPOSITION 5. Soit g une structure riemannienne orientée sur $\mathcal{F}$, de classe $C^{\infty,0}$. Pour $i = 0,1,\dots,p$ soit Δ_i le G-opérateur laplacien sur les formes de degré i : $\Delta_i : E \longrightarrow E$, $E = \Lambda^i T^*\mathcal{F}$.

a) Toute forme harmonique ($\omega \in \operatorname{Ker} \Delta_i^x$) de carré intégrable sur G^x est fermée et cofermée.

b) La représentation de carré intégrable $H^i = \operatorname{Ker} \Delta_i$ de G ne dépend pas du choix de g .

c) Pour $x \in V$, on a $H^0_x = \mathbb{C}$ si la feuille de x est compacte d'holonomie finie et $H^0_x = \{0\}$ sinon.

PREUVE. a) Soit $\alpha \in C^{\infty,0}(|\Lambda|\mathcal{F})$ la densité associée à g sur $\mathcal{F}$. Pour tout $x \in V$ munissons G^x de la structure riemannienne relevée par s de celle de $\mathcal{F}$. Soit E le fibré vectoriel de classe $C^{\infty,0}$ sur V égal à $\Lambda T^*\mathcal{F}$; alors le relevé s^*E sur G^x s'identifie à ΛT^*G^x . Avec $\nu = s^*\alpha$, soit T_x l'opérateur fermeture de $d : C_c^\infty(G^x, s^*E) \longrightarrow C_c^\infty(G^x, s^*E)$ dans $L^2(G^x, \nu^x)$. On a $\operatorname{Im} T_x \subset \operatorname{Ker} T_x$, donc $T_x^* T_x + T_x T_x^*$ est autoadjoint. Soient δ l'adjoint formel de d et Δ le G-opérateur différentiel $d\delta + \delta d$; comme il est elliptique, Δ_x est autoadjoint dans $L^2(G^x, \nu^x)$ et coïncide donc avec $T_x^* T_x + T_x T_x^*$, d'où le résultat.

b) Pour $x \in V$ et avec les notations évidentes, soit P_x la restriction à $H^i_x = \operatorname{Ker} \Delta_{i,x}$ de la projection orthogonale sur le sous-espace fermé $H^{i'}_x$ de $L^2(G^x, \nu'^x, s^*(E))$. L'application identique de $L^2(G, \nu, s^*(E))$ dans $L^2(G, \nu', s^*(E))$ étant bornée, $P = (P_x)_{x \in V}$ est un opérateur d'entrelacement borné : $P \in \operatorname{Hom}_G(H^i, H'^i)$. Pour $\omega \in H^i_x$ on a $P_x\omega - \omega \in \overline{\operatorname{Im} T_x}$ et

$$P'_x P_x \omega - \omega \in \overline{\operatorname{Im} T_x} \cap \operatorname{Ker} \Delta_{i,x} = \{0\} .$$

Ainsi P est inversible.

c) Si G^x est compact, l'espace H^0_x des fonctions harmoniques sur G^x est égal à $\mathbb{C}$. Si G^x n'est pas compact, il est de volume infini car toute feuille de $\mathcal{F}$ qui est de volume fini est précompacte et donc compacte (étant automatiquement complète). L'assertion de a) montre que toute fonction harmonique de carré intégrable sur G^x est constante et donc nulle. Q.E.D.

Soit D un G-opérateur elliptique de E dans F comme ci-dessus. Pour tout $x \in V$, $\Delta_x = D_x^* D_x$, soit W_s^x l'espace hilbertien obtenu en complétant le domaine de $(1 + \Delta_x)^{s/2m}$ pour la norme $\xi \longmapsto \|(1 + \Delta_x)^{s/2m}\xi\|$. La représentation de $\mathbb{G}$ dans W_s par translations à gauche est par construction équivalente à $L^2(G,\nu,s^*(E))$.

Le corollaire 3 montre que pour tout opérateur $P \in \mathcal{P}^s(E,E)$ elliptique ($s \in \mathbb{N}$), l'application identique définit un opérateur d'entrelacement borné inversible de W^s dans le domaine de P muni de la norme $\|\xi\| + \|P\xi\|$. Il en résulte que tout $Q \in \mathcal{P}^m(E,F)$ se prolonge pour tout s en un opérateur d'entrelacement borné de $W^{s+m}(E)$ dans $W^s(F)$.

PROPOSITION 6. a) Soit $\Omega \approx T \times U$ un ouvert distingué; il existe $c > 0$ tel qu'on ait pour tout $P \in \mathcal{P}_c^m(\Omega,E,F)$: $\|P'\|_{W^s,W^{s'}} \leq c \operatorname{Sup}\|P_u\|_{s,s'}$.

b) Soit Λ une mesure transverse localement finie de module $\delta \in C^{\infty,0}$ sur G et soit φ le poids sur $M = \operatorname{End}_\Lambda(L^2(G,\nu,s^*(E)))$ associé à δ^{-1}. Il existe $c < \infty$ tel que tout $T \in M$ qui se prolonge continûment de $W^{-s}(E)$ à $W^s(E)$ ($s > p = \dim \mathcal{F}$) soit dans le domaine de φ, avec $|\varphi(T)| \leq c\|T\|_{W^{-s},W^s}$.

PREUVE. a) On doit évaluer la norme de $(1 + \Delta)^{s'/2m} P(1 + \Delta)^{-s/2m}$; on remplace alors $(1 + \Delta)^{s'/2m}$ et $(1 + \Delta)^{-s/2m}$ par des opérateurs pseudodifférentiels à supports suffisamment voisins de $G^{(o)}$ et on utilise la démonstration de la proposition VII.7.b).

b) Il existe $S \in M$ tel que $T = (1 + \Delta)^{-s/2m} S (1 + \Delta)^{-s/2m}$ avec $\|S\| = \|T\|_{-s,s}$. Il suffit donc de montrer que $(1 + \Delta)^{-s/m} \in \operatorname{Domaine}(\varphi)$. Soit (corollaire 3) P un G-opérateur pseudodifférentiel d'ordre $-s$ avec $(1 + \Delta)^{-s/m} \leq P^*P$. Il suffit de montrer que $\varphi(P^*P) < \infty$, ce qui résulte de la proposition 1.d) et du corollaire VI.16. Q.E.D.

DEVELOPPEMENT ASYMPTOTIQUE DE $\varphi(e^{-t\Delta})$

Soient Λ une mesure transverse localement finie de module $\delta \in C^{\infty,0}$ sur G et D un G-opérateur différentiel elliptique d'ordre m de E dans F, avec $\Delta = D^*D$. L'opérateur $s(\Delta)$ sur la variété feuille $\mathcal{F}$ est égal à $s(D)^*s(D)$ avec $s(D)$ elliptique. La théorie classique donne donc, par un calcul local sur $\mathcal{F}$, une suite de mesures de Radon $(\nu_k)_{k=-p,\dots}$ sur $\mathcal{F}$ que nous considérerons (lemme VII.11) comme des fonctions transverses sur G.

THEOREME 7. Soit φ le poids sur $M = \mathrm{End}_\Lambda(L^2(G,s^*(E)))$ associé à δ^{-1}. Pour $t > 0$ on a $\varphi(e^{-t\Delta}) < \infty$ et le développement asymptotique

$$\varphi(e^{-t\Delta}) \sim \sum_{k \geq -p} t^{k/2m} \Lambda(\nu_k) \quad .$$

PREUVE. La proposition 6.b) montre que $e^{-t\Delta} \in \mathrm{Domaine}(\varphi)$ pour tout $t > 0$. Le corollaire VI.15 montre que, si $T \in \mathrm{End}_\Lambda(L^2(G),s^*(E))$ est dans le domaine de φ, on a $\varphi(T) = \Lambda(\nu_T)$, où ν_T désigne la fonction transverse telle que ν_T^x soit la trace locale de T_x sur G^x. Soit $k \in \mathbb{N}$ et cherchons à estimer $\varphi(e^{-t\Delta})$ à $O(t^k)$ près. Soient $s > p$ et (φ_Ω) une partition de l'unité de classe $C^{\infty,0}$ dans V subordonnée à un recouvrement formé d'ouverts distingués $\Omega \approx T \times U$.

Pour tout Ω on construit comme dans la théorie classique [18] une famille analytique $D_\lambda^\Omega \in \mathcal{P}_c^{-2m}(\Omega,E,F)$ indexée par $\lambda \in \mathbb{C}\backslash\mathbb{R}_+^*$, telle que, en désignant encore par Δ la restriction de Δ aux $T \times \{u\}$, $u \in U$, on ait :

$$\| D_\lambda^\Omega(\Delta - \lambda) - \varphi_\Omega \|_{-s,s} \leq c_\Omega(1 + |\lambda|)^{-k-1} \quad .$$

Soit alors $D_\lambda'^\Omega$ le relevé de D_λ^Ω en un G-opérateur $D_\lambda'^\Omega \in \mathcal{P}^{-2m}(E,E)$. La proposition 6.a) montre donc que

$$\| D_\lambda'^\Omega (\Delta - \lambda) - \varphi_\Omega \circ s \|_{-s,s} \leq c'_\Omega(1 + |\lambda|)^{-k-1} \quad .$$

Avec $D_\lambda = \sum_\Omega D_\lambda'^\Omega$, on a donc une inégalité de la forme

$$\| D_\lambda(\Delta - \lambda) - id_E \|_{-s,s} \leq c_o(1 + |\lambda|)^{-k-1} \quad .$$

Fixons le contour $\mathcal{C}$ autour de $\mathbb{R}_+^*$ dans $\mathbb{C}$ avec $\mathrm{distance}(\mathcal{C},\mathbb{R}_+^*) \geq 1$. On a alors, pour $\lambda \in \mathcal{C}$ et $t < 1$

$$\| D_{\lambda/t} - (\Delta - \lambda/t)^{-1} \|_{-s,s} \leq c_o(1 + |\lambda/t|)^{-k-1}$$

d'où

$$\| e^{-t\Delta} - E(t)\|_{-s,s} \leq \frac{1}{2\pi}\int_{\mathcal{C}} |e^{-\lambda}|(1+|\lambda/t|)^{-k-1}|d\lambda/t|$$

où

$$E(t) = \frac{1}{2i\pi}\int_{\mathcal{C}} D_\lambda e^{-\lambda t} d\lambda = \frac{1}{2i\pi}\int_{\mathcal{C}} D_{\lambda/t} e^{-\lambda} \frac{d\lambda}{t}$$

par analyticité de la famille D . Ainsi :

$$t^{-k}\| E(t) - e^{-t\Delta}\|_{-s,s} \leq \frac{1}{2\pi}\int_{\mathcal{C}} |e^{-\lambda}|(t+|\lambda|)^{-k-1}|d\lambda|$$

reste borné quand $t \to 0$. La proposition 6.b) montre donc que

$$\varphi(e^{-t\Delta}) - \varphi(E(t)) = O(t^k) .$$

On a alors

$$\varphi(E(t)) = \sum_{\Omega} \varphi(E^{\Omega}(t))$$

où

$$E^{\Omega}(t) = \frac{1}{2i\pi}\int_{\mathcal{C}} e^{-\lambda t} D_\lambda^{\prime\Omega} d\lambda .$$

Il suffit donc de savoir que le développement asymptotique de la trace locale de $E^{\Omega}(t)$, considérée comme une mesure de Radon sur $\mathcal{F}$, est de la forme $\sum t^{k/2m}\varphi_\Omega \nu_k$, ce qui résulte de la construction de D_λ^{Ω} (cf. [18], p. 62). Q.E.D.

LE CAS UNIMODULAIRE

Soit Λ une mesure transverse, de module 1 , localement finie sur G . Soient D un G-opérateur elliptique de degré m de E dans F et $\Delta = D^*D$ comme ci-dessus. La proposition 6.b) montre que l'injection canonique de W_s dans $W_{s'}$, lorsque $s > s'$, est un opérateur Λ-compact, et donc que tout opérateur $P \in \mathcal{P}^k(E,F)$, $k < 0$, se prolonge en un opérateur Λ-compact de $L^2(G,s^*(E))$ dans $L^2(G,s^*(F))$. La proposition 2 montre donc que, pour tout s , D définit un Λ-opérateur à indice de $W^{s+m}(E)$ dans $W^s(F)$. De plus, comme Ker D ne change pas quand on varie s , l'indice de $D : W^{s+m}(E) \to W^s(F)$ est indépendant de s et égal à $\mathrm{Dim}_\Lambda(\mathrm{Ker}\, D) - \mathrm{Dim}_\Lambda(\mathrm{Ker}\, D^*)$. La proposition VI.21 montre que $\mathrm{Ind}_\Lambda(D)$ ne dépend que de la classe de K-théorie du symbole principal $\sigma_m(D)$.

COROLLAIRE 8. Avec les notations du théorème 7, on a

$$\mathrm{Ind}_{\Lambda}(D) = \Lambda(\mathcal{V}_0(D^*D) - \mathcal{V}_0(DD^*)) \ .$$

PREUVE. Soit $D = U|D|$ la décomposition polaire de l'opérateur non borné D affilié à $\mathrm{Hom}_{\Lambda}(L^2(G,s^*(E)), L^2(G,s^*(F)))$. Pour tout borélien de $]0,+\infty[$, U est une équivalence entre les projecteurs spectraux correspondants de D^*D et DD^*. On a donc pour $t > 0$: $\mathrm{Ind}_{\Lambda}(D) = \mathrm{Trace}_{\Lambda}(e^{-tD^*D}) - \mathrm{Trace}_{\Lambda}(e^{-tDD^*})$; on applique alors le théorème 7. Q.E.D.

Appliquons ce résultat à l'opérateur elliptique $d+\delta$ associé à une structure riemannienne g sur $\mathcal{F}$, avec $E = \sum \Lambda^{2j}T^*\mathcal{F}$ et $F = \sum \Lambda^{2j+1}T^*\mathcal{F}$. Le calcul de la page 139 de [3] montre que, dans ce cas, $\mathcal{V}_0(D^*D) - \mathcal{V}_0(DD^*)$ est, en supposant pour simplifier $\mathcal{F}$ orienté, la forme différentielle $e = \mathrm{Pf}(K/2\pi)$ où, avec les notations de la page 311 de [24], K désigne la courbure de la connexion riemannienne de la variété $(\mathcal{F},g)$. Pour évaluer $\Lambda(e)$ en fonction de la classe d'homologie $[C]$ du courant de Ruelle et Sullivan associé à Λ, nous supposerons pour simplifier que $\mathcal{F}$ est transversalement C^∞.

COROLLAIRE 9. Soient C le courant de Ruelle et Sullivan associé à Λ (cf. numéro VII), $[C] \in H_p(V,\mathbb{R})$ sa classe d'homologie, et $e(\mathcal{F}) \in H^p(V,\mathbb{R})$ la classe d'Euler ([24], p. 98) du fibré $T\mathcal{F}$ sur la variété V. Pour tout $i = 0,1,\ldots,p$, la dimension β_i de l'espace Λ-aléatoire H^i des formes harmoniques de degré i est indépendante du choix de g et

$$\sum (-1)^i \beta_i = \langle [C], e(\mathcal{F}) \rangle \ .$$

PREUVE. La proposition 5 montre que β_i ne dépend pas du choix de g. Soit $e_1 = \mathrm{Pf}(K_1/2\pi)$, où K_1 désigne la courbure d'une connexion sur le fibré $T\mathcal{F}$ sur V compatible avec sa métrique. Rappelons que $T\mathcal{F}$ est supposé orienté. On a alors ([24], p. 311) $e_1 \in$ classe d'Euler de $T\mathcal{F}$. La restriction à $\mathcal{F}$ de la connexion ci-dessus est compatible avec la métrique de $T\mathcal{F}$; on en déduit donc que la restriction de e_1 à $\mathcal{F}$ diffère de e par le bord d'une forme $\omega \in C^\infty(\Lambda^{p-1}T\mathcal{F})$. Ainsi $\mathrm{Ind}_{\Lambda}(d+\delta) = \langle [C], e_1 \rangle$. Q.E.D.

COROLLAIRE 10. Supposons $p = 2$. Si l'ensemble des feuilles compactes d'holonomie finie de $\mathcal{F}$ est Λ-négligeable, l'intégrale selon Λ de la courbure gaussienne intrinsèque des feuilles est ≤ 0 , i.e. $\langle [C], e(\mathcal{F}) \rangle \leq 0$.

PREUVE. La proposition 5.c) montre que $\beta_0 = 0$ et l'opération $*$ définissant une équivalence de H^0 sur H^2 on a $\beta_2 = 0$, d'où le résultat car $\beta_1 \geq 0$.
Q.E.D.

Passons maintenant au calcul de $\mathrm{Ind}_\Lambda(D)$, où D désigne un G-opérateur elliptique de E dans F . On suppose $\mathcal{F}$ orienté (tangentiellement) et on note S (resp. B) le fibré de base V formé des éléments de longueur un dans $T\mathcal{F}$ (resp. de longueur inférieure ou égale à un), relativement à une structure euclidienne sur $T\mathcal{F}$ qui l'identifie à $T^*\mathcal{F}$. Soit σ le symbole principal de D , c'est un isomorphisme de $\pi_S^*(E)$ sur $\pi_S^*(F)$ (où π désigne la projection $T\mathcal{F} \longrightarrow V$), et il définit donc comme dans [26] II § 3 un élément de $K(B,S)$ que le caractère de Chern transforme en un élément de $H^*(B,S,\mathbb{Q})$ (cf. [26] p. 15). Utilisant l'isomorphisme de Thom, on obtient (cf. [24] théorème 9.1) une classe de cohomologie à coefficients rationnels $\mathrm{ch}(D) \in H^*(V,\mathbb{Q})$,
$\mathrm{ch}D = (-1)^{p(p+1)/2}\psi^{-1}(\mathrm{ch}\,\sigma)$ (où $\psi : H^*(V,\mathbb{Q}) \longrightarrow H^*(B,S,\mathbb{Q})$ est l'isomorphisme de Thom).

Soit $\mathrm{Td}(V)$ la classe de Todd du fibré $TV \otimes \mathbb{C}$ complexifié du fibré tangent à V , on a $\mathrm{Td}(V) \in H^*(V,\mathbb{Q})$. Si $\mathcal{J}$ désigne l'idéal de définition du feuilletage $\mathcal{F}$, i.e. l'idéal des formes différentielles sur V dont la restriction à $\mathcal{F}$ est nulle, on a $\omega \in \mathcal{J} \Rightarrow d\omega \in \mathcal{J}$. Soit $J \in H^*(V,\mathbb{R})$ l'idéal des classes de formes fermées $\omega \in \mathcal{J}$.

LEMME 11. a) Soit C le courant de Ruelle et Sullivan et soit $[C] \in H_p(V,\mathbb{R})$ le cycle associé, on a $\omega[C] = 0 \quad \forall\, \omega \in J$.
b) Soit $\mathrm{Td}(T\mathcal{F} \otimes \mathbb{C})$ la classe de Todd du fibré complexifié du fibré tangent à $\mathcal{F}$, on a $\mathrm{Td}(V) - \mathrm{Td}(T\mathcal{F} \otimes \mathbb{C}) \in J$.

PREUVE. a) Soit $\omega \in J$, comme C est fermé, pour évaluer $\omega[C]$ il suffit d'évaluer $\langle \omega_1, C \rangle$ où $\omega_1 \in \mathcal{J}$. Par hypothèse la restriction de ω_1 à $\mathcal{F}$ est nulle, d'où $\langle \omega_1 , C \rangle = 0$ (proposition 7.1.3).

b) Soit $\mathcal{E}$ le fibré transverse à $\mathcal{F}$, on a $T\mathcal{F} \oplus \mathcal{E} = TV$, d'où $Td(T\mathcal{F} \otimes \mathbb{C})\, Td(\mathcal{E} \otimes \mathbb{C}) = Td(V)$. Il suffit donc de montrer que $Td(\mathcal{E} \otimes \mathbb{C}) \in 1 + J$. Or le fibré transverse est muni grâce à la différentielle de l'holonomie d'une connexion ∇ dont la restriction à $\mathcal{F}$ est plate. En munissant $\mathcal{E} \otimes \mathbb{C}$ de la connexion $\nabla_{\mathbb{C}}$ et en désignant par K la matrice de courbure correspondante, on a $\omega = \det\left(\frac{K}{1 - e^{-K}}\right) \in Td(\mathcal{E} \otimes \mathbb{C})$ et la restriction de ω à $\mathcal{F}$ est égale à 1 par construction. Q.E.D.

THEOREME. On a $\mathrm{Ind}_{\Lambda}(D) = \mathrm{ch}D\, \mathrm{Td}V\, [C]$ où C désigne le courant de Ruelle et Sullivan associé à Λ .

(Remarquons que chD et TdV n'interviennent dans cette égalité que modulo J , en particulier on peut remplacer Td(V) par $Td(T\mathcal{F} \otimes \mathbb{C})$.)

PREUVE. Vérifions d'abord à l'aide du corollaire 8 la formule ci-dessus pour l'opérateur de signature à coefficients dans un fibré auxiliaire. On suppose $\mathcal{F}$ orienté de dimension paire $p = 2\ell$, soit ξ un fibré de base V , hermitien et muni d'une connexion compatible ∇_{ξ} . Notons ξ' (resp. $\nabla_{\xi'}$) la restriction de ξ à $\mathcal{F}$ (resp. de ∇_{ξ} à $\mathcal{F}$). Soit g une structure euclidienne sur le fibré tangent à $\mathcal{F}$. La variété feuille $\mathcal{F}$ est munie par g d'une structure riemannienne g' , soit alors $A_{\xi'}$ l'opérateur de signature généralisé sur $\mathcal{F}$ à coefficients dans le fibré ξ' (cf. [3] p. 109). Soit A le G-opérateur différentiel elliptique correspondant, la fonction transverse $\mathcal{V}_0(A^*A) - \mathcal{V}_0(AA^*)$ est donnée par une forme différentielle $\omega(g', \xi')$ de degré $p = 2\ell$ sur la variété feuille, qui d'après [3] p. 309-311 est égale à

$$\omega(g', \xi') = \sum_{2k+4s=2\ell} \mathrm{ch}_k(\xi')\, 2^{\ell-2s}\, L_s(g')$$

où, si K' désigne la matrice de courbure de $\nabla_{\xi'}$ sur $\mathcal{F}$ et R' celle de la connexion riemannienne de g' sur $T\mathcal{F} \otimes \mathbb{C}$, on a :

$$ch_k(\xi') = (2\pi i)^{-k} \text{ Trace } \frac{K'^k}{k!}$$

$$L_1 = \frac{1}{3}p_1' \quad , \quad L_2 = \frac{1}{45}(7p_2' - p_1'^2) \quad , \ldots \text{ (cf. [3])}$$

$$\text{où} \quad p_j' = (2\pi i)^{-2j} \text{Trace}(\Lambda^{2j} R') \quad .$$

Définissons des formes fermées $ch_k(\xi)$ et $L_s(g)$ sur V en rempmaçant dans les formules ci-dessus, K' par la matrice de courbure K de ∇_ξ et R' par la matrice de courbure R d'une connexion ∇_g sur le fibré $T\mathbb{F}\otimes\mathbb{C}$ compatible avec sa structure hermitienne. On a alors $\Lambda(\vartheta_0(A^*A) - \vartheta_0(AA^*)) = \langle \omega(g,\xi) , C \rangle$ où $\omega(g,\xi) = \sum ch_k(\xi)\ 2^{\ell-2s} L_s(g)$. En effet la restriction de $\omega(g,\xi)$ à $\mathbb{F}$ diffère de $\omega(g',\xi')$ par un bord, dû à la distinction entre la restriction de ∇_g à $\mathbb{F}$ et la connexion riemannienne. Soit $\mathcal{L}(\mathbb{F}) = \sum 2^{-2s} L_s(g) \in H^*(V,Q)$, on a : $\text{Ind}_\Lambda(A_\xi) = 2^\ell ch\xi . \mathcal{L}(\mathbb{F})[C]$. Les calculs de [26] p. 46 et p. 225 montrent que

$$ch(A_\xi)Td(T\mathbb{F}\otimes\mathbb{C}) = 2^\ell ch\xi\, \mathcal{L}(\mathbb{F})$$

dans $H^*(V,Q)$. On a donc vérifié l'égalité du théorème pour les opérateurs de la forme A_ξ .

Or le raisonnement de [26] p. 224-225 et l'invariance de $\text{Ind}_\Lambda(D)$ par homotopie du symbole principal montrent l'égalité en général, si p est pair. Si p est impair on remplace $(V, \mathbb{F})$ par $(V \times S^1 , \mathbb{F} \times S^1)$ et on utilise le raisonnement de [26]. Q.E.D.

IX REMARQUES

1)L'EXTENSION DE $C^*(V,\mathcal{F})$ ASSOCIEE AUX OPERATEURS PSEUDODIFFERENTIELS

Supposons V compacte. Considérons l'algèbre $\mathcal{P}^0$ des G-opérateurs pseudo-différentiels scalaires d'ordre ≤ 0 . Tout $P \in \mathcal{P}^0$ définit un élément de $\mathrm{End}_G(L^2(G^x,\nu^x))$ en prolongeant P^x à $L^2(G^x,\nu^x)$ pour tout x . Soit alors $\mathcal{E}$ la C*-algèbre obtenue en complétant $\mathcal{P}^0$ pour la norme $\sup_{x \in V} \|P^x\|$.

Par construction, la C*-algèbre $C^*(V,\mathcal{F})$ se plonge isométriquement dans $\mathcal{E}$; comme $C_c^{\infty,0}(V,\mathcal{F})$ est un idéal bilatère de $\mathcal{P}^0$, on voit que sa fermeture $C^*(V,\mathcal{F})$ est un idéal bilatère de $\mathcal{E}$. Soit S l'espace compact des demi-droites de $T^*(\mathcal{F})$; l'homomorphisme σ de $\mathcal{P}^0$ dans $C(S)$ se prolonge en un homomorphisme, noté encore σ , de $\mathcal{E}$ sur $C(S)$. En effet, pour tout $(x,\xi) \in T^*(\mathcal{F})$ et $\varphi \in C^{\infty,0}(V)$, $d_{\mathcal{F}}\varphi(x) = \xi$, $P \in \mathcal{P}^0$, on a :

$$\sigma_P(x,\xi)\, a(x) = \lim_{\tau \to \infty} e^{-i\tau\varphi} P(e^{i\tau\varphi} a)(x) \qquad ,$$

ce qui montre que $\|\sigma_P\| \leq \|P\|$. La surjectivité de σ résulte facilement de la proposition 1.6 de [1].

On a $\sigma(P) = 0$ pour tout $P \in C^*(V,\mathcal{F})$ car $C_c^{\infty,0}(G)$ est dense dans $C^*(V,\mathcal{F})$. Pour montrer que le noyau de σ est $C^*(V,\mathcal{F})$, il suffit de vérifier que, si $P \in \mathcal{P}^0$ et $\|\sigma(P)\| \leq \varepsilon$, le spectre de P dans $\mathcal{E}/C^*(V,\mathcal{F})$ est contenu dans $\{z \in \mathbb{C} \ , \ |z| \leq \varepsilon\}$. Or pour tout $\lambda \in \mathbb{C}$ avec $|\lambda| > \varepsilon$, l'opérateur $P-\lambda \in \mathcal{P}^0$ est elliptique et donc inversible modulo $C_c^{\infty,0}(G)$.

On a donc une <u>extension</u> de $C^*(V,\mathcal{F})$

$$0 \longrightarrow C^*(V,\mathcal{F}) \longrightarrow \mathcal{E} \longrightarrow C(S) \longrightarrow 0$$

qui est une suite exacte de C*-algèbres séparables. La K-théorie algébrique nous donne donc un homomorphisme canonique ∂ de $K^1(S) = K_1(C(S))$ dans $K^0(V,\mathcal{F}) = K_0(C^*(V,\mathcal{F}))$.

Soit alors A un G-opérateur elliptique (scalaire pour simplifier), pseudo-différentiel d'ordre 0 . Par construction $A \in \mathcal{E}$ est inversible modulo $C^*(V,\mathcal{F})$

et on peut définir l'<u>indice analytique</u> Ind A comme l'élément de $K_0(V,\mathcal{F})$ associé à $\sigma(A)$ par ∂.

Les calculs du numéro VIII portent sur la détermination de

$$\mathrm{Dim}_\Lambda \circ \mathrm{Ind}(A) = \mathrm{Ind}_\Lambda(A) ,$$

toute mesure transverse localement finie <u>de module 1</u> déterminant un homomorphisme Dim_Λ de $K^0(V,\mathcal{F})$ dans $\mathbb{R}$ grâce à la proposition (VII.14). Cet homomorphisme existe car tout projecteur $e \in C^*(V,\mathcal{F})$ est dans le domaine de φ quand φ est une trace semi-finie puisqu'il est limite en norme d'éléments du domaine.

2) LA CLASSE DE LEBESGUE POUR UN FEUILLETAGE TRANSVERSALEMENT C^∞

Soit $\mathcal{C}$ le fibré transverse au feuilletage $\mathcal{F}$, $\mathcal{C}_x = T_x(V)/T_x(\mathcal{F})$; pour tout $\gamma \in G$, $\gamma : x \longrightarrow y$, soit $J(\gamma) : \mathcal{C}_x \longrightarrow \mathcal{C}_y$ la différentielle de l'holonomie. La représentation J de G dans $\mathcal{C}$ joue le rôle du fibré tangent au "quotient $V/\mathcal{F}$".

Appelons <u>densité transversale</u> toute section ρ du fibré $|\Lambda|\mathcal{C}$ des densités d'ordre 1 sur $\mathcal{C}$. Soit alors α une densité d'ordre 1 sur $\mathcal{F}$; la décomposition $0 \longrightarrow T_x(\mathcal{F}) \longrightarrow T_x(V) \longrightarrow \mathcal{C}_x \longrightarrow 0$ de $T_x(V)$ définit une densité $\alpha\otimes\rho$ d'ordre 1 sur V.

PROPOSITION. Soit ρ une densité transversale continue strictement positive. L'égalité $\Lambda(s*\alpha) = \int \rho\alpha$ détermine une unique mesure transverse Λ sur G de module δ où $\rho_y(J(\gamma)\,v) = \delta(\gamma)\rho_x(v)$ pour tout $v \in \Lambda^q \mathcal{C}_x$.

La preuve n'offre pas de difficulté si on utilise la proposition VII.12. La classe de Λ ne dépend pas du choix de ρ, et pour qu'un sous-ensemble mesurable saturé (i.e. réunion de feuilles de $\mathcal{F}$) de V soit Λ-négligeable, il faut et il suffit qu'il soit Lebesgue-négligeable dans V. (Si ρ est C^∞ tangentiellement, on a $\mathrm{Log}(\delta(\gamma)) = \int_\gamma \omega$ où $\omega = D\rho/\rho$ est la dérivée logarithmique de ρ relative à la connexion naturelle de $\mathcal{C}$ sur $\mathcal{F}$; en particulier, si $\mathcal{F}$ est donné par q formes différentielles ω_i sur V, $d\omega_i = \sum \theta_i^j \wedge \omega_j$, si $\rho = |\omega_1 \wedge \dots \wedge \omega_q|$, alors ω est la restriction de $\sum \theta_i^i$ à $\mathcal{F}$.)

En théorie classique de l'intégration, un cas particulier important est celui de la mesure de Lebesgue sur une variété C^{∞}. Dans ce cas, les mesures absolument continues correspondent exactement (lorsqu'on a choisi une orientation) aux formes positives à coefficients mesurables, de degré égal à la dimension. La situation est exactement analogue en intégration non commutative.

Soit en effet H une représentation de carré intégrable de G ; l'algèbre de von Neumann $\mathrm{End}_{\Lambda}(H)$ construite au numéro V ne dépendant que de la classe de Λ, on voit donc, en prenant la classe de Lebesgue, qu'elle est canoniquement associée à H.

DEFINITION. L'<u>algèbre de von Neumann</u> du feuilletage est $\mathrm{End}_{\Lambda}(L^2(G))$ où $L^2(G)$ désigne la représentation régulière gauche de G dans $(L^2(G^x))_{x\in V}$, ce dernier étant l'espace hilbertien canonique des densités d'ordre $\frac{1}{2}$ de carré sommable sur G^x.

Les résultats du numéro VI donnent alors une description de l'espace des poids de $\mathrm{End}_{\Lambda}(L^2(G))$ comme formes différentielles à coefficients opérateurs. Nous renvoyons à [10] pour une description de cette traduction des résultats de VI.

BIBLIOGRAPHIE

1 M.F. ATIYAH et I.M. SINGER : The index of elliptic operators, IV. Ann. of Math. 93 (1971) 119-138.

2 M.F. ATIYAH : Elliptic operators, discrete groups and von Neumann algebras. Astérisque 32-33 (1976) 43-72.

3 M.F. ATIYAH, R. BOTT et V.K. PATODI : On the heat equation and the index theorem. Invent. Math. 19 (1973) 279-330.

4 N. BOURBAKI : Variétés différentielles et analytiques, fascicule de résultats, paragraphes 8 à 15. Hermann, Paris 1971.

5 R. BOWEN : Anosov foliations are hyperfinite. Ann. of Math. 106 (1977) 549-565.

6 M. BREUER : Fredholm theories in von Neumann algebras I & II. Math. Ann. 178 (1968) 243-254 et 180 (1969) 313-325.

7 L.A. COBURN, R.D. MOYER et I.M. SINGER : C*-algebras of almost periodic pseudodifferential operators. Acta Math. 130 (1973) 279-307.

8 A. CONNES et M. TAKESAKI : Flot des poids sur les facteurs de type III. C.R. Acad. Sci. Paris, Série, A 278 (1974) 945-948.

9 A. CONNES et M. TAKESAKI : The flow of weights on factors of type III. Tôhoku Math. J. 29 (1977) 473-575.

10 A. CONNES : The von Neumann algebra of a foliation. Proceeding of the Rome conference, June 1977. Lecture Notes in Physics 80 (Springer 1978) 145-151.

11 A. CONNES : On the spatial theory of von Neumann algebras. Prépublication.

12 A. CONNES : On the classification of von Neumann algebras and their automorphisms. Symposia Math. 20 (Academic Press 1976) 435-478.

13 J. DIXMIER : Les C*-algèbres et leurs représentations, 2è édition. Gauthier-Villars, Paris 1969.

14 J. DIXMIER : Les algèbres d'opérateurs dans l'espace hilbertien (algèbres de von Neumann), 2è édition, Gauthier-Villars, Paris 1969.

15 M. DUFLO et C.C. MOORE : On the regular representation of a nonunimodular locally compact group. J. Functional Analysis 21 (1976) 209-243.

16 J. FELDMAN et C.C. MOORE : Ergodic equivalence relations, cohomology, and von Neumann algebras I & II. Trans. Amer. Math. Soc. 234 (1977) 289-324 & 325-359.

17 J. FELDMAN, P. HAHN et C.C. MOORE : Orbit structure and countable sections for continuous group actions. Prépublication.

18 P.B. GILKEY : The index theorem and the heat equation. Math. Lecture Series n° 4, Publish or Perish, Boston 1974.

19 U. HAAGERUP : Operator valued weights in von Neumann algebras I & II. A paraître au J. Functional Analysis.

20 A. HAEFLIGER : Variétés feuilletées. Ann. Scuola Norm. Sup. Pisa 16 (1962) 367-397.

21 P. HAHN : Haar measure and convolution algebras as ergodic groupoids. Thèse, Université de Harvard, 1975.

22 G. MACKEY : Ergodic theory, group theory and differential geometry. Proc. Nat. Acad. Sci. U.S.A. 50 (1963) 1184-1191.

23 G. MACKEY : Ergodic theory and virtual groups. Math. Ann. 166 (1966) 187-207.

24 J.W. MILNOR et J.D. STASHEFF : Characteristic classes. Ann. Math. Studies 76, Princeton 1974.

25 C.C. MOORE : Square integrable primary representations. Prépublication.

26 R.S. PALAIS : Seminar on the Atiyah-Singer index theorem. Ann. Math. Studies 57, Princeton 1965.

27 J. PHILLIPS : Positive integrable elements relative to a left Hilbert algebra. J. Functional Analysis 13 (1973) 390-409.

28 J. PHILLIPS : A note on square-integrable representations. J. Functional Analysis 20 (1975) 83-92.

29 J.F. PLANTE : Foliations with measure preserving holonomy. Ann. of Math. 102 (1975) 327-361.

30 A. RAMSAY : Virtual groups and group actions. Advances in Math. 6 (1971) 253-322.

31 A. RAMSAY : Non transitive quasi-orbits in Mackey's analysis of group extensions. Acta Math. 137 (1976) 17-48.

32 M. REED et B. SIMON : Functional Analysis, tomes II et IV. Academic Press, New York 1975 et 197 .

33 D. REVUZ : Markov Chains. North Holland, Amsterdam 1975.

34 M. RIEFFEL : Morita equivalence for C* and W* algebras. J. Pure Appl. Algebra 5 (1974) 51-96.

35 D. RUELLE : Integral representations of measures associated with foliations. Prépublication, 1977.

36 D. RUELLE et D. SULLIVAN : Currents, flows and diffeomorphisms. Topology 14 (1975) 319-327.

37 S. SAKAI : C*-algebras and W*-algebras. Ergebnisse der Math. 60, Springer 1971.

38 M. SAMUELIDES : Mesure de Haar et W* couple d'un groupoïde mesuré. Prépublication.

39 J.L. SAUVAGEOT : Etude des algèbres de groupoïde et des produits croisés. Thèse, Paris 1976.

40 J.L. SAUVAGEOT : Sur le type du produit croisé d'une algèbre de von Neumann par un groupe localement compact d'automorphismes. C.R. Acad. Sc. Paris, Sér. A, 278 (1974) 941-944.

41 A.K. SEDA : Haar measures for groupoids. Proc. Roy. Irish Acad. Sect. A 76 (1976), n° 5, 25-36.

42 I. SEGAL : A non commutative extension of abstract integration. Ann. of Math. 57 (1953) 401-457.

43 I.M. SINGER : Future extensions of index theory and elliptic operators. "Prospects in mathematics", Ann. Math. Studies 70 (Princeton 1971) 171-185.

44 I.M. SINGER : Some remarks on operator theory and index theory. Lecture Notes in Math. 575 (Springer 1977) 128-138.

45 D. SULLIVAN : Cycles and the dynamical study of foliated manifolds. Invent. Math. 36 (1976) 225-255.

46 C. SUTHERLAND : Notes on orbit equivalence : Krieger's theorem. Lecture Note Series n° 23, Oslo 197 .

47 M. TAKESAKI : Tomita's theory of modular Hilbert algebras and its applications. Springer Lecture Notes in Math. 128, 1970.

48 H.E. WINKELNKEMPER : The graph of a foliation. Prépublication.

APPLICATION DE LA K-THEORIE ALGEBRIQUE

AUX C^*-ALGEBRES

Th. FACK et O. MARECHAL

Le foncteur K_o de la K-théorie algébrique s'est révélé très utile dans certains problèmes concernant les C^*-algèbres. Cet exposé se propose de rappeler les propriétés élémentaires du foncteur K_o dans un cadre purement algébrique et d'en donner une interprétation et des applications plus ou moins connues pour les C^*-algèbres.

1. PREMIERE DEFINITION ET PROPRIETES DU FONCTEUR K_o- (cf. [6]) .

Les anneaux considérés ici auront une unité mais seront en général non commutatifs. Tout homomorphisme d'anneau vérifiera f(1)= 1. Sauf mention expresse du contraire, "$\mathcal{A}$-module" voudra dire "$\mathcal{A}$-module à gauche" .

1.1 - Définitions :

Soient $\mathcal{A}$ un anneau, $\mathcal{P}$ l'ensemble des classes d'équivalence (pour l'isomorphisme) de modules projectifs de type fini sur $\mathcal{A}$. On note $< P >$ la classe du module P. Muni de la loi d'addition $< P > + < Q > = < P \oplus Q >$, $\mathcal{P}$ est un monoïde. On note $P \simeq Q$ si P et Q sont isomorphes.

1.1.1 - Définition : Le groupe $K_o(\mathcal{A})$ est le groupe de Grothendieck associé au monoïde $\mathcal{P}$.

Pour passer d'un monoïde commutatif $\mathcal{M}$ au groupe de Grothendieck $\mathcal{G}$ associé, on définit d'abord une relation d'équivalence $\mathcal{R}$ sur $\mathcal{M}$ qui fait de $\mathcal{M}_1 = \mathcal{M}/\mathcal{R}$ un semi groupe (i.e. un monoïde simplifiable) : $a \sim b$ s'il existe c tel que $a+c = b+c$. Le passage d'un semi-groupe à un groupe se fait alors comme le passage de $\mathbb{N}$ à $\mathbb{Z}$. Dans le cas de $\mathcal{P}$ on est donc amené à poser la définition suivante :

1.1.2 - Définition : Soient M et N deux modules projectifs de type fini. On dit que M et N sont stablement isomorphes, et l'on note $M \sim N$, s'il existe un module projectif P de type fini tel que $M \oplus P$ soit isomorphe à $N \oplus P$. On notera [P] la classe d'isomorphisme stable du module P. Alors $K_o(\mathcal{P})$ est l'ensemble des $[P_1]-[P_2]$, où P_1 et P_2 sont des modules projectifs de type fini, et l'on a $[P_1]-[P_2] = [Q_1]-[Q_2]$ si et seulement si $P_1 \oplus Q_2 \sim P_2 \oplus Q_1$. Si $M \sim N$ il existe P tel que $M \oplus P \simeq N \oplus P$, donc $M \oplus P \oplus Q \simeq N \oplus P \oplus Q$. On peut choisir Q de façon à ce que $P \oplus Q$ soit libre. Donc $M \sim N$ si et seulement si il existe $r \in \mathbb{N}$ tel que $M \oplus \mathcal{A}^r \simeq N \oplus \mathcal{A}^r$. De même tout élément de $K_o(\mathcal{A})$ est de la forme $[P] - [\mathcal{A}^r]$.

1.2. Exemples .

1.2.1. Supposons que $\mathcal{A}$ possède les deux propriétés suivantes :

α) Tout $\mathcal{A}$-module projectif de type fini est libre.

β) $\mathcal{A}^n \simeq \mathcal{A}^r$ implique $n = r$.

Alors $K_o(\mathcal{A})$ est isomorphe à $\mathbb{Z}$ et est engendré par la classe du module libre à une dimension $[\mathcal{A}]$.

La propriété β est toujours vérifiée s'il existe un homomorphisme de $\mathcal{A}$ dans un corps F (non nécessairement commutatif) : en effet si $\mathcal{A}^n \simeq \mathcal{A}^r$, on a $F^n \simeq F \otimes_{\mathcal{A}} \mathcal{A}^n \simeq F \otimes_{\mathcal{A}} \mathcal{A}^r \simeq F^r$ et ceci implique $n = r$.

En particulier β est vérifiée si $\mathcal{A}$ est commutatif (car on peut prendre $F = \mathcal{A}/\mathcal{J}$ où $\mathcal{J}$ est un idéal maximal de $\mathcal{A}$).

Les propriétés α et β sont toujours vérifiées si $\mathcal{A}$ est un corps ou un anneau principal.

1.2.2. Exemple d'un anneau $\mathcal{A}$ ne vérifiant pas la propriété β : soit E un espace vectoriel de dimension infinie sur un corps F et $\mathcal{A} = \mathcal{L}(E)$. Du fait que E est isomorphe comme espace vectoriel à E^n pour tout $n \in \mathbb{N}$, on peut facilement déduire que pour tout $n \in \mathbb{N}$, $\mathcal{A}^n \simeq \mathcal{A}$ comme $\mathcal{A}$-module. On a alors $K_o(\mathcal{A}) = \{0\}$ car si P est projectif sur $\mathcal{A}$ on a $P \simeq P \otimes_{\mathcal{A}} \mathcal{A} \simeq P \otimes_{\mathcal{A}} \mathcal{A}^2 \simeq P \oplus P$ donc $[P] = 0$.

1.2.3. Exemple où α n'est pas vérifiée : le même exemple que précédemment mais avec E de dimension finie n . E est de façon naturelle un $\mathcal{A}$-module, projectif de type fini (car $E^n \simeq \mathcal{A}$) mais non libre : si E était un module libre de dimension r sur $\mathcal{A}$, comme $\mathcal{A}$ est un F-espace vectoriel de dimension n^2, E serait un F espace vectoriel de dimension n^2r, ce qui est impossible pour $n > 1$. Comme E est un $\mathcal{A}$-module simple (i.e. sans sous $\mathcal{A}$-module propre), tout sous module de $\mathcal{A}^r \simeq E^{nr}$ est isomorphe à un E^s. Comme la propriété β est vérifiée (en considérant les dimensions comme F-espaces vectoriels) ceci montre que $K_o(\mathcal{A})$ est isomorphe à $\mathbb{Z}$ et engendré par $[E]$ (et non par $[\mathcal{A}]$).

1.3. <u>Propriétés fonctorielles</u> :

1.3.1. Soient $\mathcal{A}$ et $\mathcal{B}$ deux anneaux, f un homomorphisme de $\mathcal{A}$ dans $\mathcal{B}$. Alors $\mathcal{B}$ est naturellement muni d'une structure de $(\mathcal{B},\mathcal{A})$ bimodule par les applications $(b,x) \longrightarrow bx (b,x \in \mathcal{B})$ et $(x,a) \longrightarrow x\, f(a)$ $(x \in \mathcal{B}, a \in \mathcal{A})$. Pour tout $\mathcal{A}$-module projectif de type fini P, le module induit

$f_{\#}(P) = \mathcal{B} \otimes_{\mathcal{A}} P$ est projectif de type fini. Ceci définit un homomorphisme f_* de $K_o(\mathcal{A})$ dans $K_o(\mathcal{B})$. On a $(Id)_* = Id$ et $(f \circ g)_* = f_* \circ g_*$. K_o est donc un foncteur covariant de la catégorie des anneaux à unité dans celle des groupes commutatifs.

1.3.2. Pour tout anneau $\mathcal{A}$, on a un unique homomorphisme de $\mathbb{Z}$ dans $\mathcal{A}$, ce qui détermine un sous-groupe $i_*(K_o(\mathbb{Z}))$ de $K_o(\mathcal{A})$, qui est le sous-groupe engendré par $[\mathcal{A}]$.

Supposons qu'il existe en plus un homomorphisme j de $\mathcal{A}$ dans un corps F. Les groupes $K_o(\mathcal{A})$ et $K_o(\mathcal{F})$ sont canoniquement isomorphes et $j_* i_*$ est l'identité car $j_* i_*[\mathbb{Z}^n] = [F \otimes_{\mathbb{Z}} \mathbb{Z}^n] = [F^n]$ et $K_o(\mathcal{A})$ se décompose alors en $K_o(\mathcal{A}) = \mathrm{Im}\, i_* \oplus \mathrm{Ker}\, j_*$ et $\mathrm{Im}\, i_* \simeq \mathbb{Z}$.

1.3.2. Si $\mathcal{A} = \mathcal{A}_1 \times \mathcal{A}_2$, les $\mathcal{A}$-modules M sont en bijection avec les couples (M_1, M_2) où M_i est un $\mathcal{A}_i$ module $(i = 1,2)$. On en déduit aisément que $K_o(\mathcal{A}) \simeq K_o(\mathcal{A}_1) \oplus K_o(\mathcal{A}_2)$.

2. DEUXIEME DEFINITION DE $K_o(\mathcal{A})$

2.1. Soit X un module projectif de type fini sur $\mathcal{A}$. Alors il existe X_1 tel que $X \oplus X_1 \simeq \mathcal{A}^r$. Au module projectif de type fini X on peut donc associer le projecteur de $\mathcal{A}^r$ sur X parallèlement à X_1, donc un élément de $M_r(\mathcal{A})$ (matrices $r \times r$ à coefficients dans $\mathcal{A}$) (non unique, de plus pour $n \geqslant r$ on identifie $\mathcal{A}^r$ à un facteur direct de $\mathcal{A}^n$ et $M_r(\mathcal{A})$ s'envoie dans $M_n(\mathcal{A})$ par prolongement par 0 sur le supplémentaire). Inversement un idempotent e de $M_r(\mathcal{A})$ donne lieu à une décomposition de $\mathcal{A}^r$ en $\mathrm{Im}\, e \oplus \mathrm{Ker}\, e$ et à e on associe le module projectif Im e .

2.2. Cherchons à quelle condition les modules associés à deux projecteurs e et f sont isomorphes. On peut plonger les modules X et Y dans le même $\mathcal{A}^n$ (X est le module associé à e, Y celui associé à f),

$X \oplus X_1 = Y \oplus Y_1 = \mathcal{A}^n$. Si u est un isomorphisme de X sur Y, soit t l'endomorphisme de $\mathcal{A}^n$ qui prolonge u par 0 sur X_1, s celui qui prolonge u^{-1} par 0 sur Y_1. On a st = e , ts = f. Inversement s'il existe s, t $\in M_n(\mathcal{A})$ tels que st = e , ts = f, alors en posant $s_1 = e\, s\, f$, et $t_1 = f\, t\, e$, on a encore $s_1 t_1 = e$, $t_1 s_1 = f$ et $t_1|X$ est un isomorphisme de X sur Y. Donc $X \simeq Y$ si et seulement si il existe s, t $\in M_n(\mathcal{A})$ tels que st = e et ts = f. En remplaçant alors s par e s f et t par s t e , on peut supposer que Im t = Im f , Im s = Im e, Ker t = Ker e, Ker s = Ker f.

Ceci permet de définir $K_o(\mathcal{A})$ comme le groupe associé au monoïde formé des classes d'équivalence de projecteurs de $M_n(\mathcal{A})$ (avec l'injection de $M_n(\mathcal{A})$ dans $M_r(\mathcal{A})$ pour $r \geqslant n$) que l'on additionne s'ils sont "orthogonaux" (i.e. ef = fe = 0). On peut toujours additionner les classes d'équivalence : étant donnés e et f on peut les plonger dans un $M_n(\mathcal{A})$ avec n suffisamment grand et prendre dans $M_n(\mathcal{A})$ des équivalents orthogonaux.

2.3. Projecteur correspondant au module induit

Soient $\mathcal{A}$ et $\mathcal{B}$ deux anneaux, f un homomorphisme de $\mathcal{A}$ dans $\mathcal{B}$, X un un module projectif sur $\mathcal{A}$, $Y = f_{\#}(X)$.

Soit $E \in M_n(\mathcal{A})$ (resp. $F \in M_n(\mathcal{B})$) le projecteur correspondant à X (resp. Y). On a $X \oplus X_1 = \mathcal{A}^n$, d'où $(\mathcal{B} \otimes_{\mathcal{A}} X) \oplus (\mathcal{B} \otimes_{\mathcal{A}} X_1) = \mathcal{B} \otimes_{\mathcal{A}} \mathcal{A}^n \simeq \mathcal{B}^n$

Soit $x_1, \ldots, x_n$ la base canonique de $\mathcal{A}^n$, $y_1, \ldots, y_n$ celle de $\mathcal{B}^n$ définie par $y_i = 1 \otimes x_i$. Soit (a_{ij}) la matrice de E dans la base $(x_1, \ldots, x_n)$, G l'endomorphisme de $\mathcal{B}^n$ ayant pour matrice $(f(a_{ij}))$ dans la base $y_1, \ldots, y_n$. On vérifie immédiatement que $G(1 \otimes x_i) = 1 \otimes E\, x_i$ pour $i = 1, \ldots, n$, donc que $G(1 \otimes x) = 1 \otimes Ex$ pour tout $x \in \mathcal{A}^n$, donc que $G(y) = y$ pour $y \in \mathcal{B} \otimes_{\mathcal{A}} X$ et $G(y) = 0$ pour $y \in \mathcal{B} \otimes_{\mathcal{A}} X_1$, ce qui montre que G = F. Donc F a pour matrice $f(a_{ij})$ dans la base $(1 \otimes x_i)$.

3. CAS DES C^*-ALGEBRES .

3.1. Si $\mathcal{A}$ et $\mathcal{B}$ sont des C^* algèbres on a $M_n(\mathcal{A}) \simeq M_n(\mathbb{C}) \otimes \mathcal{A}$, $M_n(\mathcal{B}) \simeq M_n(\mathbb{C}) \otimes \mathcal{B}$. D'après ce qui précède (2.3) au projecteur E de $M_n(\mathcal{A})$ correspond le projecteur $(1_n \otimes f)(\tilde{E})$.

3.2. Dans le cas des C^*-algèbres on réservera le mot projecteur pour projecteur orthogonal (au sens usuel), les "projecteurs" considérés au § 2 étant des idempotents de $M_n(\mathbb{C}) \otimes \mathcal{A}$. Le groupe $K_o(\mathcal{A})$ est défini à partir des classes d'équivalence (algébrique) d'idempotents de $M_n(\mathbb{C}) \otimes \mathcal{A}$. Montrons qu'il revient au même de définir $K_o(\mathcal{A})$ à partir des classes d'équivalence (au sens usuel i.e. à l'aide d'isométries partielles) de projecteurs (orthogonaux). Pour cela il faut démontrer deux propriétés d'une C^*-algèbre $\mathcal{A}$(on l'appliquera à $M_n(\mathbb{C}) \otimes \mathcal{A}$) :

α) Tout idempotent est équivalent à un projecteur.

β) Deux projecteurs équivalents au sens algébrique sont équivalents au sens usuel.

3.2.1. Démonstration de α)

Soient f un idempotent de $\mathcal{A}$ et $z = 1 - (f^* - f)^2 = 1 + (f^* - f)^*(f^* - f)$; z est hermitien inversible et $zf = fz = ff^*f$. Donc z et z^{-1} commutent avec f et f^* . Un calcul immédiat montre alors que si l'on pose $e = ff^*z^{-1}$, on a $e = e^* = e^2$, donc e est un projecteur et $fe = e$, $ef = f$, de sorte que e est équivalent à f (e est le support de f^*).

3.2.2. Démonstration de β) :

Soient E et F deux projecteurs de $\mathcal{A}$ algébriquement équivalents.

On a $E = ba$, $F = ab$ avec Supp a = Im b = Supp E et Im a = Supp b = Supp F. Comme a est à image fermée, il est inversible sur son support, donc $|a|$ est inversible sur son support, donc $|a|$ a un spectre dans lequel 0 est isolé. Si g est la fonction définie par $g(0) = 0$, $g(t) = \frac{1}{t}$ pour $t \neq 0$, alors g est continue sur $Sp(|a|)$ et $ag(|a|)$ est égal à l'isométrie partielle de la décomposition polaire de a, donc cette isométrie partielle appartient à $\mathcal{A}$ et rend E et F équivalents dans $\mathcal{A}$.

3.3. Limites inductives de C^*-algèbres.

Nous aurons besoin des trois lemmes suivants. Pour la démonstration des lemmes 2 et 3 et pour un énoncé plus précis des lemmes 1 et 3, cf. [5] .

3.3.1. Lemme .

Il existe $\alpha > 0$ tel que si $\mathcal{A}$ est une C^*-algèbre et si e et f sont des projecteurs de $\mathcal{A}$ vérifiant $\|e-f\| < \alpha$, alors e est équivalent à f dans $\mathcal{A}$.

Supposons $\|e-f\| < \alpha$. Alors $u = e + f - 2ef$ vérifie $\|u\| < \alpha^2 + 3\alpha$ et $e(1-u) = (1-u)f = f$. Donc si $\alpha^2 + 3\alpha < 1$, $(1-u)$ est inversible et $e = (1-u)f(1-u)^{-1}$ est algébriquement (donc usuellement) équivalent à f.

3.3.2. Lemme.

Soit $\varepsilon > 0$. Il existe $\beta > 0$ tel que si $\mathcal{A} \subset \mathcal{L}(H)$ est une C^*-algèbre, si $e \in \mathcal{L}(H)$ est un projecteur et s'il existe $a \in \mathcal{A}$ tel que $\|e-a\| < \beta$, alors il existe un projecteur f de $\mathcal{A}$ tel que $\|e-f\| < \varepsilon$.

3.3.3. Lemme.

Il existe $\gamma > 0$ tel que si $\mathcal{A} \subset \mathcal{L}(H)$ est une C^*-algèbre, si e et f sont des projecteurs de $\mathcal{A}$ équivalents dans $\mathcal{L}(H)$ et s'il existe une isométrie partielle u de $\mathcal{L}(H)$ et $a \in \mathcal{A}$ tels que $u^*u = e$, $uu^* = f$, $\|u-a\| < \gamma$, alors e et f sont équivalents dans $\mathcal{A}$.

3.3.4. Soient $(\mathcal{A}_n)_{n\in\mathbb{N}}$ une suite croissante de C^*-algèbres et $\mathcal{A} = \overline{\cup \mathcal{A}_n}$. Les injections i_n de $\mathcal{A}_n$ dans $\mathcal{A}_{n+1}$ et j_n de $\mathcal{A}_n$ dans $\mathcal{A}$ donnent lieu à un diagramme commutatif d'homomorphismes (non nécessairement injectifs)

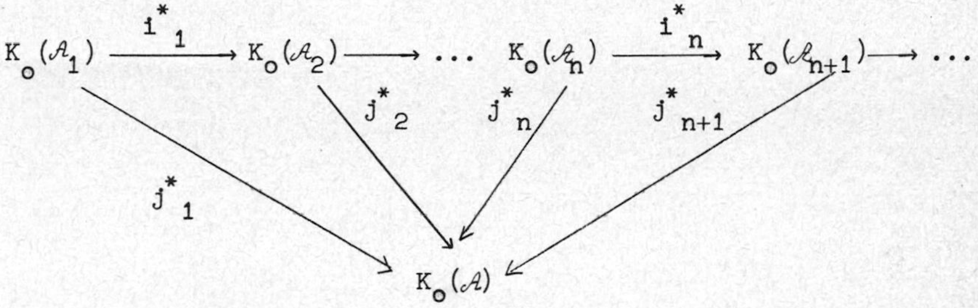

Les lemmes 1, 2 et 3 montrent que tout projecteur de $\mathcal{A}$ est équivalent à un projecteur de l'algèbre $\cup \mathcal{A}_n$ et que si deux projecteurs de $\cup \mathcal{A}_n$ sont équivalents dans $\mathcal{A}$, alors ils sont équivalents dans $\cup \mathcal{A}_n$. Il revient donc au même de considérer les classes d'équivalence de projecteurs de $\mathcal{A}$ ou celles de $\cup \mathcal{A}_n$. Ceci montre que $K_o(\mathcal{A})$ est la limite inductive des $K_o(\mathcal{A}_n)$.

3.4. <u>Relation de préordre sur</u> $K_o(\mathcal{A})$.

Soient $\mathcal{A}$ une C^*-algèbre, $\mathcal{M}$ le monoïde des classes d'équivalence de projecteurs de $\mathcal{A} \otimes M_p(\mathbb{C})$ $(p \in \mathbb{N})$, φ l'homomorphisme canonique de $\mathcal{M}$ dans $K_o(\mathcal{A})$. Alors $\varphi(\mathcal{M})$ est la partie positive de $K_o(\mathcal{A})$ pour une relation de préordre sur $K_o(\mathcal{A})$. Pour que ce préordre soit un ordre, il faut et il suffit que $[E] + [F] = 0$ entraîne $[E] = [F] = 0$. Un cas particulier important où le groupe $K_o(\mathcal{A})$ est ordonné est le cas où le monoïde $\mathcal{M}$ est simplifiable (car alors [E] = < E >). Cette condition est réalisée en particulier si $\mathcal{A}$ admet une trace finie fidèle.

Si $\mathcal{A} = \overline{\cup \mathcal{A}_n}$ et si pour tout $n \in \mathbb{N}$, $K_o(\mathcal{A}_n)$ est ordonné, alors $K_o(\mathcal{A})$ l'est aussi et est la limite inductive des groupes ordonnés $K_o(\mathcal{A}_n)$.

4. CAS DES C^*-ALGEBRES A.F. de BRATTELI - (cf. [1])

4.1. Une C^*-algèbre A.F. est par définition la limite inductive d'une suite croissante de C^*-algèbres de dimension finie, ayant toutes la même unité. D'après 3.3. et 3.4, si $\mathcal{A} = \overline{\cup \mathcal{A}_n}$, $\mathcal{A}_n \subset \mathcal{A}_{n+1}$, $\mathcal{A}_n$ de dimension finie, on a $K_o(\mathcal{A}) = \varinjlim K_o(\mathcal{A}_n)$. Comme chaque monoïde $\mathcal{M}_n$ est simplifiable (puisque $\mathcal{A}_n \otimes M_p$ est de dimension finie), $\mathcal{M}$ est simplifiable, donc $K_o(\mathcal{A})$ est un groupe ordonné.

Si $\mathcal{A} = M_q(\mathbb{C})$ est une algèbre de matrices, si e est un projecteur minimal de $\mathcal{A}$, tout projecteur de $\mathcal{A} \otimes M_p = M_{pq}$ est un multiple de <e> , ce qui montre que $K_o(\mathcal{A}) = \mathbb{Z}$ et $K_o(\mathcal{A})_+ = \mathbb{Z}_+$. Les projecteurs de $\mathcal{A}$ sont les éléments { 0, 1, ..., q } c'est-à-dire les éléments de $K_o(\mathcal{A})_+$ majorés par l'identité.

Si $\mathcal{A}$ est de dimension finie, $\mathcal{A} = \bigoplus_{q=1}^{k} F_q$, où F_q est un facteur de type I_{i_q}, de projecteur minimal e_q. D'après ce qui précède et 1.3.3, on a $K_o(\mathcal{A}) \simeq \mathbb{Z}^k$, $K_o(\mathcal{A})_+ \simeq \mathbb{Z}_+^k$, les projecteurs de $\mathcal{A}$ sont les éléments $(j_1, \ldots, j_k)$ de $\mathbb{Z}_+^k$ tels que $j_q \leq i_q$ pour tout $q = 1, \ldots, k$, i.e. les éléments de $K_o(\mathcal{A})_+$ majorés par < I > . Les projecteurs de $\mathcal{A}$ engendrent donc $K_o(\mathcal{A})$, le fait de considérer $\mathcal{A} \otimes M_p$ n'introduit pas de nouvelles classes d'équivalence mais permet simplement de les additionner. (Ceci n'est pas le cas pour une C^*-algèbre quelconque : Si $\mathcal{A} = \mathcal{C}(X)$ est une C^*-algèbre commutative, avec X compact connexe, les seuls projecteurs de $\mathcal{A}$ sont 0 et 1 et ils n'engendrent pas $K_o(\mathcal{A})$.)

Si $\mathcal{A}$ est une C^*-algèbre A.F. quelconque, on a $K_o(\mathcal{A}) = \varinjlim G_n$, où pour tout $n \in \mathbb{N}$, $G_n \simeq \mathbb{Z}^{k_n}$, $G_n^+ \simeq \mathbb{Z}_+^{k_n}$, les projecteurs de $\mathcal{A}$ sont les éléments de $K_o(\mathcal{A})_+$ majorés par $< I >$ et ils engendrent $K_o(\mathcal{A})$.

4.2. Invariant d'Elliott

Le groupe ordonné $K_o(\mathcal{A})$ n'est pas un invariant complet pour les algèbres A.F. puisque $K_o(M_p) \simeq K_o(M_q) \simeq \mathbb{Z}$. Mais Elliott [3] a montré que le "semi-groupe local ordonné" des classes d'équivalence de projecteurs de $\mathcal{A}$ est un invariant complet. D'après 4.1. cet invariant est le groupe ordonné $K_o(\mathcal{A})$ pointé par la classe de l'identité. Nous redonnons ci-dessous la démonstration du résultat d'Elliott (cf. [3] th. 4.3.) .

4.2.1. Lemme

Soient $\mathcal{A}$ une C^*-algèbre, $\mathcal{B}$ et $\mathcal{C}$ deux sous-C^*-algèbres de dimension finie de $\mathcal{A}$. Supposons qu'il existe un isomorphisme φ de $\mathcal{B}$ sur $\mathcal{C}$ tel que pour tout projecteur e de $\mathcal{B}$ on ait $\varphi(e) \simeq e$ dans $\mathcal{A}$. Alors φ est implémenté par un unitaire de $\mathcal{A}$, donc se prolonge en un isomorphisme de $\mathcal{A}$ agissant trivialement sur $K_o(\mathcal{A})$.

On a $\mathcal{B} = \bigoplus_{k=1}^{P} F_k$, où F_k est un facteur de type I_{n_k}. Pour tout k soit (e^k_{ij}) $\quad i,j = 1, \ldots, n_k$ un système d'unités matricielles pour F_k. Par hypothèse on a $\varphi(e^k_{11}) \simeq e^k_{11}$ donc il existe une isométrie partielle $W_k \in \mathcal{A}$ telle que $W_k^* W_k = e^k_{11}$, $W_k W_k^* = \varphi(e^k_{11})$. Soit

$$V_k = \sum_{i=1}^{n_k} \alpha(e^k_{i1})\, W_k\, e^k_{1i}$$

. Alors V_k est une isométrie partielle de $\mathcal{A}$ telle que pour tout $x \in F_k$ on ait $V_k x V_k^* = \varphi(x)$ (car c'est vrai pour

$x = e^k_{jj'}$) et donc $U = \sum_{p=1}^{k} V_k$ est un unitaire de $\mathcal{A}$ tel que $\mathrm{Ad}\, U|\mathcal{B} = \varphi$.

4.2.2. Lemme

Soient $\mathcal{A}$ et $\mathcal{A}'$ deux C^*-algèbres A.F., $\mathcal{A}_1 \subset \mathcal{A}$ une sous-C^*-algèbre de dimension finie. Soit E (resp. E', E_1) l'ensemble des projecteurs de $\mathcal{A}$(resp. $\mathcal{A}'$, $\mathcal{A}_1$) et d (resp. d') l'application canonique de E (resp. E') dans $K_o(\mathcal{A})$ (resp. $K_o(\mathcal{A}')$). Supposons qu'il existe un isomorphisme α du semi-groupe local $d(E_1)$ sur un sous semi-groupe local de $d'(E')$. Alors il existe une sous-algèbre $\mathcal{A}'_1$ de $\mathcal{A}'$ et un isomorphisme φ de $\mathcal{A}_1$ sur $\mathcal{A}'_1$ tel que $d' \circ \varphi = \alpha \circ d|E_1$.

On a $\mathcal{A}_1 = \bigoplus_{k=1}^{p} F_k$, où F_k est un facteur de type I_{n_k}. Soit e^k_{ij} un système d'unités matricielles de F_k. Par hypothèse il existe des projecteurs deux à deux orthogonaux e'^k_{ii} tels que pour tout k on ait $d'(e'^k_{11}) = d'(e'^k_{22}) = \ldots = \alpha \circ d(e^k_{11})$. Pour tout $i = 2, \ldots, n_k$ il existe donc une isométrie partielle e'^k_{1i} de $\mathcal{A}'$ telle que $e'^{k*}_{1i}\, e'^k_{1i} = e'^k_{ii}$, $e'^k_{1i}\, e'^{k*}_{1i} = e'^k_{11}$. Alors si F'_k est le facteur de type I_{n_k} engendré par les e'^k_{ii} et les e'^k_{1i}, on peut poser $\mathcal{A}'_1 = \bigoplus_{k=1}^{p} F'_k$ et définir φ par $\varphi(e^k_{ij}) = e'^{k*}_{1i}\, e'^k_{1j}$.

4.2.3. Proposition

Soient $\mathcal{A}$ et $\mathcal{A}'$ deux C^*-algèbres A.F. telles que les groupes pointés ordonnés $K_o(\mathcal{A})$ et $K_o(\mathcal{A}')$ soient isomorphes. Alors $\mathcal{A}$ est isomorphe à $\mathcal{A}'$.

Soient $\mathcal{A} = \overline{\cup \mathcal{A}_n}$, $\mathcal{A}' = \overline{\cup \mathcal{A}'_n}$. On va construire deux suites d'entiers $m_1 < m_2 < \ldots$, $n_1 < n_2 < \ldots$, et des sous-algèbres $\mathcal{B}_1, \mathcal{B}_2 \ldots$ de $\mathcal{A}$ telles que $\mathcal{A}_{m_1} \subset \mathcal{B}_1 \subset \mathcal{A}_{m_2} \subset \mathcal{B}_2 \subset \ldots$, et des isomorphismes ψ_i de $\mathcal{B}_i$ sur $\mathcal{A}'_{n_i}$ se prolongeant les uns les autres. Les ψ_i se prolongeront alors en un isomorphisme de $\mathcal{A}$ sur $\mathcal{A}'$.

Soit E (resp. E', E_1, E'_1) l'ensemble des projecteurs de $\mathcal{A}$(resp. $\mathcal{A}'$, $\mathcal{A}_1$, $\mathcal{A}'_1$) et d(resp. d') l'application canonique de $\mathcal{A}$(resp. $\mathcal{A}'$) dans $K_o(\mathcal{A})$ (resp. $K_o(\mathcal{A}')$) et α un isomorphisme (de groupe ordonné pointé) de $K_o(\mathcal{A})$ sur $K_o(\mathcal{A}')$.

Soit $m_1 = 1$. On a $\alpha \circ d(E_1) \subset d'(E')$ donc par 4.2.2. il existe une sous-algèbre $\mathcal{B}'_1$ de $\mathcal{A}'$ et un isomorphisme φ_1 de $\mathcal{A}_1$ sur $\mathcal{B}'_1$ tel que $d' \circ \varphi_1 = \alpha \circ d|E_1$. D'après la démonstration de 4.2.2. on peut supposer qu'il existe $n_1 \geqslant 1$ tel que $\mathcal{B}'_1 \subset \mathcal{A}'_{n_1}$. Comme $\alpha^{-1} \circ d'(E'_1) \subset$ $\subset d(E)$, par 4.2.2. il existe une sous-algèbre $\mathcal{B}_1$ de $\mathcal{A}$ et un isomorphisme ψ_1 de $\mathcal{B}_1$ sur $\mathcal{A}'_{n_1}$ tels que $d' \circ \psi_1 = \alpha \circ d|E_1$. On a alors : $\psi_1^{-1} \circ \varphi_1$ est un isomorphisme de $\mathcal{A}_1$ sur une sous-algèbre de $\mathcal{A}$ tel que $d \circ \psi_1^{-1} \circ \varphi_1 = d|E_1$. D'après 4.2.1. $\psi_1^{-1} \circ \varphi_1$ est la restriction à $\mathcal{A}_1$ d'un automorphisme ρ de $\mathcal{A}$ vérifiant $d \circ \rho = d$. En remplaçant $\mathcal{B}_1$ par $\rho^{-1}\mathcal{B}_1$ et ψ_1 par $\psi_1 \circ \rho$ on peut donc supposer que $\mathcal{A}_1 \subset \mathcal{B}_1$ et que ψ_1 prolonge φ_1. On a alors $d' \circ \psi_1 = \alpha \circ d|E_1$

On recommence alors de la même façon : la démonstration de 4.2.1 et 4.2.2 permet de supposer l'existence de $m_2 > m_1$ tel que $\mathcal{A}_{m_2} \supset \mathcal{B}_1$ et l'on construit alors un isomorphisme φ_2 de $\mathcal{A}_{m_2}$ sur $\mathcal{B}'_2 \subset \mathcal{A}'_2$, tel que $d' \circ \varphi_2 = \alpha \circ d|E_{m_2}$. Comme précédemment on peut supposer que $\mathcal{B}'_2 \supset \mathcal{A}'_{n_1}$ et que φ_2 prolonge ψ_1. On peut aussi suposer qu'il existe $n_2 > n_1$ tel que $\mathcal{A}'_{n_2} \supset \mathcal{B}'_2$ et l'on construit un isomorphisme ψ_2 de $\mathcal{B}_2 \subset \mathcal{A}$ sur $\mathcal{A}'_{n_2}$ tel que : $\mathcal{A}_{m_2} \subset \mathcal{B}_2$, ψ_2 prolonge φ_2 donc ψ_1 et $d' \circ \varphi_2 =$ $= \alpha \circ d|E_{m_2}$ et l'on construit ainsi les suites par récurrence.

4.3. Calcul pratique de $K_o(\mathcal{A})$

4.3.1. Pour une C^*-algèbre A.F., on peut aisément calculer explicitement $K_o(\mathcal{A})$ dans le cas particulier suivant : $\mathcal{A}_n$ a un nombre fixe k de facteurs (indépendant de n) et l'homomorphisme de $K_o(\mathcal{A}_n)$ dans $K_o(\mathcal{A}_{n+1})$ est injectif : $\mathcal{A}_n = \bigoplus_{p=1}^{k} F_p^n$ et si i_n est l'injection de $\mathcal{A}_n$ dans

$\mathcal{A}_{n+1}$, alors $i^*_n : \mathbb{Z}^k \longrightarrow \mathbb{Z}^k$ est donné par une matrice A_n inversible dans $M_k(\mathbb{Q})$ (la matrice A_n est donnée par : $(A_n)_{ij}$ = multiplicité du plongement partiel ([1] p. 199) du facteur F_i^n dans F_j^{n+1}) . Alors $K_o(\mathcal{A})$ se plonge dans $\mathbb{Q}^k$ de la manière suivante :

$$\begin{array}{ccccccccccc}
\mathbb{Z}^k & \xrightarrow{A_1} & \mathbb{Z}^k & \xrightarrow{A_2} & \mathbb{Z}^k & \cdots & \mathbb{Z}^k & \xrightarrow{A_n} & \mathbb{Z}^k & \longrightarrow & \cdots\cdots \\
\Big\downarrow {\scriptstyle Id} & & \Big\downarrow {\scriptstyle A_1^{-1}} & & \Big\downarrow {\scriptstyle A_1^{-1}A_2^{-1}} & & \Big\downarrow & & \Big\downarrow {\scriptstyle A_1^{-1}A_2^{-1}\ldots A_n^{-1}} & & \\
\mathbb{Q}^k & \xrightarrow[Id]{} & \mathbb{Q}^k & \xrightarrow[Id]{} & \mathbb{Q}^k & \cdots\cdots & \mathbb{Q}^k & \xrightarrow{Id} & \mathbb{Q}^k & \longrightarrow & \cdots\cdots
\end{array}$$

Le plongement du $n^{\text{ième}}$ exemplaire de $\mathbb{Z}^k$ dans $\mathbb{Q}^k$ s'obtient de façon à rendre le diagramme commutatif, donc par la matrice $A_1^{-1} \ldots A_n^{-1}$. Donc

$$K_O(\mathcal{A}) = \bigcup_{n=1}^{\infty} (A_1^{-1} \ldots A_n^{-1})(\mathbb{Z}^k) \text{ et } K_O(\mathcal{A})_+ = \bigcup_{n=1}^{\infty} (A_1^{-1} \ldots A_n^{-1})(\mathbb{Z}_+^k) .$$

4.3.2. <u>Proposition</u>

Soit $\mathcal{A}$ une C^*-algèbre A.F. Alors $\mathcal{A}$ est U.H.F. si et seulement si $K_o(\mathcal{A})$ est de rang 1 . (cf. [3] 6.1.) .

Rappelons qu'une C^*-algèbre A.F. est U.H.F. si pour tout $n \in \mathbb{N}$, $\mathcal{A}_n$ est un facteur. On peut alors écrire $\mathcal{A} = \bigotimes_{n=1}^{\infty} F_{q_n}$ où $F_{q_n} \simeq M_{q_n}(\mathbb{C})$, et $\mathcal{A}_n = \bigotimes_{j=1}^{n} F_{q_j}$. On dit alors que $\mathcal{A}$ est une U.H.F. de type $(q_1,\ldots,q_n,\ldots)$.

On a $K_o(\mathcal{A}_n) \simeq \mathbb{Z}$ pour tout n et l'homomorphisme i^*_n est la multiplication par q_{n+1} . On peut donc plonger $K_o(\mathcal{A})$ dans $\mathbb{Q}$ d'après 4.3.1. On a alors $K_o(\mathcal{A}_n) = \{ \dfrac{\lambda}{q_1 \ldots q_n} , \lambda \in \mathbb{Z} \}$ et $K_o(\mathcal{A}) = \left\{ \dfrac{\lambda}{q_1 \ldots q_n} , n \in \mathbb{N}, \lambda \in \mathbb{Z} \right\}$

(On envoie $< I >$ sur 1) et $K_o(\mathcal{A})_+ = K_o(\mathcal{A}) \cap \mathbb{Q}^+$.

- Inversement si $K_o(\mathcal{A})$ est de rang 1 , alors $\mathcal{A}$ est U.H.F. En effet, puisque $K_o(\mathcal{A})$ est sans torsion, $K_o(\mathcal{A})$ est isomorphe à un sous-groupe de

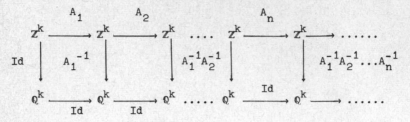

$\mathbb{Q}$ et l'on peut supposer que 1 est l'image de l'identité. Un tel sous-groupe est de la forme $\{ \frac{\lambda}{q_1 \dots q_n}, n \in \mathbb{N}, \lambda \in \mathbb{Z} \}$ pour une suite d'éléments bien choisis de $\mathbb{N}$. Si P est le cône positif, on a $1 \in P$, $P \cap (-P) = \{0\}$ donc $P \subset \mathbb{Q}^+$. D'autre part si $n \in \mathbb{N}$ et $nx \in P$, alors $x \in P$ car cette implication est vraie pour tout $p \in \mathbb{N}$ dans $K_o(\mathcal{A}_p)$. Ceci entraîne que $P = \mathbb{Q}^+ \cap K_o(\mathcal{A})$. Alors si $\mathcal{D}$ est l'U.H.F. de type $(q_1, \dots, q_2, \dots)$ le groupe pointé ordonné $K_o(\mathcal{A})$ est isomorphe à $K_o(\mathcal{D})$ donc $\mathcal{A}$ est isomorphe à $\mathcal{D}$ d'après 4.2.3.

5. APPLICATION A LA RESOLUTION D'UN PROBLEME D'ISOMORPHISME .

Un intérêt du foncteur K_o est de réduire les problèmes d'isomorphisme de C^*-algèbres A.F. à des problèmes d'isomorphisme de groupes (ordonnés pointés), problèmes souvent plus simples à résoudre et pour lesquels on dispose de nombreuses techniques . Illustrons cela par un exemple :

Soient p,k deux entiers positifs tels que $p > k$. Soit $(\mathcal{A}_n)$ une suite croissante d'algèbres de dimension finie telle que :

1) pour tout $n \in \mathbb{N}$, $\mathcal{A}_n$ est somme de deux facteurs I_n et J_n ;
2) $I_1 = J_1 = \mathbb{C}$;
3) l'inclusion de $\mathcal{A}_n$ dans $\mathcal{A}_{n+1}$ est donnée par le diagramme

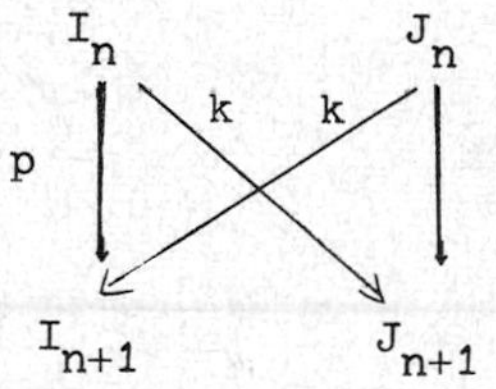

Notons $\mathcal{A}_{p,k}$ la C^*-algèbre A.F. $\overline{\bigcup_{n\geq 1} \mathcal{A}_n}$. On se propose de déterminer à quelles conditions $\mathcal{A}_{p,k}$ est isomorphe à $\mathcal{A}_{p',k'}$.

des points fixes de $M_2(\mathbb{C}) \otimes \mathcal{D}$ sous l'action de $\sigma \otimes \theta$, où σ est l'unique automorphisme non trivial de période 2 de $M_2(\mathbb{C})$. Il s'ensuit que $C^*(\mathcal{D}, \theta)$ est une C^*-algèbre A.F., limite inductive de la suite des algèbres de dimension finie

$$\mathcal{A}_n = (M_2(\mathbb{C}) \otimes K_1 \otimes K_2 \otimes \ldots \otimes K_n)^{\sigma \otimes \theta_1 \otimes \ldots \otimes \theta_n}.$$

On a $\sigma \otimes \theta_1 \otimes \ldots \theta_n = \mathrm{Ad}\, U_n$ et les projecteurs spectraux $E(U_n,1)$ et $E(U_n,-1)$ de U_n sont minimaux dans le centre de $\mathcal{A}_n$, de sorte que $\mathcal{A}_n$ est somme directe des deux facteurs

$$I_n = E(U_n,1)\mathcal{A}_n\, E(U_n,1) \; ; \; J_n = E(U_n,-1)\mathcal{A}_n\, E(U_n,-1).$$

Pour $\varepsilon = \pm 1$, on a

$$E(U_{n+1},\varepsilon) = E(U_n,1) \otimes E(U,\varepsilon) + E(U_n,-1) \otimes E(U, -\varepsilon)$$

et, puisque $\dim E(U,1) = p$ et $\dim E(U, -1) = k$, $\mathcal{A}_n$ se plonge dans $\mathcal{A}_{n+1}$ suivant le diagramme

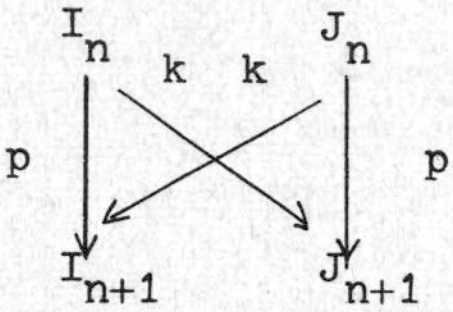

Donc, $C^*(\mathcal{D},\theta)$ est isomorphe à $\mathcal{A}_{p,k}$ et le théorème 2 implique alors $r \sim r'$.

(iii) $\Longrightarrow$ (i) : Supposons que $r \sim r'$. Il n'est pas difficile de prouver l'existence d'un automorphisme α tel que

$$\underbrace{\Theta_q^p \otimes \ldots \otimes \Theta_q^p}_{s \text{ termes}} \sim \Theta_{q'}^{p'} \otimes \alpha$$

Comme $\Theta_q^p \sim \underbrace{\Theta_q^p \otimes \ldots \otimes \Theta_q^p}_{s \text{ termes}}$, on a $\Theta_q^p \sim \Theta_{q'}^{p'} \otimes \alpha$.

De même, il existe un automorphisme β tel que

$$\theta^{p'}_{q'} \sim \theta^{p}_{q} \otimes \beta \text{ . Alors}$$

$$\theta^{p}_{q} \sim \theta^{p'}_{q'} \otimes \alpha \sim \left(\theta^{p'}_{q'} \otimes \theta^{p'}_{q'}\right) \otimes \alpha \sim \theta^{p'}_{q'} \otimes \theta^{p}_{q} \otimes \beta \otimes \alpha \text{ .}$$

De même

$$\theta^{p'}_{q'} \sim \theta^{p}_{q} \otimes \theta^{p'}_{q'} \otimes \alpha \otimes \beta \text{ , d'où } \theta^{p}_{q} \sim \theta^{p'}_{q'}$$

Q.E.D.

6. APPLICATION A L'AUTOMORPHISME D'ECHANGE

A tout automorphisme θ d'une C^*-algèbre $\mathcal{A}$ correspond par fonctorialité un automorphisme θ_* de $K_o(\mathcal{A})$. L'étude de θ_* donne parfois des renseignements intéressants sur θ, comme nous allons le voir à l'aide d'un exemple tiré de [2].

6.1. Soit $\mathcal{A}$ une C^*-algèbre. Notons $\mathcal{A} \otimes \mathcal{A}$ le produit tensoriel minimal obtenu en complétant le produit tensoriel algébrique $\mathcal{A} \odot \mathcal{A}$ pour la norme min. L'automorphisme σ de $\mathcal{A} \odot \mathcal{A}$ défini par $\sigma(x \otimes y) = y \otimes x$ se prolonge de manière unique en un automorphisme σ de $\mathcal{A} \otimes \mathcal{A}$ appelé automorphisme d'échange de $\mathcal{A}$. La structure de $\mathcal{A}$ est fortement liée à la nature de σ , comme le prouvent les résultats suivants :

(i) si σ est intérieur, alors $\mathcal{A}$ est isomorphe à une algèbre $M_n(\mathbb{C})$ (S.SAKAI)

(ii) si σ est approximativement intérieur, (i.e. dans l'adhérence des automorphismes intérieurs pour la topologie de la convergence simple normique), alors $\mathcal{A}$ est nucléaire, simple, et ne peut admettre qu'une seule trace semi-finie (à multiplication par un réel > 0 près), semi-continue inférieurement (G. EFFROS et J. ROSENBERG).

Nous allons caractériser, en suivant [2], les C^*-algèbres A.F. (à unité) dont l'automorphisme d'échange est approximativement intérieur.

6.2. Lemme :

Soient $\mathcal{B}$ une C^*-algèbre A.F. et θ un automorphisme de $\mathcal{B}$. Les conditions suivantes sont équivalentes :

(i) θ est approximativement intérieur

(ii) θ_* est l'identité de $K_o(\mathcal{B})$.

Démonstration :

(i)$\Longrightarrow$(ii) Supposons qu'il existe une suite (U_n) d'unitaires de $\mathcal{B}$ telle que $\theta = \lim_{n \to \infty} \text{Ad}\, U_n$. Pour tout projecteur p de $\mathcal{B}$, il existe un entier n tel que $\|\theta(p) - U_n p U^*_n\| < \alpha$, (α est la constante du lemme 3.3.1) d'où $\theta(p) \simeq U_n p U^*_n \simeq p$, et donc $\theta_*[p] = [p]$.

Par suite, $\theta_* = I$.

(ii)$\Longrightarrow$(i) Supposons que $\theta_* = I$. Pour toute sous-algèbre F de dimension finie de $\mathcal{B}$, il existe en vertu du lemme 4.2.1 un unitaire $U \in \mathcal{B}$ tel que $\theta|F = \text{Ad}U|F$. Comme $\mathcal{B}$ est une C^*-algèbre A.F., θ est trivialement approximativement intérieur.

Q.E.D.

6.3. Lemme :

Soit $\mathcal{A}$ une C^*-algèbre A.F. Alors, il existe un isomorphisme de $K_0(\mathcal{A}\otimes\mathcal{A})$ sur $K_0(\mathcal{A}) \otimes K_0(\mathcal{A})$ transformant σ_* en l'automorphisme de $K_0(\mathcal{A}) \otimes K_0(\mathcal{A})$ défini par $g \otimes h \longrightarrow h \otimes g$.

Démonstration :

Soit $(\mathcal{A}_n)$ une suite croissante d'algèbres de dimension finie engendrant $\mathcal{A}$. Alors $\mathcal{A}\otimes\mathcal{A} = \bigcup_n \mathcal{A}_n \otimes \mathcal{A}_n$. Soit φ_n l'homomorphisme de $K_0(\mathcal{A}_n)$ dans $K_0(\mathcal{A}_{n+1})$ correspondant à l'inclusion de $\mathcal{A}_n$ dans $\mathcal{A}_{n+1}$. Il est clair que $K_0(\mathcal{A}_n \otimes \mathcal{A}_n)$ est isomorphe à $K_0(\mathcal{A}_n) \otimes K_0(\mathcal{A}_n)$, et l'inclusion de $\mathcal{A}_n \otimes \mathcal{A}_n$ dans $\mathcal{A}_{n+1} \otimes \mathcal{A}_{n+1}$ détermine un homomorphisme de $K_0(\mathcal{A}_n) \otimes K_0(\mathcal{A}_n)$ dans $K_0(\mathcal{A}_{n+1}) \otimes K_0(\mathcal{A}_{n+1})$ qui n'est autre que $\varphi_n \otimes \varphi_n$. Il s'ensuit que :

$$\begin{aligned} K_0(\mathcal{A}\otimes\mathcal{A}) &\simeq \varinjlim K_0(\mathcal{A}_n \otimes \mathcal{A}_n) \\ &\simeq \varinjlim K_0(\mathcal{A}_n) \otimes K_0(\mathcal{A}_n) \\ &\simeq K_0(\mathcal{A}) \otimes K_0(\mathcal{A}) \end{aligned}$$

et l'automorphisme σ_* est transformé en l'automorphisme d'échange de $K_0(\mathcal{A}) \otimes K_0(\mathcal{A})$.

Q.E.D.

6.4. Théorème ([2], théorème 3.9).

Soit $\mathcal{A}$ une C^*-algèbre A.F. Les conditions suivantes sont équivalentes :

(i) $\mathcal{A}$ est UHF

(ii) σ est approximativement intérieur .

Démonstration :

D'après la proposition 4.3.2, $\mathcal{A}$ est UHF si et seulement si $K_0(\mathcal{A})$ est de rang 1. D'après les lemmes 2 et 3 ci-dessus, σ est approximativement intérieur si et seulement si l'automorphisme d'échange de $K_0(\mathcal{A})$ est l'identité. Il suffit donc de prouver que $K_0(\mathcal{A})$ est de rang 1 si et seulement si son automorphisme d'échange est l'identité.

Supposons $K_0(\mathcal{A})$ de rang 1. Soient $g,h \in K_0(\mathcal{A})$, g et h non nuls. Il existe des entiers n et m tels que

$$ng = mh \quad \text{d'où}$$

$$m(g \otimes h) = g \otimes mh = g \otimes ng = ng \otimes g = mh \otimes g = m(h \otimes g).$$

Comme $K_0(\mathcal{A})$ est sans torsion, $g \otimes h = h \otimes g$ de sorte que l'automorphisme d'échange de $K_0(\mathcal{A})$ est l'identité.

Réciproquement, supposons que l'automorphisme d'échange de $K_0(\mathcal{A})$ soit l'identité. Soient g,h deux éléments non nuls de $K_0(\mathcal{A})$; le sous-groupe H de $K_0(\mathcal{A})$ engendré par g et h est isomorphe à $\mathbb{Z}$ ou $\mathbb{Z}^2$ et l'application $H \otimes H \longrightarrow K_0(\mathcal{A}) \otimes K_0(\mathcal{A})$ est injective puisque $K_0(\mathcal{A})$ est sans torsion. L'automorphisme d'échange de H est alors l'identité, ce qui implique $H \simeq \mathbb{Z}$. Alors g et h sont dépendants sur $\mathbb{Z}$ et $K_0(\mathcal{A})$ est de rang 1 .

Q.E.D.

BIBLIOGRAPHIE

[1] O. BRATELLI : Inductive limits of finite dimensional C^*-algebras. Trans. Amer. Math. Soc. 171 (1972) p. 195-234 .

[2] G. EFFROS and J. ROSENBERG : C^*-algebras with approximately inner Flip. Preprint, University of Pennsylvania.

[3] G.A. ELLIOTT : On the classification of inductive limits of sequences of semi-simple finite dimensional algebras. Journal of Algebra 38 (1976) p.29-44.

[4] Th. FACK et O. MARECHAL : Sur la classification des symétries des C^*-algèbres UHF. Canadian Journal of Math. (à paraître).

[5] J.G. GLIMM : On a certain class of operator algebras. Trans. Amer. Math. Soc. 95 (1960) p. 318-340.

[6] J. MILNOR : Introduction to algebraic K-theory. Annals of Math. Studies, Princeton, 1972.

A DENSITY THEOREM FOR LEFT HILBERT ALGEBRAS

Uffe HAAGERUP

In this note we shall prove the following density Theorem for left Hilbert algebras (for notation see [10] and below).

THEOREM : *Let $\mathcal{A}$ be a left Hilbert algebra, with completion $\mathcal{H}$. If $\xi \in \mathcal{H}$ is left bounded, and $\|\pi(\xi)\| \leq 1$, there exists a sequence (ξ_n) in $\mathcal{A}$, such that $\|\xi_n - \xi\| \to 0$ and $\|\pi(\xi_n)\| \leq 1$. If moreover $\xi \in \mathcal{A}''$, the sequence (ξ_n) can be chosen, such that $\|\xi_n - \xi\|_{\#} \to 0$.*

Note that with ξ_n and ξ as above, $\pi(\xi_n)$ converges strongly to $\pi(\xi)$, because $\sup_n \|\pi(\xi_n)\| < \infty$, and

$$\pi(\xi_n)\eta = \pi'(\eta)\xi_n \longrightarrow \pi'(\eta)\xi = \pi(\xi)\eta$$

for any η in the associated right Hilbert algebra $\mathcal{A}'$.

Density theorems of this type have been proved in a number of special cases. For unimodular Hilbert algebras, see [3, Chap I, § 5, prop.4], for maximal Tomita algebras, see [5, lemma 1.3], and for the convolution algebra K(G) of continuous functions with compact support on a locally compact group G, see [8, p. 392].

The proof of the above Theorem is very similar to the original proof of Kaplansky s density Theorem [6]. In [6, lemma 5] Kaplansky proved that when a net (x_α) of selfadjoint operators converges strongly to a selfadjoint operator x, then for any continuous function f on R, vanishing at ∞, $f(x_\alpha)$ converges strongly to $f(x)$. However, it is not hard to see that the conclusion remains valid, when we only assume that $x_\alpha\xi$ converges to $x\xi$ for ξ in a dense subspace of the Hilbert space. This observation is the starting point in the proof of our density Theorem.

We apply the Theorem to prove that every normal, faithful, semifinite weight on a von Neumann algebra has the property P1 defined in [4, def. 1.1.5]. We have been informed by Enock and Schwartz that also other parts of their paper [4] on Kač algebras can be simplified using this density Theorem.

We will use the definitions, and notation from [10]. Recall that a left Hilbert algebra is an involutive algebra $(\mathcal{A},\cdot,\#)$ over the complex number field, with an inner product, such that

(1) $(\xi\eta|\zeta) = (\eta|\xi^\#\zeta)$, $\quad \xi, \eta, \zeta \in \mathcal{A}$.

(2) For each $\xi \in \mathcal{A}$, the map $\eta \longmapsto \xi\eta$, $\eta \in \mathcal{A}$ is continuous.

(3) The subalgebra $\mathcal{A}^2 = \text{span}\,\{\xi\cdot\eta \mid \xi,\eta \in \mathcal{A}\}$ is dense in $\mathcal{A}$.

(4) The involution $\xi \longmapsto \xi^\#$ is preclosed as a conjugate linear operator on the completion $\mathcal{H}$ of $\mathcal{A}$.

We let S denote the closure of the involution $\xi \longrightarrow \xi^\#$, $\xi \in \mathcal{A}$, and let $F = S^*$ denote the adjoint operator. For $\xi \in \mathcal{A}$, $\pi(\xi)$ denotes the unique bounded operator on $\mathcal{H}$ for which $\pi(\xi)\eta = \xi\cdot\eta$, $\eta \in \mathcal{A}$.

The associated right Hilbert algebra $\mathcal{A}'$ consists of those $\eta \in D(F)$, for which there is a (unique) bounded operator $\pi'(\eta)$ satisfying $\pi(\xi)\eta = \pi'(\eta)\xi$ for any $\xi \in \mathcal{A}$. A vector $\xi \in \mathcal{H}$ is called left bounded, if there exists a (unique) bounded operator $\pi(\xi)$ on $\mathcal{H}$, such that $\pi(\xi)\eta = \pi'(\eta)\xi$ for any $\eta \in \mathcal{A}'$. We let $\mathcal{A}_\ell$ denote the set of left bounded elements associated with $\mathcal{A}$. The involutive algebra structure on $\mathcal{A}$ has a natural extension to $\mathcal{A}'' = \mathcal{A}_\ell \cap D(S)$. $\mathcal{A}''$ is called the achieved left Hilbert algebra associated with $\mathcal{A}$. We put $\xi^{\#} = S\xi$ for any $\xi \in D(S)$. $D(S)$ is a Hilbert space with inner product

$$(\xi|\eta)_{\#} = (\xi|\eta) + (\eta^{\#}|\xi^{\#})$$

The associated norm is $\|\xi\|_{\#} = (\|\xi\|^2 + \|\xi^{\#}\|^2)^{\frac{1}{2}}$.

From [9, Chap. VIII, Theorem 20(b) and Theorem 25(a)] we have :

Lemma 1 :

Let (x_α) be a net of bounded selfadjoint operators on a Hilbert space $\mathcal{H}$, and let $x \in B(\mathcal{H})$, $x = x^*$. If $x_\alpha\xi \to x\xi$ for any ξ in a dense subspace of $\mathcal{H}$, then $f(x_\alpha)$ converges strongly to $f(x)$ for any continuous function on R, that vanishes at infinity.

Lemma 2 :

Let (x_α) be a net of bounded operators on a Hilbert space $\mathcal{H}$, and let $x \in B(\mathcal{H})$. Assume that there are dense subspaces $\mathcal{F}$ and $\mathcal{G}$ of $\mathcal{H}$, such that $x_\alpha\xi \to x\xi$, $\xi \in \mathcal{F}$ and $x_\alpha^*\eta \to x^*\eta$, $\eta \in \mathcal{G}$; then for any function f on $[0,\infty[$, vanishing at infinity, $f(x_\alpha^* x_\alpha) \to f(x^*x)$ and $f(x_\alpha x_\alpha^*) \to f(xx^*)$ in the strong operator topology.

Proof :

Put $h(t) = f(t^2)$, $t \in R$, and let z_α and z be the selfadjoint operators on $\mathcal{H} \oplus \mathcal{H}$ given by the matrices

$$z_\alpha = \begin{pmatrix} 0 & x_\alpha^* \\ x_\alpha & 0 \end{pmatrix} \qquad z = \begin{pmatrix} 0 & x^* \\ x & 0 \end{pmatrix}.$$

Then $z_\alpha \xi \to z\xi$ for $\xi \in \mathcal{F} \oplus \mathcal{G}$. Thus by lemma 1, $h(z_\alpha) \to h(z)$ strongly.

However, for any operator y on $\mathcal{H}$

$$h\begin{pmatrix} 0 & y^* \\ y & 0 \end{pmatrix} = \begin{pmatrix} f(y^*y) & 0 \\ 0 & f(yy^*) \end{pmatrix} .$$

Indeed the formula is true when f is a polynomial, and the general case follows then by approximation. Hence $f(x_\alpha^* x_\alpha) \to f(x^*x)$ and $f(x_\alpha x_\alpha^*) \to$ $\to f(xx^*)$ strongly.

The following lemma is essentially the same as [2, lemma 2.3]. Recall that $\mathcal{A}'$ is a right Hilbert algebra with involution $\eta \to \eta^b = F\eta$.

Lemma 3 :

Let $\xi \in \mathcal{A}_\ell$. If there exists $\xi' \in \mathcal{A}_\ell$, such that $\pi(\xi)^* = \pi(\xi')$. Then $\xi \in \mathcal{A}''$, and $\xi^\# = \xi'$.

Proof :

For $\eta_1, \eta_2 \in \mathcal{A}'$, we have

$$(\xi|\eta_1\eta_2{}^b) = (\pi'(\eta_2)\xi|\eta_1) = (\pi(\xi)\eta_2|\eta_1)$$

$$= (\eta_2|\pi(\xi')\eta_1) = (\eta_2|\pi'(\eta_1)\xi')$$

$$= (\eta_2\eta_1{}^b|\xi') = (F(\eta_1\eta_2{}^b)|\xi').$$

As $(\mathcal{A}')^2$ is a core for F([10, lemma 3.3]), we get $\xi \in D(F^*) = D(S)$ and $\xi^\# = \xi'$. Since $\mathcal{A}'' = \mathcal{A}_\ell \cap D(S)$ the lemma is proved.

We are now able to prove the announced result. For convenience, we divide the Theorem in two parts.

Theorem 4 :

Let $\mathcal{A}$ be a left Hilbert algebra, and let $\mathcal{A}''$ be the associated achieved left Hilbert algebra. When $\xi \in \mathcal{A}''$, there exists a sequence (ξ_n) in $\mathcal{A}$, such that $\|\xi_n - \xi\|_\# \longrightarrow 0$ and $\|\pi(\xi_n)\| \leqslant \|\pi(\xi)\|$ for any $n \in \mathbb{N}$.

Proof :

We may assume that $\|\pi(\xi)\| = 1$. Since $\xi \in D(S)$, there exists a sequence (ζ_n) in $\mathcal{A}$, such that $\|\zeta_n - \xi\|_\# \longrightarrow 0$ for $n \to \infty$. Put $z = \pi(\xi)$, and $z_n = \pi(\zeta_n)$. For $\eta \in \mathcal{A}'$, we get

$$z\eta = \pi'(\eta)\xi = \lim_{n\to\infty} \pi'(\eta)\zeta_n = \lim_{n\to\infty} z_n\eta$$

and

$$z^*\eta = \pi'(\eta)\xi^\# = \lim_{n\to\infty} \pi'(\eta)\zeta_n^\# = \lim_{n\to\infty} z_n^*\eta .$$

$$\text{Put } f(t) = \begin{cases} 1 & 0 \leqslant t \leqslant 1 \\ t^{-\frac{1}{2}} & t > 1 \end{cases}$$

Then by lemma 2, $f(z_n^* z_n) \to 1$ and $f(z_n z_n^*) \to 1$ strongly.

Put now

$$\xi_n = f(z_n z_n^*)\zeta_n$$

and

$$\eta_n = f(z_n^* z_n)\zeta_n^\# .$$

Then clearly, ξ_n and η_n are left bounded elements.

Moreover, $\pi(\xi_n) = f(z_n z_n^*)z_n$ and $\pi(\eta_n) = f(z_n^* z_n)z_n^*$. However for any $y \in B(\mathcal{H})$ and any polynomial P, $P(yy^*)y = yP(y^*y)$, and hence by approximating f with polynomials on $[0,\|y\|^2]$, one gets $f(yy^*)y = yf(y^*y)$. Therefore $\pi(\xi_n)^* = \pi(\eta_n)$. Thus by lemma 3, $\xi_n \in \mathcal{A}''$ and $\xi_n^\# = \eta_n$. Now

$$\|\xi_n-\xi\| \leq \|f(z_nz_n^*)\ (\zeta_n-\xi)\| + \|f(z_nz_n^*)\xi-\xi\|$$

$$\leq \|\zeta_n-\xi\| + \|f(z_nz_n^*)\xi-\xi\| \to 0 \text{ for } n \to \infty .$$

Similarly

$$\|\xi^\#_n - \xi^\#\| \leq \|\zeta^\#_n-\xi^\#\| + \|f(z_n^* z_n)\xi^\#-\xi^\#\| \to 0 \text{ for } n \to \infty .$$

Hence $\|\xi_n-\xi\|_\# \to 0$. Moreover

$$\|\pi(\xi_n)\|^2 = \|\pi(\xi_n)\pi(\xi_n)^*\| = \|f(z_nz_n^*)z_nz_n^*f(z_nz_n^*)\|$$

$$\leq \sup_{t\geq 0}|t\, f(t)^2| \leq 1$$

because $0 \leq f(t) \leq t^{-\frac{1}{2}}$. Choose now for each n a real valued polynomial $P_n(t)$ on the interval $[0,\|z_n\|^2]$, such that

$$|P_n(t) - f(t)| \leq \frac{1}{n} \min\left\{ \frac{1}{\|z_n\|} , \frac{1}{\|\xi_n\|} , \frac{1}{\|\zeta_n^\#\|} \right\},$$

$$0 \leq t \leq \|z_n\|^2$$

and put $\xi_n' = P_n(\zeta_n\zeta_n^\#)\zeta_n$. Clearly $\xi_n' \in \mathcal{A}$, and $(\xi_n')^\# = P_n(\zeta_n^\# \zeta_n)\zeta_n^\#$. We have

$$\|\xi_n' - \xi_n\| \leq \|P_n(z_nz_n^*) - f(z_nz_n^*)\|\ \|\zeta_n\| \leq \frac{1}{n}$$

and

$$\|(\xi_n')^\# - \xi_n^\#\| \leq \|P_n(z_n^* z_n) - f(z_n^* z_n)\|\ \|\zeta_n^\#\| \leq \frac{1}{n} .$$

Therefore $\|\xi_n' - \xi\|_\# \longrightarrow 0$. Moreover

$$\|\pi(\xi_n')\| = \|P_n(z_nz_n^*)\ z_n\|$$

$$\leq \|P_n(z_nz_n^*) - f(z_nz_n^*)\|\ \|z_n\| + \|f(z_nz_n^*)z_n\|$$

$$\leq \frac{1}{n} + 1 .$$

Hence the sequence $\xi''_n = (1+\frac{1}{n})^{-1}\xi'_n$ will satisfy the conditions in Theorem 4 .

Theorem 5 :

Let $\mathcal{A}$ be a left Hilbert algebra, and let $\mathcal{A}_\ell$ be the set of left bounded elements associated with $\mathcal{A}$. When $\xi \in \mathcal{A}_\ell$, there exists a sequence (ξ_n) in $\mathcal{A}$, such that $\|\xi_n-\xi\| \to 0$, and

$$\|\pi(\xi_n)\| \leqslant \|\pi(\xi)\| \quad \text{for all } n \in \mathbb{N} .$$

Proof :

Let $\xi \in \mathcal{A}_\ell$. We may assume that $\|\pi(\xi)\| = 1$. Let $\pi(\xi) = u\cdot h$ be the polar decomposition of $\pi(\xi)$. Put $\zeta = u^*\xi$. Then ζ is again left bounded, and $\pi(\zeta) = u^*\pi(\xi) = u^*uh = h$. Hence $\pi(\zeta)^* = \pi(\zeta)$, which by lemma 3 implies that $\zeta \in \mathcal{A}''$ and $\zeta^\# = \zeta$. By theorem 4 we can for each $n \in \mathbb{N}$ choose $\zeta_n \in \mathcal{A}$, such that $\|\zeta_n-\zeta\| < \frac{1}{2n}$ and $\|\pi(\zeta_n)\| \leqslant 1$. Since $u \in \mathcal{L}(\mathcal{A})$, the σ-weak closure of $\pi(\mathcal{A})$, there exists by Kaplansky's density theorem, for each $n \in N$, an operator $a_n \in \pi(\mathcal{A})$, $\|a_n\| \leqslant 1$, such that $\|a_n\zeta_n-u\zeta_n\| < \frac{1}{2n}$. Clearly $\xi_n = a_n\zeta_n \in \mathcal{A}$. Since $\pi(\xi) = uh = \pi(u\zeta)$ we have $\xi = u\zeta$.

Hence $\|\xi_n-\xi\| \leqslant \|a_n\zeta_n-u\zeta_n\| + \|u(\zeta_n-\zeta)\| < \frac{1}{n}$, and $\|\pi(\xi_n)\| = \|a_n\pi(\zeta_n)\| \leqslant 1$. This completes the proof.

Corollary 6 :

Let $\mathcal{A}$ be a left Hilbert algebra. Then $\mathcal{A}$ is achieved if and only if $\{\xi \in \mathcal{A} \mid \|\pi(\xi)\| \leqslant 1\}$ is closed in $D(S)$ with respect to the #-norm.

Proof :

Assume $\mathcal{A} = \mathcal{A}''$, and let $\xi_n \in \mathcal{A}$ converge to $\xi \in D(S)$ in #-norm. If $\|\pi(\xi_n)\| \leq 1$, we get for $\eta \in \mathcal{A}'$, that

$$\|\pi'(\eta)\xi\| = \lim_{n \to \infty} \|\pi'(\eta)\xi_n\| = \lim_{n \to \infty} \|\pi(\xi_n)\eta\| \leq \|\eta\|$$

which proves that $\xi \in \mathcal{A}_\ell \cap D(S) = \mathcal{A}''$ and $\|\pi(\xi)\| \leq 1$. Hence $\{\xi \in \mathcal{A} \mid \|\pi(\xi)\| \leq 1\}$ is closed in the #-norm. The converse implication follows from Theorem 4.

In [4, Definition 1.1.5] a normal, faithful, semifinite weight φ on a von Neumann algebra $\mathcal{M}$ is said to have the property P_1 if, for each $x \in n_{\varphi \otimes \varphi}$, there exists a sequence x_n in the algebraic tensor product $n_\varphi \otimes n_\varphi$, such that $\sup\|x_n\| < \infty$ and $\|\Lambda_{\varphi \otimes \varphi}(x_n - x)\| \to 0$ for $n \to \infty$. By Theorem 5 we get :

Corollary 7 :

Any normal, faithful, semifinite weight φ has the property P_1 .

Proof :

Let $\mathcal{A}$ be the achieved left Hilbert algebra $\mathcal{A} = \Lambda_\varphi(n_\varphi \cap n_\varphi^*)$ (cf. [1]). Then by definition $\varphi \otimes \varphi$ is the weight associated with the achieved left Hilbert algebra $(\mathcal{A} \otimes \mathcal{A})''$. Here $\mathcal{A} \otimes \mathcal{A}$ denotes the algebraic tensor product. The set of left bounded elements associated with $\mathcal{A} \otimes \mathcal{A}$ is $\Lambda_{\varphi \otimes \varphi}(n_{\varphi \otimes \varphi})$. Hence for $x \in n_{\varphi \otimes \varphi}$, there exists by Theorem 5 a sequence $\xi_n \in \mathcal{A} \otimes \mathcal{A}$, such that $\|\xi_n - \Lambda_{\varphi \otimes \varphi}(x)\| \longrightarrow 0$ and $\|\pi(\xi_n)\| \leq \|x\|$. Putting $x_n = \pi(\xi_n)$ we get $x_n \in (n_\varphi \cap n_\varphi^*) \otimes (n_\varphi \cap n_\varphi^*) \subseteq n_\varphi \otimes n_\varphi$, $\|x_n\| \leq \|x\|$, and $\|\Lambda_{\varphi \otimes \varphi}(x_n - x)\| \longrightarrow 0$ for $n \to \infty$.

Theorem 4 can also be used to give an affirmative answer to a question of J. Phillips [8, p. 391], about the cones $P^{\#}$ and P^{b} defined by Perdrizet in [7].

Corollary 8 :

Let $\mathcal{A}$ be a left Hilbert algebra, and let $P^{\#}$ and P^{b} be the cones associated with the achieved left Hilbert algebra $\mathcal{A}''$. Then

$$\text{(a)} \quad \{\xi^{\#}\xi \mid \xi \in \mathcal{A}\} \text{ is dense in } P^{\#}$$

$$\text{(b)} \quad \eta \in P^{b} \Leftrightarrow (\eta \mid \xi^{\#}\xi) \geq 0 \text{ for any } \xi \in \mathcal{A}.$$

Proof :

By [7] $P^{\#}$ can be characterized as the closure of $\{\xi^{\#}\xi \mid \xi \in \mathcal{A}''\}$ in the completion $\mathcal{H}$ of $\mathcal{A}''$. Let $\xi \in \mathcal{A}''$. By Theorem 4 we can choose a sequence $\xi_n \in \mathcal{A}$, so that $\|\xi_n - \xi\|_{\#} \longrightarrow 0$ and $\|\pi(\xi_n)\| \leq \|\pi(\xi)\|$. Since for any $\eta \in \mathcal{A}'$

$$\pi(\xi_n)^{*}\eta = \pi'(\eta)\xi_n^{\#} \rightarrow \pi'(\eta)\xi^{\#} = \pi(\xi)^{*}\eta$$

and since $\sup_n \|\pi(\xi_n)\| < \infty$, it follows that $\pi(\xi_n)^{*}$ converges strongly to $\pi(\xi)^{*}$. Using

$$\|\xi_n^{\#}\xi_n - \xi^{\#}\xi\| \leq \|\pi(\xi_n)^{*}(\xi_n - \xi)\| + \|\pi(\xi_n)^{*}\xi - \pi(\xi)^{*}\xi\|$$

$$\leq \|\pi(\xi)\| \, \|\xi_n - \xi\| + \|\pi(\xi_n)^{*}\xi - \pi(\xi)^{*}\xi\|$$

it follows that $\xi_n^{\#}\xi_n$ converges to $\xi^{\#}\xi$. This proves (a). (b) follows from (a) because $P^{\#}$ and P^{b} are dual cones, i.e.

$$P^{b} = \{\eta \in \mathcal{H} \mid (\eta \mid \xi) \geq 0 \quad \forall \, \xi \in P^{\#}\} .$$

REFERENCES

[1] F. COMBES : Poids associé à une algèbre hilbertienne à gauche. Compositio Math. 23 (1971), p. 49-77.

[2] A. VAN DAELE : A new approach to the Tomita-Takesaki theory of generalized Hilbert algebras. J. Functional Analysis 15 (1974), p. 378-393.

[3] J. DIXMIER : Les algèbres d'opérateurs dans l'espace hilbertien. Gauthier-Villars, Paris 1969.

[4] M. ENOCK and J.M. SCHWARTZ : Une dualité dans les algèbres de von Neumann. Bull. Soc. Math. France, Suppl., Mémoire No 44 (1975), p. 1-144.

[5] U. HAAGERUP : The standard form of von Neumann algebras. Math. Scand. 37 (1975), p. 271-283.

[6] I. KAPLANSKY : A Theorem on rings of operators. Pacific J. Math. 1 (1951), p. 227-232.

[7] F. PERDRIZET : Eléments positifs relatifs à une algèbre hilbertienne à gauche. Compositio Math. 23 (1971), p. 25-47.

[8] J. PHILLIPS : Positive integrable elements relative to a left Hilbert algebra. J. Functional Analysis 13 (1973), p. 390-409.

[9] M. REED and B. SIMON : Functional analysis I, Academic Press, New York, London 1972.

[10] M. TAKESAKI : Tomita's Theory of modular Hilbert algebras lecture notes in mathematics 128, Springer Verlag, Berlin 1970.

INITIATION A L'ALGEBRE DE CALKIN

P. de la HARPE

L'algèbre de Calkin joue un rôle de plus en plus essentiel parmi les algèbres d'opérateurs. J'en veux pour preuve la boutade suivante, qui est une définition autorisée par un travail de Voiculescu [V] : on appelle C^*-algèbre (séparable, avec unité) une sous-algèbre involutive de l'algèbre de Calkin égale à son bicommutant. Le but de la présente exposition est de convaincre le non-spécialiste de l'intérêt de cette algèbre.

Les paragraphes 1 et 2 sont consacrés à un rappel des définitions fondamentales. Les deux suivants constituent une démonstration du théorème de Weyl et von Neumann, qui affirme que les classes de conjugaison unitaire des éléments hermitiens de l'algèbre de Calkin sont caractérisées par leurs spectres. Le dernier paragraphe expose le "théorème de relèvement de Calkin", qui décrit les sous-C^*-algèbres de dimension finie de l'algèbre de Calkin. L'exposé est entrecoupé de nombreuses digressions ; j'espère qu'elles ne dérouteront par le lecteur, mais qu'elles le persuaderont plutôt de la richesse du sujet.

Je remercie le Fonds national suisse de la recherche scientifique, dont le soutien a permis ce travail, ainsi que les universités de Varsovie et Florence, qui m'ont donné l'occasion d'en exposer des versions partielles.

1. GENERALITES ET OPERATEURS COMPACTS .

Les résultats rappelés sans preuve dans les deux premiers paragraphes sont démontrés dans de très nombreux livres. Mon préféré est celui de R.G. Douglas [D] ; ci-dessous, [D.4.6] signifie : voir le n° 6 du chapitre 4 de ce livre. On pourrait aussi se référer aux chapitres VI et VII du séminaire de Palais et autres [PAS].

Nous désignons par H un espace de Hilbert que nous choisissons complexe (même si les analogues réel et quaternionien des considérations qui suivent sont souvent faciles à formuler et à justifier). Le produit scalaire est ℂ-linéaire en la première variable ; le produit de deux vecteurs v et w se note $< v|w >$. L'orthogonal d'un sous-ensemble S de H est noté $S^{\perp}$. Les opérateurs considérés sont tous linéaires et bornés (ou, ce qui revient au même, linéaires et continus). Le noyau et l'image d'un opérateur X sur H se notent Ker(X) et Im(X), et le second est un sous-espace de H qui n'est pas nécessairement fermé. L'adjoint de X s'écrit X^* . Rappelons les identités élémentaires et fondamentales [D.4.6] :

$$\mathrm{Ker}(X) = (\mathrm{Im}(X^*))^{\perp} \qquad \mathrm{Ker}(X^*) = (\mathrm{Im}(X))^{\perp} \quad .$$

Si X est normal, c'est-à-dire si $XX^* = X^*X$, on a de plus (c'est un exercice facile) :

$$\mathrm{Ker}(X) = \mathrm{Ker}(X^*) \quad .$$

Soient X un opérateur et F un sous-espace fermé de H . Si P est la projection orthogonale de H sur F, l'opérateur défini par PXP sur F est la compression de X à F. On dit que F est invariant par X si $X(F) \subset F$ (équivalent : si $PXP = XP$), et que F est réduit par X s'il est invariant par X et si de plus $X(F^{\perp}) \subset F^{\perp}$ (équivalent : si de plus F est invariant par X^* ; ou encore : si $PX = XP$) .

Nous notons $\|X\|$ la norme d'un opérateur X sur H ; rappelons que $\|X^*X\| = \|X\|^2$. L'ensemble L(H) de tous les opérateurs sur H est donc naturellement muni d'une structure de C^*-algèbre avec unité [D.4.4 et D.4.26] . Un opérateur $X \in L(H)$ est hermitien si $X^* = X$; un sous-ensemble S de L(H) est hermitien si $X^* \in S$ pour tout $X \in S$.

Le sous-ensemble des <u>opérateurs de rang fini</u>

$$C_0(H) = \{ X \in L(H) \mid Im(X) \text{ est de dimension finie } \}$$

est évidemment un <u>idéal bilatère hermitien</u> dans L(H). Si F est un sous-espace de dimension finie de H, on sait que $End_{\mathbb{C}}(F)$ est une algèbre centrale simple. On associe à F l'injection canonique

$$\gamma_F : End_{\mathbb{C}}(F) \longrightarrow L(H)$$

définie par

$$\gamma_F(X)(v) = \begin{cases} Xv & \text{si } v \in F \\ 0 & \text{si } v \in F^{\perp} . \end{cases}$$

L'idéal $C_0(H)$ est la réunion des images de ces applications. Mieux : pour tout couple (X,Y) d'opérateurs de rang fini, il existe un sous-espace F de dimension finie de H avec X et Y dans l'image de γ_F ; par exemple :

$$F = (Ker(X) \cap Ker(X^*) \cap Ker(Y) \cap Ker(Y^*))^{\perp} .$$

On déduit sans peine de ces remarques que $C_0(H)$ est une <u>algèbre simple</u> : si $\underline{a}$ en était en effet un idéal non trivial, on pourrait choisir X et Y dans $C_0(H) - \{0\}$ avec $X \in \underline{a}$ et $Y \notin \underline{a}$; avec F comme ci-dessus, on aurait alors un idéal non trivial $\gamma_F^{-1}(\underline{a})$ de $End_{\mathbb{C}}(F)$, d'où l'absurdité.

L'idéal des opérateurs de rang fini est <u>absolument minimal</u> au sens suivant : tout idéal bilatère non trivial de L(H) le contient. Soient en effet $\underline{a}$ un idéal non nul et $X \in \underline{a} - \{0\}$. Il existe $u \in H$ avec $v = Xu \neq 0$. Si Y est la projection orthogonale de H sur $\mathbb{C}u$, alors XY est un opérateur de rang un dans $\underline{a}$, donc $\underline{a} \cap C_0(H) \neq \{0\}$; comme $C_0(H)$ est simple, cela implique $\underline{a} \supset C_0(H)$.

<u>Exercice 1</u> : Montrer que le centralisateur de $C_0(H)$ dans L(H) est réduit aux multiples scalaires de l'identité, donc en particulier que le centre de L(H) s'identifie au corps $\mathbb{C}$.

Proposition 1 : Si X est un opérateur sur H, les conditions suivantes sont équivalentes :

(i) L'image par X de la boule unité de H est relativement compacte.

(ii) L'image par X de la boule unité de H est compacte .

(iii) Tout sous-espace fermé de H contenu dans Im(X) est de dimension finie.

(iv) X est dans l'adhérence de $C_0(H)$ pour la topologie de la norme.

(v) Pour toute suite bornée $(v_n)_{n\in N}$ de vecteurs de H qui converge faiblement vers un vecteur v de H, la suite $(Xv_n)_{n\in N}$ converge fortement vers Xv .

Preuve : [D.5.4 à 5.10] . Rappelons que la suite $(v_n)_{n\in N}$ converge faiblement vers v si les suites de nombres complexes $(< v_n|w > - < v|w >)_{n\in N}$ convergent vers zéro pour tout $w \in H$, et qu'elle converge fortement vers v si la suite de nombres réels $(\|Xv_n - Xv\|)_{n\in N}$ converge vers zéro.

On dit qu'un opérateur qui satisfait aux conditions de la proposition 1 est compact. Nous noterons C(H) l'ensemble des opérateurs compacts sur H ; on voit facilement que c'est un idéal bilatère hermitien fermé dans L(H). Lorsque H est séparable, on déduit de la propriété (iii) que C(H) est absolument maximal : tout idéal bilatère de L(H) autre que L(H) est contenu dans C(H) [D.5.11] . Il en résulte que, si H est séparable, C(H) est l'unique idéal bilatère fermé non trivial de l'algèbre L(H) munie de sa topologie normique.

Si H est séparable, les idéaux de L(H) contiennent ainsi tous $C_0(H)$ et sont tous contenus dans C(H). Leur étude a été entreprise par Schatten [Sch], mais il reste beaucoup à faire. Comme exemple de résultat relativement récent, notons l'observation suivante : pour tout $X \in C(H)$, il existe un idéal de L(H) distinct de C(H) qui contient X [BPS] .

Un opérateur $X \in L(H)$ est <u>diagonal</u> s'il existe une base orthonormale de H formée de vecteurs propres de X.Soient $(e_n)_{n\in N}$ une base orthonormale de H et $(\lambda_n)_{n\in N}$ une suite bornée de nombres complexes ; soit $X \in L(H)$ l'opérateur diagonal défini par $Xe_n = \lambda_n e_n$ pour tout $n \in N$. Il est immédiat de vérifier que X est normal, et que X est compact si et seulement si la suite $(\lambda_n)_{n\in N}$ converge vers zéro. La théorie spectrale la plus élémentaire (celle de F. Riesz par exemple) montre que, réciproquement, tout opérateur compact normal est diagonal.

La théorie ergodique fournit de nombreux exemples d'opérateurs diagonaux non compacts (voir le "théorème du spectre discret" dans [H 1]). Il existe par contre des opérateurs bornés normaux non diagonaux ; par exemple $f(x) \longrightarrow xf(x)$ définit un opérateur sur $L^2_{\mathbb{C}}([0,1])$ qui est normal (même hermitien), mais non diagonal (il n'a aucun vecteur propre). Nous verrons toutefois aux paragraphes 3 et 4 que tout opérateur normal est "proche" d'un opérateur diagonal (Weyl-von Neumann-Berg-Sikonia).

<u>Exercice 2</u> : Soit $H = L^2_{\mathbb{C}}([0,1])$. Pour toute fonction numérique K sur $[0,1] \times [0,1]$, mesurable et de carré intégrable relativement à la mesure de Lebesgue, montrer qu'on définit un opérateur compact X_K sur H par

$$(X_K f)(x) = \int_0^1 K(x,y)f(y)dy \qquad f \in H \quad x \in [0,1] .$$

(Indications : montrer d'abord que X_K est borné, puis que l'application qui associe X_K à K est linéaire bornée de $L^2_{\mathbb{C}}([0,1] \times [0,1])$ dans L(H), puis que X_K est de rang fini si K est de la forme

$$K(x,y) = \sum_{i=1}^{n} \alpha_i(x)\beta_i(y) \quad ,$$

et conclure en utilisant la propriété (iv) de la proposition 1).

2. OPERATEURS DE FREDHOLM .

Nous supposons désormais H de dimension infinie.

On appele algèbre de Calkin de H et on note $\check{L}(H)$ le quotient de L(H) par C(H) ; c'est une C^*-algèbre avec unité. Il résulte immédiatement du paragraphe précédent que le centre de $\check{L}(H)$ est réduit aux multiples scalaires de l'identité, et que $\check{L}(H)$ est une algèbre simple si H est séparable.

Nous désignerons par π la projection canonique $L(H) \longrightarrow \check{L}(H)$, et souvent par une minuscule l'image par π d'un opérateur sur H désigné par la majuscule correspondante. On sait que π n'admet aucune section linéaire continue [Tho]; notons au passage que la généralisation de cette affirmation à d'autres espaces d'opérateurs est toujours ouverte [TW]. On sait aussi décrire avec précision les noyaux des endomorphismes linéaires continus de L(H) s'annulant sur C(H) [De]. Un théorème de E. Michael montre toutefois que π possède une section continue ; voir le théorème 10 de [Pa]. L'application π est ouverte par définition de la topologie sur $\check{L}(H)$ [D.1.39]. Elle n'est évidemment pas fermée (pour les mêmes raisons qui font qu'une projection de $\mathbb{R}^2$ sur $\mathbb{R}$ n'est pas fermée) ; on peut néanmoins se demander si les images par π de certains sous-ensembles particuliers de L(H) sont fermées ; pour les sous-algèbres par exemple, voir [DF].

Proposition 2 (Atkinson [A]). Si X est un opérateur sur H, les conditions suivantes sont équivalentes :

(i) $\pi(X)$ est inversible dans $\check{L}(H)$.

(ii) Im(X) est fermé, Ker(X) et $(\mathrm{Im}(X))^{\perp}$ sont de dimension finie.

Preuve : [D.5.16 et 5.17].

On dit qu'un opérateur qui satisfait aux conditions de la proposition 2 est <u>de Fredholm</u> ; son <u>indice classique</u> est alors par définition l'entier rationnel

$$j(X) = \dim_{\mathbb{C}}\mathrm{Ker}(X) - \mathrm{codim}_{\mathbb{C}}\mathrm{Im}(X) = \dim_{\mathbb{C}}\mathrm{Ker}(X) - \dim_{\mathbb{C}}\mathrm{Ker}(X^*)$$

Nous noterons $\Phi(H)$ l'ensemble des opérateurs de Fredholm sur H et, pour tout $n \in \mathbb{Z}$, $\Phi_n(H)$ l'ensemble des opérateurs de Fredholm d'indice classique n. Propriétés évidentes : $\Phi(H)$ est hermitien, ouvert dans $L(H)$ (car π est continu et le groupe des éléments inversibles dans toute algèbre de Banach avec unité est ouvert), fermé par multiplication et stable par perturbation compacte.

<u>Exercice 3</u> : Enoncer et justifier l'analogue de la proposition 2 pour les opérateurs appliquant un espace de Hilbert dans un autre.

<u>Exemple</u> : <u>opérateurs de Toeplitz</u>. Soient L^2 l'espace des (classes de) fonctions mesurables de carré sommables (pour la mesure de Lebesgue) définies sur le cercle $S^1 = \{z \in \mathbb{C} \mid |z| = 1\}$ à valeurs complexes, H^2 le sous-espace fermé de L^2 engendré par les fonctions $z \longmapsto z^n$ où n parcourt les entiers non négatifs, et P la projection orthogonale de L^2 sur H^2. Pour toute fonction mesurable et bornée $\omega : S^1 \longrightarrow \mathbb{C}$, soient M_ω la multiplication par ω dans L^2 et T_ω sa compression à H^2, définie par $T_\omega f = P(M_\omega f)$; un <u>opérateur de Toeplitz</u> est un opérateur de la forme T_ω. Si ω est continu, c'est un exercice facile de vérifier que les conditions suivantes sont équivalentes : ω ne s'annule pas, M_ω est inversible, T_ω est de Fredholm (l'indice classique de T_ω est alors au signe près le <u>degré topologique</u> de l'application ω).

Si ω est en particulier l'injection canonique de S^1 dans $\mathbb{C}$, on appelle <u>décalage unilatéral</u> relativement à la base orthonormale $(z^n)_{n\in N}$ de H^2 l'opérateur $D = T_\omega$. On vérifie de tête que D est opérateur de Fredholm qui n'est pas inversible; son indice classique est -1.

L'opérateur D est sans doute le plus étudié de tous les opérateurs de L(H) ; voir à son sujet l'introduction [F 2] ou le livre [F 1] de Fillmore. Pour en savoir plus sur les opérateurs de Toeplitz, voir [D.7] et [DT] .

Soient B une algèbre de Banach avec unité, G le groupe de ses éléments inversibles et G_0 le sous-groupe de G formé des produits finis d'éléments de la forme $\exp(x) = \sum_{n\in N} x^n$ pour $x \in B$. Alors G_0 est la composante connexe de G pour la topologie normique ; c'est un sous-groupe normal de G qui est à la fois ouvert et fermé [D.2.9 et 3.14]. Lorsque B est abélienne, le quotient G/G_0 a une interprétation topologique classique : c'est le premier groupe de cohomologie de Cech avec coefficients les entiers rationnels de l'espace des idéaux maximaux de l'algèbre [T].

Si $B = \check{L}(H)$, nous noterons provisoirement Λ le groupe quotient G/G_0 et $i : \Phi(H) \longrightarrow \Lambda$ l'<u>indice abstrait</u> défini sur les opérateurs de Fredholm sur H, composé des applications canoniques $\Phi(H) \longrightarrow G$ et $G \longrightarrow \Lambda$. Soient $X,Y \in \Phi(H)$ et $K \in C(H)$; alors $i(XY)$ est évidemment le composé de $i(X)$ avec $i(Y)$ et $i(X+K) = i(X)$.

<u>Exercice 4</u> : vérifier que l'indice abstrait de tout opérateur inversible sur H est l'élément neutre de Λ .(Indications : la décomposition polaire fournit une rétraction par déformation du groupe GL(H) des opérateurs inversibles sur le groupe U(H) des opérateurs unitaires, tous deux étant munis de la topologie normique ; on montre ensuite que tout X dans U(H) est de la forme exp(iY) avec Y hermitien, donc est connecté à l'identité par un arc $t \longmapsto \exp(itY)$; par suite GL(H) est connexe par arcs et son image par l'indice abstrait est réduite à un élément).

Proposition 3 : Le groupe Λ est cyclique infini ; nous l'identifions à $\mathbb{Z}$ en choisissant son générateur +1 égal à $i(D^*)$, où D est un décalage unilatéral comme ci-dessus. Pour tout $X \in \Phi(H)$, l'indice classique et l'indice abstrait de X coïncident. Les ensembles $\Phi_n(H)$ sont tous ouverts connexes.

Preuve : [D.5.29 à 5.36].

Remarques :

(i) En prévision du § 5, il est instructif d'envisager l'indice d'un élément inversible x de $\check{L}(H)$ comme l'obstruction à l'écrire $\pi(X)$ avec X inversible dans L(H).

(ii) Soient G le groupe des éléments inversibles de $\check{L}(H)$ et G_0 sa composante connexe pour la topologie normique. Il est facile de vérifier que G_0 est l'image de GL(H) par π, et aussi le groupe dérivé de G ; voir par exemple le problème 192 de [H 2]. On sait de plus que le quotient de G_0 par son centre $\mathbb{C}^*$ est un groupe simple [Ha].

(iii) On ignore s'il existe un automorphisme de G qui permute les classes modulo G_0 ; c'est le problème 1 dans [E].

(iv) Le groupe unitaire et le groupe général linéaire d'une algèbre de von Neumann sont toujours connexes par arcs pour la topologie normique (voir l'exercice 4). Par suite $\check{L}(H)$ n'est pas une algèbre de von Neumann.

Exercice 5 : Soient D comme dans la proposition 3 et $d = \pi(D)$. Montrer que le spectre de d est égal au cercle unité. Déterminer ensuite le spectre de D. (Voir si nécessaire la solution du problème 67 dans [H 2].)

Exercice 6 : Soient $X_1, \ldots, X_n$ des éléments de $\Phi(H)$ permutables deux à deux et tels que $\pi(X_1 \ldots X_n) = 1$; montrer que $X_j \in \Phi_0(H)$ $(j=1,\ldots,n)$.

(Solution dans [Da 3].)

Considérons à nouveau $\pi : L(H) \longrightarrow \check{L}(H)$ et les groupes G, G_0 comme dans la remarque (ii) ci-dessus. Par définition $\Phi(H) = \pi^{-1}(G)$. Par la proposition 3 $\Phi_0(H) = \pi^{-1}(G_0)$. Il est évident que $GL(H) \subset \Phi_0(H)$ et c'est un exercice facile de vérifier que $\pi(GL(H)) = G_0$. Soit

$$GL(H,C) = \{ X \in GL(H) \mid X-1 \in C(H) \}$$

qui est un sous-groupe normal et fermé de $GL(H)$ puisque c'est le noyau de la restriction de π à $GL(H)$. Les considérations ci-dessus se résument dans le <u>diagramme fondamental</u> :

$$\begin{array}{ccccccc}
L(H) & \hookleftarrow & \Phi(H) & \hookleftarrow & \Phi_0(H) & \hookleftarrow & GL(H) \\
{\scriptstyle\pi}\downarrow & & \downarrow & & \downarrow & & \downarrow \\
\check{L}(H) & \hookleftarrow & G & \hookleftarrow & G_0 & = & GL(H)/GL(H,C)
\end{array}$$

<u>Digression</u> : Munissons les ensembles du diagramme fondamental de la topologie normique. On voit d'abord que $GL(H) \longrightarrow G_0$ est un $GL(H,C)$-fibré principal localement trivial (grâce au théorème de Michael rappelé en début de paragraphe). On sait ensuite que $GL(H)$ est contractile : c'est le théorème de N. Kuiper [K] ; par suite $GL(H) \longrightarrow G_0$ est un $GL(H,C)$-fibré <u>universel</u>. Fixons enfin une base orthonormale $(e_n)_{n\in N}$ de H (supposé séparable par commodité) et considérons les inclusions associées

$$GL(n,C) \hookrightarrow GL(n+1,\mathbb{C}) \hookrightarrow \ldots \longrightarrow GL(\infty,C) \xhookrightarrow{\ \alpha\ } GL(H,C)$$

où $GL(\infty,\mathbb{C})$ est la réunion des $GL(n,\mathbb{C})$ munie de la topologie limite inductive ; alors α est une équivalence d'homotopie [Ge]. Il résulte de tout cela que G (ou $\Phi(H)$ qui a le même type d'homotopie) est un <u>espace classifiant pour la K-théorie complexe</u>. On trouvera des compléments à cette digression dans un article de Elworthy et Tromba [ET].

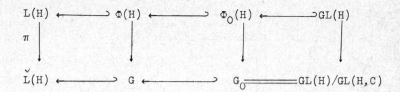

Gelfand et Naimark ont montré (1943) que toute C^*-algèbre, et donc en particulier $\check{L}(H)$, est isomorphe à une sous-C^*-algèbre de $L(\mathcal{H})$ pour un espace de Hilbert $\mathcal{H}$ convenable. Mais nous allons rappeler ici (à peu de chose près) l'argument antérieur de Calkin [Ca], spécifique à $\check{L}(H)$.

Soit $\mathcal{A}$ un ultrafiltre libre sur N. "Ultra" veut dire que, pour tout sous-ensemble S de N, ou bien $S \in \mathcal{A}$ ou bien $N-S \in \mathcal{A}$. "Libre" veut dire que $\mathcal{A}$ n'est pas l'ensemble des parties de N qui contiennent un entier donné. L'existence de tels filtres découle de l'axiome du choix ; voir [BTGI, §6 , N° 4].

Soit $\mathcal{H}''$ l'espace vectoriel de toutes les suites bornées de vecteurs de H qui convergent faiblement vers zéro selon le filtre $\mathcal{A}$. Eppelons : soit $(v_n)_{n\in N}$ une suite bornée de vecteurs de H ; cette suite est dans $\mathcal{H}''$, si, pour tout $w \in H$ et pour tout voisinage V de l'origine dans le plan complexe, il existe un élément A du filtre tel que $< v_n|w > \in V$ pour tout $n \in A$. Nous noterons $\mathcal{N}$ le sous-espace de $\mathcal{H}''$ formé des suites qui convergent fortement vers zéro selon $\mathcal{A}$ et $\mathcal{H}'$ l'espace quotient de $\mathcal{H}''$ par $\mathcal{N}$.

Soient $(v_n)_{n\in N}$ et $(w_n)_{n\in N}$ des éléments de $\mathcal{H}''$. Tous les nombres $< v_n|w_n>$ sont des éléments de la boule fermée B, centrée à l'origine du plan complexe et de rayon $\sup_n\|v_n\|\sup_n\|w_n\|$. Les sous-ensembles $\{< v_n|w_n >\}_{n\in A}$ forment, lorsque A décrit $\mathcal{A}$, une base d'ultrafiltre de B [BTGI, §6, N° 6]. Comme B est compact, cet ultrafiltre converge vers un nombre complexe que nous noterons $< (v_n)|(w_n)>$. Il est facile de vérifier que

$$\begin{cases} \mathcal{H}'' \times \mathcal{H}'' \longrightarrow C \\ ((v_n)_{n\in N} , (w_n)_{n\in N}) \longmapsto < (v_n)|(w_n) > \end{cases}$$

est une forme hermitienne sur $\mathcal{H}''$, que son noyau est précisément $\mathcal{N}$, et qu'elle définit donc sur $\mathcal{H}'$ une structure d'espace préhilbertien complexe. Nous noterons $\mathcal{H}$ l'espace de Hilbert obtenu par complétion ; sa dimension est celle du continu [Ca, théorème 4.2].

Pour tout $X \in L(H)$, soit $\rho''(X)$ l'endomorphisme linéaire de $\mathcal{H}''$ défini par $\rho''(X)((v_n)_{n\in N}) = (Xv_n)_{n\in N}$. Le sous-espace $\mathcal{N}$ de $\mathcal{H}''$ est invariant par $\rho''(X)$; de plus, l'image de $\rho''(X)$ est dans $\mathcal{N}$ dès que X est compact vu la propriété (v) de la proposition 1. Par suite ρ'' définit une application ρ' de $\check{L}(H)$ dans l'anneau des endomorphismes linéaires de $\mathcal{H}'$; il est facile de vérifier que ρ' définit de manière unique un morphisme de C^*-algèbre qui applique 1 sur 1 et que nous notons $\rho : \check{L}(H) \longrightarrow L(\mathcal{H})$. Comme $\check{L}(H)$ est simple, ρ est une <u>représentation fidèle</u>, qui est en particulier une isométrie de $\check{L}(H)$ sur son image.

Pour en savoir plus, en particulier sur le type des représentations de l'algèbre de Calkin, voir Sakai [Sa], de même que Anderson et Bunce [AB] .

Plusieurs résultats des deux premiers paragraphes se généralisent au cas où H est remplacé par un <u>espace de Banach</u> ; on trouvera un exposé de certains d'entre eux dans une monographie de Caradus, Pfaffenberger et Yood [CPY] .

P.S. A la fin de la digression suivant le diagramme fondamental, il faut citer avec [ET], de M. Karoubi : "Espaces classifiants en K-théorie" (Trans. Amer. Math. Soc. <u>147</u> (1970) 75-115).

3. UN THEOREME DE H. WEYL

Ce théorème de Weyl situe les opérateurs diagonaux à spectre réel parmi les opérateurs hermitiens. La simplicité avec laquelle s'expriment ce résultat et ceux du paragraphe suivant justifie l'introduction de l'algèbre de Calkin.

Soient X un opérateur hermitien sur H et E sa mesure spectrale. Rappelons que, à tout intervalle de la droite réelle, E associe un projecteur de H contenu dans l'adhérence forte de l'algèbre des polynômes en X ; nous écrirons $E(\lambda)$ le projecteur associé à $]-\infty, \lambda]$. L'une des manières d'écrire le théorème spectral pour X est alors, avec a un nombre réel majorant strictement $\|X\|$:

$$X = \int_{-a}^{a} \lambda dE(\lambda) \quad .$$

Cela veut dire que, pour tout nombre réel $\varepsilon > 0$, il existe un entier n et des nombres réels $\mu_0, \ldots, \mu_n$ satisfaisant

$$\mu_0 \leq -a < \mu_1 < \ldots < \mu_{n-1} < a \leq \mu_n$$

qui jouissent de la propriété suivante :

pour tout n-uple $(\lambda_1, \ldots, \lambda_n)$ de nombres réels avec $\lambda_j \in [\mu_{j-1}, \mu_j]$ $(j=1,\ldots,n)$

on a $$\left\| X - \sum_{j=1}^{n} \lambda_j (E(\mu_j) - E(\mu_{j-1})) \right\| \leq \varepsilon \, .$$

Cette version du théorème spectral est copiée du n° 107 dans [RN] ; elle résulte immédiatement de [D.4.71] et du fait que les fonctions en escalier sont denses dans l'espace $L^\infty(\nu)$ de [D].

Lemme : Soit X un opérateur hermitien sur H. Pour tout $v \in H$ et pour tout nombre réel $\eta > 0$, il existe un projecteur de rang fini P et un opérateur hermitien de rang fini K tels que

$$Pv = v \qquad \|K\| \leqslant \eta \qquad (X+K)P = P(X+K) \quad .$$

<u>Preuve</u> : Soient E et $X = \int_{-a}^{a} \lambda dE(\lambda)$ comme plus haut, et n un entier positif à préciser plus tard. Pour tout $k \in \{1, \ldots, n\}$, notons E_k le projecteur associé par E à l'intervalle $I_k =]\lambda_k - a/n, \lambda_k + a/n]$ de longueur 2a/n centré en $\lambda_k = ((2k-n-1)/n)a$. Alors

$$(X - \lambda_k)^2 E_k = \int_{-a}^{a} (\lambda - \lambda_k)^2 dE(\lambda).E_k = \int_{I_k} (\lambda - \lambda_k)^2 dE(\lambda) \quad .$$

Comme $|\lambda - \lambda_k| \leqslant a/n$ pour tout $\lambda \in I_k$, on a

$$\|(X - \lambda_k)^2 E_k\| \leqslant a^2/n^2 \quad .$$

Soit $v \in H$. Posons $v_k = E_k v$ et $w_k = v_k/\|v_k\|$ (avec $w_k = 0$ si $v_k = 0$). Soit P le projecteur orthogonal de H sur le sous-espace de H engendré par les w_k. Comme la somme des E_k est l'identité, la somme des v_k est égale à v et

$$Pv = \sum_{k=1}^{n} < v|w_k > w_k = v \quad .$$

Remarquons encore que $(1-P)w_k = 0$, donc que

$$\|(1-P)Xw_k\| = \|(1-P)(X-\lambda_k)w_k\| \leqslant \|1-P\|\|(X-\lambda_k)E_k\| \leqslant a/n \quad .$$

Pour tout couple (j,k) d'entiers entre 1 et n avec $j \neq k$, on a $E_j E_k = E_k E_j = 0$ et $Xw_k \perp w_j$. Par suite

$$PXw_k = \sum_{m=1}^{n} < Xw_k|w_m > w_m = < Xw_k|w_k > w_k$$

et $(1 - P)Xw_k \subset Im(E_k)$, d'où il résulte que

$$< (1 - P)Xw_j|(1 - P)Xw_k > = 0 \quad .$$

Pour tout $u \in H$, on a donc par Pythagore

$$\|(1-P)XPu\|^2 = \|(1-P)X \sum_{k=1}^{n} \langle u|w_k\rangle w_k\|^2 = \sum_{k=1}^{n} |\langle u|w_k\rangle|^2 \|(1-P)Xw_k\|^2 \leqslant$$

$$\leqslant \|u\|^2 a^2/n^2$$

et $\|(1-P)XP\| \leqslant a/n$.

Il reste à poser $K = -(1-P)XP - PX(1-P)$. Alors $\|K\| \leqslant 2a/n$ et $X+K$ commute à P. Si n est assez grand, P et K répondent aux exigences du lemme.

Proposition 4 (Weyl) : Soient H un espace de Hilbert séparable, X un opérateur hermitien sur H et ε un nombre réel positif. Il existe un opérateur hermitien compact K de norme inférieure à ε tel que $D = X + K$ soit diagonal.

Preuve : Soit $(u_k)_{k\in N}$ une suite partout dense de H . Appliqué au vecteur $v = u$ et au nombre $\eta = \varepsilon/2$, le lemme précédent fournit un projecteur de rang fini P_1 et un hermitien compact K_1 . On construit ensuite par induction

- des projecteurs orthogonaux de rang fini $P_1, P_2, \dots$
- et des hermitiens compacts $K_1, K_2, \dots$

de sorte que

$$\left.\begin{array}{l} - X+K_1+ \dots +K_k \text{ commute à } P_1, P_2, \dots, P_k \\ - \|K_1\| \leqslant \varepsilon/2 , \quad \|K_2\| \leqslant \varepsilon/4 , \dots, \quad \|K_k\| \leqslant \varepsilon/2^k \end{array}\right\} k = 1, 2, \dots$$

Les opérateurs d'indice $k+1$ s'obtiennent en appliquant le lemme à la compression de l'opérateur $X+K_1+ \dots +K_k$ à l'espace $\mathrm{Im}(1-P_1- \dots -P_k)$, au vecteur $v = (1-P_1 - \dots - P_k)(u_{k+1})$ et au nombre $\varepsilon/2^{k+1}$.

Ceci fait, on observe que $K = \sum_{k=1}^{\infty} K_k$ est un opérateur hermitien compact de norme bornée par ε . Comme $(1-P_1- \dots -P_j)u_k = 0$ dès que $j > k$, l'opérateur $X+K$ est la somme directe de la suite d'opérateurs hermitiens de dimension finie $(P_k(X+K)P_k)_{k=1,2,\dots}$. Le théorème résulte de ce que les opérateurs hermitiens sont diagonalisables en dimension finie.

Remarques :

(i) C'est le théorème VI de [W], et la preuve de von Neumann [vN]. On doit à Halmos une autre preuve utilisant la notion d'opérateur quasi-diagonal [H4] . Notons que la proposition 4 n'est pas vraie si H n'est pas séparable [H4] .

(ii) La proposition 4 est encore vraie si "hermitien" est remplacé par "normal", comme l'ont montré indépendamment Berg [B] et Sikonia [Si]. Il faut lire la preuve de cette généralisation due à Halmos : [H 5] et [H 6] ; on retrouve un argument semblable pour le théorème 1.13 de [BDF 2].

(iii) La proposition 4 pour les opérateurs hermitiens est encore vraie avec "K de Hilbert-Schmidt" au lieu de "K compact" . On trouvera une discussion récente de cette précision due à von Neumann dans un article de Voigt [Vt].

Corollaire : Soit x un élément hermitien de $\check{L}(H)$. Si H est séparable, il existe un opérateur hermitien diagonal D sur H tel que $\pi(D) = x$.

Preuve : Il suffit de choisir arbitrairement $Y \in \pi^{-1}(x)$, de poser $X = (Y+Y^*)/2$ et de prendre le D de la proposition précédente.

Nous voulons encore indiquer comment on peut supposer dans ce corollaire que le spectre de D est égal à celui de x . Rappelons auparavant les définitions de certaines parties remarquables du spectre d'un opérateur normal X sur H .

Soient $\sigma_p(X) = \{ \lambda \in \mathbb{C} \mid Ker(X-\lambda) \neq 0 \}$ le spectre ponctuel de X et H_p le sous-espace fermé de H engendré par les vecteurs propres de X .

Il est facile de vérifier que H_p réduit X . Soient X_p et X_c les compressions de X à H_p et à son orthogonal respectivement. Il est encore facile de vérifier que $\sigma_p(X_p) = \sigma_p(X)$, que $\sigma(X_p)$ est l'adhérence de $\sigma_p(X_p)$, et que le spectre ponctuel de X_c est vide ; le spectre de X_c s'appelle le <u>spectre continu</u> de X .

Notons $\lim\sigma_p(X)$ l'ensemble dérivé de $\sigma_p(X)$: il contient par définition un nombre complexe λ s'il existe une suite $(\lambda_n)_{n\in N}$ de points de $\sigma_p(X)$ tous distincts de λ qui converge vers λ . L'ensemble $\tau(X)$ des <u>points-limites</u> de $\sigma(X)$ est par définition la réunion de $\sigma(X_c)$, de $\lim\sigma_p(X)$ et des valeurs propres de X de multiplicité infinie. Notons enfin $\sigma_{pif}(X)$ l'ensemble des valeurs propres de X qui sont de multiplicité finie et qui sont des points isolés de $\sigma(X)$. Alors $\sigma(X)$ est la réunion disjointe de $\tau(X)$ et de $\sigma_{pif}(X)$; cela résulte par exemple de ce qu'un point isolé du spectre d'un opérateur normal est toujours une valeur propre.

<u>Exercice 7</u> : Soient X un opérateur normal sur H et $\lambda \in \mathbb{C}$. Montrer que les prorpiétés suivantes sont équivalentes.

(i) Il existe une suite $(v_n)_{n\in N}$ de la sphère unité de H qui converge faiblement vers zéro et telle que $((X-\lambda)v_n)_{n\in N}$ converge fortement vers zéro.

(ii) $\lambda \in \tau(X)$.

(iii) λ est dans le spectre de $\pi(X)$.

L'équivalence de (i) avec (ii) est le théorème I de [W]. L'énoncé de cet exercice est un cas très particulier d'un théorème de F. Wolf [FSW]. Le cas des opérateurs non normaux est discuté par de nombreux auteurs, dont Berberian [BW] et Gustafson [Gu] .

Proposition 5 : Soit x un élément hermitien de $\check{L}(H)$, avec H séparable. Il existe un opérateur hermitien diagonal D sur H tel que $\pi(D) = x$ et $\sigma(D) = \sigma(x)$.

Preuve : Soient D' un opérateur diagonal avec $\pi(D') = x$ et H_{pif} le sous-espace de H engendré par les vecteurs propres de D' correspondant à la partie $\sigma_{pif}(D')$ de son spectre. Soit λ un point arbitraire de $\sigma(x)$. Pour tout $\varepsilon > 0$, soit H_ε le sous-espace de H_{pif} engendré par les vecteurs propres correspondant aux valeurs propres $\lambda \in \sigma_{pif}(D')$ distantes de $\tau(D')$ de ε au moins. Soient D_ε et D les opérateurs diagonaux définis par

$$D_\varepsilon v = \begin{cases} D'v & \text{si } v \in (H_\varepsilon)^\perp \\ \lambda v & \text{si } v \in H_\varepsilon \end{cases}$$

$$Dv = \begin{cases} D'v & \text{si } v \in (H_{pif})^\perp \\ \lambda v & \text{si } v \in H_{pif} \end{cases}$$

Alors H_ε est de dimension finie et $\pi(D_\varepsilon) = \pi(D')$ pour tout $\varepsilon > 0$. D'autre part $\lim_{\varepsilon \to 0} \|D - D_\varepsilon\| = 0$ de sorte que D convient .

Je remercie J. DAZORD et M. ROME pour m'avoir signalé une erreur dans une rédaction antérieure de cette preuve.

Remarquons pour terminer que, si le spectre des éléments hermitiens de $\check{L}(H)$ est assez bien compris, il reste à éclaircir notablement le comportement du spectre simultané d'un ensemble d'éléments hermitiens permutables [Da 1,2] .

4. UN THEOREME DE J. von NEUMANN

Soient H un espace de Hilbert de dimension finie et X,Y deux opérateurs hermitiens sur H. On sait que X et Y sont unitairement conjugués (c'est-à-dire qu'il existe $V \in L(H)$ avec $VV^* = V^*V = 1$ et $Y = V^*XV$) si et seulement s'ils ont même spectre et multiplicités. Lorsque H est de dimension infinie, nous allons voir que l'algèbre de Calkin permet d'énoncer un succédané de ce résultat.

Le premier pas est une observation de topologie générale due à von Neumann.

Lemme 1 : Soient Ω un espace métrique compact, et $\Lambda = (\lambda_n)_{n\in N}$ et $M = (\mu_n)_{n\in N}$ deux suites de Ω ayant le même ensemble limite L . Alors il existe une permutation ρ de N telle que la distance $d(\lambda_n, \mu_{\rho(n)})$ tende vers zéro si n tend vers l'infini.

Preuve (Wanner) : Soient $B_{1,1}, \dots, B_{1,k_1}$ des boules ouvertes de rayon 1/2 dont la réunion B_1 contient L (chacune des boules rencontrant L). Il existe un entier n_1 tel que $\lambda_n \in B_1$ et $\mu_n \in B_1$ pour tout $n \geqslant n_1$. On peut alors renuméroter les suites sans affecter leurs n_1 premiers termes de telle sorte que, pour tout $n \geqslant n_1$, les points λ_n et μ_n soient contenus dans une même boule $B_{1,j}$, donc de telle sorte que $d(\lambda_n, \mu_n) < 1$.

Supposons qu'on ait trouvé une suite croissante d'entiers $(n_1, \dots, n_{r-1})$ et des numérotations des suites Λ et M de telle sorte que $d(\lambda_n, \mu_n) < 2^{1-p}$ pour tous $n \geqslant n_p$ et $p \in \{ 1, \dots, r-1 \}$. Soient $B_{r,1}, \dots, B_{r,k_r}$ des boules ouvertes de rayon 2^{-r} dont la réunion B_r contient L (chacune des boules rencontrant L). Il existe un entier $n_r > n_{r-1}$ tel que $\lambda_n \in B_r$ et $\mu_n \in B_r$ pour tout $n \geqslant n_r$. On peut à nouveau renuméroter les suites sans changer leurs n_r premiers termes de telle sorte que, pour tout $n \geqslant n_r$, les points λ_n et μ_n soient contenus dans une même boule $B_{r,j}$, donc de telle sorte que $d(\lambda_n, \mu_n) < 2^{1-r}$.

La preuve est ainsi achevée ; on en trouvera une autre dans une note de Halmos [H 3] .

Lemme 2 : Soient X et Y deux opérateurs diagonaux sur H. Les spectres de $\pi(X)$ et $\pi(Y)$ coïncident si et seulement s'il existe un opérateur unitaire V sur H avec $Y-V^*XV$ compact.

Preuve : Les opérateurs étant diagonaux, il existe des bases orthonormales $(e_n)_{n\in N}$ et $(f_n)_{n\in N}$ de H, et des suites de nombres complexes $\Lambda = (\lambda_n)_{n\in N}$ et $M = (\mu_n)_{n\in N}$, telles que $Xe_n = \lambda_n e_n$ et $Yf_n = \mu_n f_n$ pour tout $n \in N$.

Supposons que $\sigma(\pi(X))$ coïncide avec $\sigma(\pi(Y))$, c'est-à-dire (exercice 7) que $\tau(X)$ coïncide avec $\tau(Y)$, ou encore (par définition de τ) que l'ensemble des valeurs limites de Λ soit égal à celui des valeurs limites de M. Le lemme 1 montre qu'on peut supposer que $|\lambda_n - \mu_n|$ tend vers zéro. Il suffit donc de définir V par $Vf_n = e_n$ pour tout $n \in N$. L'implication opposée est banale.

Proposition 6 (von Neumann) : Soient X et Y deux opérateurs hermitiens sur un espace H séparable. Les deux conditions suivantes sont équivalentes :

(i) $\pi(X)$ et $\pi(Y)$ ont même spectre.

(ii) Il existe un opérateur unitaire V sur H tel que $Y - V^*XV$ soit compact.

Preuve : immédiate à partir du corollaire à la proposition 4 et du lemme ci-dessus.

Remarques :

(i) C'est le théorème 2 de [vN] .

(ii) Tout opérateur unitaire U sur H est de la forme exp(iX) avec X hermitien, comme on le sait au moins depuis [PW] ; on peut donc remplacer "hermitien" par "unitaire" dans la proposition 6. On sait aussi (quoique plus récemment) remplacer "hermitien" par "normal" : voir la remarque (ii) suivant la proposition 4.

(iii) Soit $\check{U}(H)_0$ l'image du groupe de tous les opérateurs sur H par la projection π: $L(H) \longrightarrow \check{L}(H)$. (On sait que $\check{U}(H)_0$ est aussi le groupe dérivé du groupe $\check{U}(H)$ des unitaires de $\check{L}(H)$, ou encore la composante connexe de $\check{U}(H)$ pour la topologie normique). La remarque (ii) implique que les classes de conjugaison du groupe $\check{U}(H)_0$ sont paramétrées par les fermés du cercle. On peut en déduire une nouvelle preuve d'un résultat de [Ha], qui dit que $\check{U}(H)_0$ modulo son centre $\mathbb{S}^1$ est un groupe <u>simple</u>.

(iv) On sait aussi classer à conjugaison unitaire près les opérateurs hermitiens (et même normaux) sur H, et ceci non seulement modulo les compacts mais exactement : c'est la "théorie de Hahn-Hellinger" ; voir le chapitre 2 de [Ar 1]. En comparaison, le théorème ci-dessus est remarquablement simple.

(v) L'algèbre L(H) étant un facteur infini semi-fini de type I, il est naturel de demander si les analogues des propositions 4 et 6 sont vrais pour les types II. La réponse est oui [Z], [F 3].

<u>Corollaire</u> : Soient x et y deux éléments hermitiens de $\check{L}(H)$. Les conditions suivantes sont équivalentes :

(i) x et y ont même spectre.

(ii) Il existe un élément unitaire $v \in \check{L}(H)$ avec $y = v^*xv$.

(iii) Il existe un opérateur unitaire V sur H avec $y = \pi(V^*)x\pi(V)$

<u>Preuve</u> : (iii) $\Rightarrow$ (ii) $\Rightarrow$ (i) sont des implications banales et (i) $\Rightarrow$ (iii) est une manière d'exprimer le théorème précédent.

Exercice 8 : Montrer directement le corollaire ci-dessus lorsqu'on suppose de plus $x^2 = y^2 = 1$.

Exercice 9 : On reprend les notations introduites pour définir les opérateurs de Toeplitz. Soient $B = M_\omega$ le décalage bilatéral et $D = T_\omega$ le décalage unilatéral. Vérifier que $\pi(B) \in \check{L}(L^2)$ et $\pi(D) \in \check{L}(H^2)$ sont normaux et ont même spectre, mais qu'il n'existe aucune isométrie bijective $V : H^2 \longrightarrow L^2$ telle que $D - V^*BV$ soit compact. (Indication : penser à l'indice de Fredholm).

L'exercice 9 pose le problème d'une classification (au sens de la proposition 6) des opérateurs essentiellement normaux ; rappelons qu'un opérateur X est essentiellement normal si XX^*-X^*X est compact, c'est-à-dire si $x = \pi(X)$ est normal. Ce problème a motivé dans une large mesure d'importants travaux parmi lesquels nous citerons [BDF 1].

5. RELEVEMENTS .

Un sous-ensemble jouissant de certaines propriétés étant donné dans $\check{L}(H)$, est-il l'image par π d'objets analogues dans L(H) qu'on puisse appeler ses relèvements ? si oui, peut-on paramétrer ceux-ci ? si non, peut-on mesurer une "obstruction" à relever l'objet donné ? Les questions de ce type ont récemment motivé de nombreux travaux. Nous en abordons ici plusieurs exemples, en commençant par les projecteurs. (Même si ce cas est déjà résolu par la proposition 5, puisque tout hermitien à spectre contenu dans {0,1} est un projecteur).La plupart des solutions qui suivent remontent à l'article original de Calkin (1941) .

Proposition 7 ([Ca], théorème 2.4) . Tout projecteur de $\check{L}(H)$ est l'image d'un projecteur de L(H). Plus précisément, soit $X \in L(H)$ avec $X^* = X$ et X^2-X compact (de sorte que $e = \pi(X)$ est un projecteur dans l'algèbre de Calkin) ; alors il existe un projecteur E dans L(H) qui commute à X, tel que la compression de X à Im(E) soit inversible, et tel que E-X soit compact (de sorte que $\pi(E) = e$) .

Preuve : Le spectre de e est dans {0,1} car $(e-\lambda)^{-1}$ est donné par $\frac{1-\lambda-e}{\lambda(\lambda-1)}$ si $\lambda \notin \{0,1\}$. Par suite (voir § 3)

$$\sigma(X) = \tau(X) \cup \sigma_{pif}(X) \text{ avec } \tau(X) \subset \{0,1\}$$

et il existe un nombre réel $\alpha \in]0,1[$ tel que $X-\alpha$ soit inversible. Soient

$$f : \Omega = \{z \in \mathbb{C} \mid Re(z) \neq \alpha\} \longrightarrow \mathbb{C}$$

la fonction continue définie par

$$f(z) = \begin{cases} 0 & \text{si } Re(z) < \alpha \\ 1 & \text{si } Re(z) > \alpha \end{cases}$$

et $E = f(X)$ l'opérateur fourni par le calcul fonctionnel à la Gelfand (on pourrait aussi utiliser le calcul fonctionnel holomorphe). La fonction f étant idempotente et réelle au sens où

$$(f(z))^2 = f(z) = \overline{f(\bar{z})} \qquad \text{pour tout } z \in \Omega \ ,$$

l'opérateur E est un projecteur. Comme $f(z) = z$ pour tout $z \in \sigma(\pi(X))$, on a de plus $f(\pi(X)) = \pi(X)$, et par suite E-X compact. Il est évident que E commute à X . Soit enfin $g : \Omega \longrightarrow \mathbb{C}$ la fonction définie par

$$g(z) = \begin{cases} 0 & \text{si } \mathrm{Re}(z) < \alpha \\ z^{-1} & \text{si } \mathrm{Re}(z) > \alpha \end{cases}$$

et soit $Y = g(X)$; alors $YX = XY = E$, de sorte que la compression de X à Im(E) est inversible.

<u>Lemme</u> : Soient e un projecteur dans $\check{L}(H)$ et E_1, E_2 deux projecteurs dans L(H) avec $\pi(E_1) = \pi(E_2) = e$. L'opérateur $R = 1 - E_1 - E_2 + 2E_1E_2$ est de Fredholm d'indice zéro, de sorte que les dimensions n_1 de $\mathrm{Im}(E_1) \cap (\mathrm{Im}(R))^{\perp}$ et n_2 de $\mathrm{Im}(E_2) \cap \mathrm{Ker}(R)$ sont finies. De plus, $n_1 = n_2$ si et seulement s'il existe un unitaire $V \in L(H)$ avec V-1 compact et $E_2 = V^*E_1V$.

<u>Preuve</u> : Pour tout nombre réel $t \in [0,1]$, l'opérateur

$$R_t = 1 - tE_1 - tE_2 + 2tE_1E_2$$

est de Fredholm car $\pi(R_t) = 1$; par suite $R \in \Phi_0(H)$, la dimension de Ker(R) , égale à celle de $(\mathrm{Im}(R))^{\perp}$, est finie, et n_1, n_2 sont a fortiori finis.

L'égalité $E_1R = RE_2$ implique que R induit des opérateurs

$$R_+ : \mathrm{Im}(E_2) \longrightarrow \mathrm{Im}(E_1) \quad \text{et} \quad R_- : (\mathrm{Im}(E_2))^{\perp} \longrightarrow (\mathrm{Im}(E_1))^{\perp}$$

De même $S = R^*$ induit

$$S_+ : \mathrm{Im}(E_1) \longrightarrow \mathrm{Im}(E_2) \quad \text{et} \quad S_- : (\mathrm{Im}(E_1))^{\perp} \longrightarrow (\mathrm{Im}(E_2))^{\perp} .$$

Or, $RS = (R_+S_+) \oplus (R_-S_-)$ ne diffère de l'identité de $H = \mathrm{Im}(E_1) \oplus (\mathrm{Im}(E_1))^{\perp}$ que par un compact (car $\pi(RS) = 1$), et de même pour SR. Par suite R_+ et R_- sont des opérateurs de Fredholm. Leurs indices sont respectivement n_2-n_1 et n_1-n_2 : en effet, si

$$\dim(\mathrm{Ker}(R)) = \dim((\mathrm{Im}(R))^{\perp}) = m \quad ,$$

alors

$$\dim((\mathrm{Im}(R_+))^{\perp}) = n_1 \qquad \dim((\mathrm{Im}(R_-))^{\perp}) = m-n_1$$

$$\dim(\mathrm{Ker}(R_+)) = n_2 \qquad \dim(\mathrm{Ker}(R_-)) = m-n_2 \quad .$$

Supposons d'abord qu'il existe $V \in L(H)$ avec $V-1$ compact et $E_2 = V^*E_1V$. Une vérification de routine montre que V induit des isométries surjectives

$$V_+ : \mathrm{Im}(E_2) \longrightarrow \mathrm{Im}(E_1) \quad \text{et} \quad V_- : (\mathrm{Im}(E_2))^{\perp} \longrightarrow (\mathrm{Im}(E_1))^{\perp} .$$

Or $\pi(V) = \pi(R) = 1$; par suite V_+-R_+ et V_--R_- sont compacts, et les indices de V_+ et de R_+ (ou de V_- et de R_-) sont égaux; donc $n_1 = n_2$.

Supposons réciproquement E_1 et E_2 tels que $n_1 = n_2$. Les indices de R_+ et R_- étant nuls, il existe des opérateurs inversibles

$$T_+ : \mathrm{Im}(E_2) \longrightarrow \mathrm{Im}(E_1) \quad \text{et} \quad T_- : (\mathrm{Im}(E_2))^{\perp} \longrightarrow (\mathrm{Im}(E_1))^{\perp}$$

avec T_+-R_+ et T_--R_- de rang fini. Soit V l'opérateur unitaire entrant dans la décomposition polaire de $T = T_+ \oplus T_- \in L(H)$. Alors $\pi(V) = 1$, car $\pi(V) = \pi(T) = \pi(R)$. D'autre part, V induit deux isométries surjectives

$$V_+ : \mathrm{Im}(E_2) \longrightarrow \mathrm{Im}(E_1) \quad \text{et} \quad V_- : (\mathrm{Im}(E_2))^{\perp} \longrightarrow (\mathrm{Im}(E_1))^{\perp} \;;$$

il en résulte que $E_2 = V^*E_1V$.

Le lecteur perspicace aura reconnu en E_1, E_2 deux représentations du groupe $\mathbb{Z}_2$, en R un opérateur de Fredholm $\mathbb{Z}_2$-équivariant(ou d'entrelacement), et dans le couple $(n_2-n_1,\ n_1-n_2)$ un $\mathbb{Z}_2$-indice de Fredholm.

<u>Proposition 8</u> : Soient E_1 et E_2 deux projecteurs dans L(H) avec $\pi(E_1) = \pi(E_2) = e$ et n_1, n_2 comme dans le lemme précédent. Si $n_1 \leqslant n_2$ [respectivement $n_1 \geqslant n_2$], il existe un opérateur unitaire $V \in L(H)$ avec V-1 compact et $Im(V^*E_1V)$ un sous-espace de $Im(E_2)$ de codimension n_2-n_1 [respectivement $Im(VE_2V^*)$ un sous-espace de $Im(E_1)$ de codimension n_1-n_2].

<u>Preuve</u> : Supposons $n_1 \leqslant n_2$. Soient R, R_+, R_- comme dans la preuve du lemme. Soit F un projecteur de H sur un sous-espace contenant $Im(E_1)$ avec codimension n_2-n_1. Il existe des opérateurs inversibles

$$T_+ : Im(E_2) \longrightarrow Im(F) \quad \text{et} \quad T_- : (Im(E_2))^{\perp} \longrightarrow (Im(F))^{\perp}$$

avec $(T_+ \oplus T_-)-R$ compact et tels que $F(T_+ \oplus T_-) = (T_+ \oplus T_-)E_2$. Le schéma suivant aide le rédacteur au moins à y voir clair :

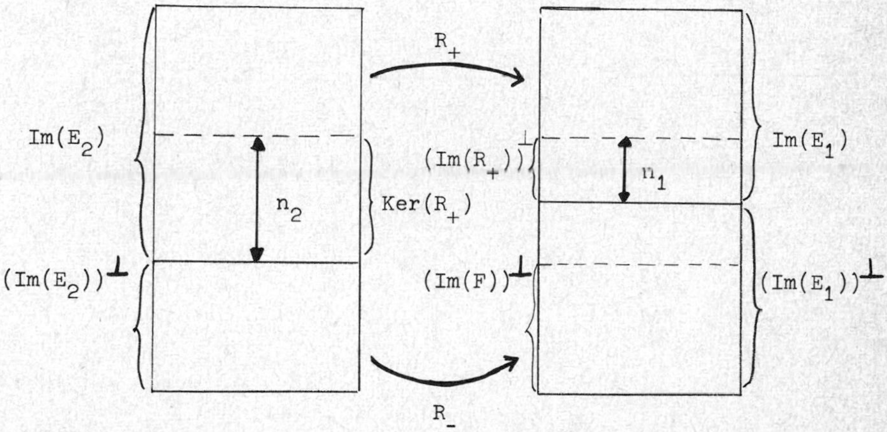

Si V est l'opérateur unitaire entrant dans la décomposition polaire de $T = T_+ \oplus T_-$, alors V satisfait les propriétés désirées.

Le cas $n_1 \geqslant n_2$ est analogue.

On vérifie facilement que n_2-n_1 coïncide avec la <u>codimension essentielle</u> de E_1 dans E_2, comme définie dans la remarque 4.9 de [BDF 1] ;

elle peut se calculer à partir de tout opérateur de Fredholm d'indice zéro Q satisfaisant $E_1Q = QE_2$ comme l'indice d'un sommant direct Q_+ ad hoc.

Commentaire : Ce qui précède constitue un premier exemple des notions introduites en début de paragraphe. La proposition 7 montre en effet qu'il existe toujours au moins un relèvement E d'un projecteur donné e dans $\check{L}(H)$. Dans ce cas, les conjugués de E par le groupe $U(H,C) = \mathrm{Ker}(U(H) \longrightarrow \check{U}(H))$ relèvent évidemment tous aussi e . La proposition 8 paramétrise alors par les entiers rationnels l'ensemble de tous les relèvements de e modulo conjugaison par U(H,C). D'une part, la proposition 8 répond à une question bien naturelle après la proposition 7 ; mais elle nous sera d'autre part aussi utile à établir l'existence de relèvements pour d'autres objets (voir la preuve de la proposition 11) ; ainsi les problèmes d'existence et de paramétrisation de relèvements sont-ils encore plus étroitement liés qu'il peut y sembler à première vue.

Proposition 9 ([Ca], lemme 5.3). Toute famille $(e_n)_{n\in N}$ de projecteurs orthogonaux dans $\check{L}(H)$ est l'image d'une suite $(E_n)_{n\in N}$ de projecteurs orthogonaux dans L(H).

Preuve : On construit la suite $(E_n)_{n\in N}$ par induction en débutant comme pour la proposition 7. On obtient le (m+1)-ème terme à partir des m premiers en répétant la même construction avec pour espace de Hilbert le noyau de $E_1 + \ldots + E_m$.

Proposition 10 ([Ca], théorème 2.5) : Toute isométrie partielle dans $\check{L}(H)$ est l'image d'une isométrie partielle dans L(H).

Preuve : Soient w une isométrie partielle dans $\check{L}(H)$, e = w*w son projecteur initial et $f = ww^*$ son projecteur final. Soient $T \in L(H)$ avec $\pi(T) = w$ et $T = Y|T|$ sa décomposition polaire. Comme $\pi(T^*T) = e$, il existe par la proposition 7 un projecteur E dans L(H) avec $\pi(E) = e$, qui commute à $|T|$ et tel que la compression de $|T|$ à Im(E) soit inversible. En particulier, Im(E) est dans $\mathrm{Im}(|T|)$, dont l'adhérence est l'espace initial de Y . Par suite $W = YE$ est une isométrie partielle de projecteur initial E .

L'opérateur $(1-E)|T|$ est compact ; il est en effet positif et son carré

$$\{(1-E)|T|\}^2 = (1-E)T^*T = (1-E)(T^*T-E)$$

est compact car $\pi(T^*T) = \pi(E)$. L'opérateur $E(|T|-E)$ est aussi compact ; en effet, la compression de l'opérateur positif $|T|$ à Im(E) étant inversible, celle de $|T|+E$ l'est aussi et il existe $S \in L(H)$ avec

$$S(|T|+E) = (|T|+E)S = E \quad \text{et} \quad S(1-E) = (1-E)S = 0 ;$$

alors $E(|T|-E) = S(|T|+E)(|T|-E)$; comme T commute à E, cette dernière expression vaut $S(|T|^2-E) = S(T^*T-E)$ qui est bien compact.
Donc

$$|T|-E = E(|T|-E) + (1-E)|T|$$

est compact, $W-T = Y(E-|T|)$ l'est aussi, et on a bien $\pi(W) = w$.

<u>Proposition 11</u> : Soient w une isométrie partielle de $\check{L}(H)$ et E,F deux projecteurs dans L(H) avec $\pi(E) = w^*w$ et $\pi(F) = ww^*$. Alors il existe une isométrie partielle W dans L(H) avec $\pi(W) = w$ et telle que W^*W [respectivement WW^*] soit un projecteur de H sur un sous-espace de Im(E) [resp. Im(F)] de codimension finie.

<u>Preuve</u> : Soient X une isométrie partielle dans L(H) qui relève w (Proposition 10), E' son projecteur initial et F' son projecteur final. Soit U un opérateur unitaire dans L(H) avec U-1 compact et tel

que Im(UE'U*) soit selon le cas un espace contenant Im(E) avec codimension finie ou un sous-espace de Im(E) de codimension finie (Proposition 8).

Soit E" = (UE'U*)E, qui est un projecteur majoré par E avec $\pi(E") = \pi(E)$. Alors XU* est une isométrie partielle relevant w , de projecteurs initial et final UE'U* et F' . Donc Y = XU*E est une isométrie partielle relevant w, de projecteur initial E" majoré par E et de projecteur final $\tilde{F}'$ majoré par F' .

Soit de même V un opérateur unitaire dans L(H) avec V-1 compact et tel que $V\tilde{F}'V^*$ commute à F. On pose F" = $F(V\tilde{F}'V^*)$, de sorte que VY est une isométrie partielle relevant w, de projecteurs initial et final E" et $V\tilde{F}'V^*$. Puis enfin W = FVY, de projecteur initial majoré par E" (donc aussi par E) et de projecteur final F" (majoré par F).

Commentaire : La proposition 11 résout un cas de problème relatif au sens suivant (les lecteurs professionnels de topologie algébrique sont invités à passer plus bas) : l'objet donné dans $\check{L}(H)$ a plusieurs constituants interdépendants (ici w, e, f liés par e = w*w et f = ww*); on considère en avoir déjà relevé une partie (ici E et F) et on cherche à terminer "au mieux" (ce qui veut dire que W*W et WW* doivent être majorés respectivement par E et F). On pourrait bien sûr être plus exigeant et définir une obstruction à trouver W de projecteurs initial et final E et F ; l'obstruction serait ici la différence des codimensions de W*W dans E et de WW* dans F. De même que les paramétrisations évoquées au commentaire précédent, la solution de problèmes relatifs peut être nécessaire à l'étude de problèmes "absolus" (voir par exemple la proposition 12, ainsi que [HK 2]) .

Rappelons qu'un système d'unités matricielles d'ordre n dans une algèbre involutive complexe A est une suite $(e_{i,j})_{1\leq i,j\leq n}$ d'éléments tels que

$$(e_{i,j})^* = e_{j,i} \qquad i,j = 1,2,\ldots,n$$

$$e_{i,j}e_{k,l} = \delta_{j,k}e_{i,l} \qquad i,j,k,l = 1,2,\ldots,n \; .$$

Un tel système est déterminé par 2n-1 éléments $e_{j,j}$ et $e_{j,1}$ (j=1,...,n) satisfaisant

$$(*) \quad \begin{cases} (e_{j,j})^* = e_{j,j} = (e_{j,j})^2 \\ e_{j,j}e_{k,k} = 0 \\ (e_{j,1})^* e_{j,1} = e_{1,1} \\ e_{j,1}(e_{j,1})^* = e_{j,j} \end{cases} \qquad j,k = 1,2, \ldots, n \quad j \neq k$$

puisque, dans ce cas,

$$\begin{aligned} e_{1,j} &= (e_{j,1})^* \\ e_{k,l} &= e_{k,1}e_{1,l} \end{aligned} \qquad j,k,l = 1,2, \ldots, n$$

déterminent les autres éléments. La donnée d'un tel système équivaut d'autre part à celle d'un morphisme injectif d'algèbres involutives de $M_n(\mathbb{C})$ dans A .

Si A possède une unité, on dit que le système $(e_{i,j})_{1\leq i,j\leq n}$ est <u>unifère</u> lorsque $\sum_{j=1}^{n} e_{j,j} = 1$; de tels systèmes correspondent aux morphismes de $M_n(\mathbb{C})$ dans A appliquant 1 sur 1 .

<u>Proposition 12</u> : Tout système d'unités matricielles $(e) = (e_{i,j})_{1\leq i,j\leq n}$ dans $\check{L}(H)$ est l'image d'un système $(E) = (E_{i,j})_{1\leq i,j\leq n}$ dans L(H). Si de plus (e) est unifère, on peut trouver (E) tel que la dimension du projecteur $1 - \sum_{j=1}^{n} E_{j,j}$ soit n-1 au plus.

Preuve : Soit $(F_{j,j})_{1\leq j\leq n}$ une suite de projecteurs orthogonaux dans $L(H)$ relevant $(e_{j,j})_{1\leq j\leq n}$ (proposition 9). Pour chaque $j \in \{2,3,\ldots,n\}$, soit $F_{j,1}$ une isométrie partielle dans $L(H)$ relevant $e_{j,1}$ et telle que

1) $F_j = (F_{j,1})^*F_{j,1}$ soit un projecteur sur un sous-espace de $\mathrm{Im}(F_{1,1})$ de codimension finie,

2) $F_{j,1}(F_{j,1})^*$ soit un projecteur sur un sous-espace de $\mathrm{Im}(F_{j,j})$ de codimension finie ;

ceci est possible par la proposition 11. Posons $E_{1,1} = \prod_{j=2}^{n} F_j$, puis $E_{j,1} = F_{j,1}E_{1,1}$ et $E_{j,j} = E_{j,1}(E_{j,1})^*$ pour $j = 2,3,\ldots,n$. On vérifie sans peine que ces opérateurs vérifient les conditions (*) ci-dessus, puis on définit comme plus haut les autres $E_{j,k}$. D'où un morphisme $\Phi : M_n(\mathbb{C}) \longrightarrow L(H)$.

Supposons de plus (e) unifère et posons $E_0 = \sum_{j=1}^{n} E_{j,j}$, de sorte que $\pi(E_0) = 1$ et que $\mathrm{Im}(1-E_0)$ est un sous-espace de dimension finie, disons m, dans H. Soit $m = pn + r$ le résultat de la division euclidienne. Si $p \geq 1$, on peut modifier Φ en lui ajoutant une représentation non dégénérée de $M_n(\mathbb{C})$ dans un sous-espace de dimension pn de $\mathrm{Im}(1-E_0)$. Par suite, on peut toujours se ramener au cas où

$$\dim_{\mathbb{C}}\mathrm{Im}(1-E_0) = r \in \{0,1,\ldots,n-1\} .$$

On peut montrer [Tha] que r ne dépend que de (e), et non du choix de (E).

Proposition 13 : Soient A une C*-algèbre de dimension finie et $\varphi : A \longrightarrow \check{L}(H)$ un morphisme. Il existe un morphisme $\Phi : A \longrightarrow L(H)$ avec $\pi\Phi = \varphi$.

Si de plus $\varphi(1) = 1$, on peut choisir Φ de telle sorte que $\Phi(1)$ soit un projecteur sur un sous-espace de H de codimension d-1 au plus, où d est le plus grand commun diviseur des dimensions des idéaux à gauche minimaux de A.

Preuve : Si $A = M_n(\mathbb{C})$, c'est la proposition 13. En général, A est un produit direct $A = \prod_{j=1}^{k} M_{n_j}(\mathbb{C})$ [DC* §5] , et on peut traiter chaque facteur séparément grâce à la proposition 9 .

La seconde partie de la proposition n'offre pas plus de difficulté si l'on se souvient que les dimensions des idéaux à gauche minimaux de A sont précisément les n_j. (On trouvera par exemple une description géométrique de ces idéaux dans la partie III de l'appendice à [DC].).

Le résultat ci-dessus est essentiellement dû à Calkin. Son énoncé apparaît explicitement dans une version préliminaire de [BDF 1] et dans [Tha] ; je remercie L.G. BROWN et F.J. THAYER pour leurs communications à ce sujet. Sa preuve est un morceau notoire de la tradition orale, mais j'ignore si elle a jamais paru par écrit dans toute son tégrité.

Commentaire : La proposition 13 affirme d'abord qu'un certain problème de relèvement (pour le morphisme φ) est toujours résoluble. Elle décrit ensuite les obstructions possibles (l'ensemble { 0,1, ..., d-1}) à un second problème de relèvement (morphisme unifère). Sa preuve indique aussi comment on pourrait d'une part paramétriser les relèvements d'un morphisme φ (voir la proposition 1 de [Tha]), et d'autre part formuler et résoudre le problème relatif qui fait l'objet de l'exercice ci-dessous.

Exercice 10 : Soient A une C*-algèbre de dimension finie, B une sous-C*-algèbre, et φ, ψ des morphismes tels que

$$\begin{array}{ccc} B & \xrightarrow{\psi} & L(H) \\ \downarrow & & \downarrow \pi \\ A & \xrightarrow[\varphi]{} & \check{L}(H) \end{array}$$

commute. Quand existe-t-il un morphisme $\Phi : A \longrightarrow L(H)$ tel que $\pi\Phi = \varphi$ et $\Phi|_B = \psi$? Si φ et ψ sont unifères, quand peut-on choisir Φ unifère ?

Reprenons les notations $U(H)$ et $\check{U}(H)$ du § 4 (remarque (iii) suivant la proposition 6). Une <u>représentation unitaire de Calkin</u> d'un groupe G est un homomorphisme $\varphi : G \longrightarrow \check{U}(H)$; une telle représentation est <u>relevable</u> s'il existe une représentation unitaire au sens usuel, c'est-à-dire un homomorphisme $\Phi : G \longrightarrow U(H)$, avec $\pi\Phi = \varphi$.

<u>Proposition 14</u> : Toute représentation unitaire de Calkin d'un groupe fini est relevable.

<u>Preuve</u> : Si G est un groupe fini, l'algèbre du groupe $\mathbb{C}[G]$ a une structure naturelle de C*-algèbre et tout homomorphisme $G \to \check{U}(H)$ se prolonge en un morphisme de C*-algèbre $\mathbb{C}[G] \longrightarrow \check{L}(H)$. La proposition 14 est donc un cas particulier de la proposition 13, puisque $\mathbb{C}[G]$ a un idéal à gauche de dimension unité (les multiples scalaires de $\sum_{g \in G} g$; c'est d'ailleurs un idéal bilatère) .

On trouvera dans [HK 1] une autre preuve de ce résultat, ainsi que sa généralisation convenable aux groupes compacts.

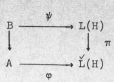

Remarquons qu'on peut répéter la proposition 14 pour les produits libres de groupes finis (par propriété universelle), tels que le groupe diédral infini $\mathbb{Z}_2 * \mathbb{Z}_2$ ou le groupe modulaire $\mathbb{Z}_2 * \mathbb{Z}_3$. Mais la considération d'autres groupes nécessite une troisième idée (après celles de la paramétrisation et du passage aux problèmes relatifs) qui est celle de <u>stabiliser</u> les problèmes, au moins dans une première approche. Pour plus de détails, nous renvoyons à [HK 1], [HK 2] et au § 7 de [Br].

Les problèmes de relèvement ne se posent évidemment pas que pour les C*-algèbres et les groupes. Nous mentionnerons pour terminer des études concernant les opérateurs polynomialement compacts [O], essentiellement quasi-nilpotents [We], essentiellement quasi-algébriques [OP], ainsi que les C*-algèbres et applications complètement positives [Ar 2], [CE 1] et [CE 2].

P.S. Mentionnons encore de R.L. Moore : "Reductivity in C^*-algebras and essentially reductive operators", Pacific J. of Math. <u>74</u> (1978) 419-428.

BIBLIOGRAPHIE

[AB] J. ANDERSON et J. BUNCE : "A type II_∞ factor representation of the Calkin algebra", Amer. J.Math. 99 (1977) 515-521.

[Ar 1] W. ARVESON : "An invitation to C*-algebras", Springer 1976.

[Ar 2] ---------- : "Notes on extensions of C*-algebras", Duke Math. J. 44 (1977) 329-355.

[A] F.V. ATKINSON : "The normal solvability of linear equations in normed spaces", Mat. Sb. 28 (70)(1951) 3-14 (en russe) ; MR 13 p. 46.

[B] I.D. BERG : "An extension of the Weyl-von Neumann theorem to normal operators", Trans.AMS 160 (1971) 365-371.

[BW] S.K. BERBERIAN : "The Weyl spectrum of an operator", Indiana Univ. Math.J. 20 (1970) 529-544.

[BTGI] N. BOURBAKI : "Topologie générale, chapitres 1 et 2, 4ème édition", Hermann 1965.

[BPS] A. BROWN, C. PEARCY et N. SALINAS : "Ideals of compact operators on Hilbert space", Michigan Math. J. 18 (1971), 373-384. Voir aussi la critique par N. Salinas d'un article de J.S. Morell et al., MR 54 # 951.

[Br] L.G. BROWN : "Extensions and the structure of C*-algebras", Symposia Math. 20 (Academic Press 1976) 539-566.

[BDF 1] L.G. BROWN, R.G. DOUGLAS et P.A. FILLMORE : "Unitary equivalence modulo the compact operators and extensions of C*-algebras", Lecture Notes in Math. 345 (Springer 1973) 58-128.

[BDF 2] ------- : "Extensions of C*-algebras and K-homology", Ann. of Math. 105 (1977) 265-324.

[Ca] J.W. CALKIN : "Two-sided ideals and congruence in the ring of bounded operators in Hilbert space", Ann. of Math. 42 (1941) 839-873.

[CPY] S.R. CARADUS, W.E. PFAFFENBERGER et B. YOOD : "Calkin algebras and algebras of operators on Banach spaces", Dekker 1974.

[CE 1] M.D. CHOI et E.G. EFFROS : "The completely positive lifting problem for C*-algebras", Ann. of Math. 104 (1976) 585-609.

[CE 2] ---- : "Lifting problems and the cohomology of C*-algebras", Canadian J. Math. 24 (1977) 1092-1111.

[Da 1] A.T. DASH : "Joint spectrum in the Calkin algebra", Bull. AMS 81 (1975) 1083-1085.

[Da 2] ----- : "Joint essential spectra", Pacific J. of Math. 64 (1976) 119-128.

[Da 3] ----- : "The products of Fredholm operators of indices zero", Rev. Roumaine Math. Pures Appl. 22 (1977) 907-908 .

[DF] K.R. DAVIDSON et C.F. FONG : "An operator algebra which is not closed in the Calkin algebra", Pacific J. Math. 72 (1977) 57-58.

[De] B. DECORET : "Suites de décomposition d'un espace de Banach à base inconditionnelle. Noyaux d'opérateurs et isométries définis sur certains espaces d'opérateurs", thèse de 3ème Cycle, Lyon 1978.

[DC] J.A. DIEUDONNE et J.B. CARREL : "Invariant theory, old and new", Advances in Math. 4 (1970) 1-80.

[DC*] J. DIXMIER : "Les C*-algèbres et leurs représentations", Gauthier-Villars 1964.

[D] R.G. DOUGLAS : "Banach algebra techniques in operator theory", Academic Press 1972.

[DT] ------ : "Banach algebra techniques in the theory of Toeplitz operators", CBMS Regional Conference Series in Mathematics N° 15, AMS 1973.

[E] K.E. EKMANN : "Indices on C*-algebras through representations in the Calkin algebra", Duke Math. J. 41 (1974) 413-432.

[ET] K.D. ELWORTHY et A.J. TROMBA : "Differential structures and Fredholm maps on Banach manifolds", in "Global Analysis", Proc. Symp. Pure Math. 15 (1970) 45-94.

[F 1] P.A. FILLMORE : "Notes on operator theory", van Nostrand 1970.

[F 2] ----- : "The shift operator", Amer. Math. Monthly 81 (1974) 717-723.

[F 3] ----- : "Extensions relative to semifinite factors", Symposia Math. 20 (Academic Press 1976) 487-496.

[FSW] P.A. FILLMORE, J.G. STAMPFLI et J.P. WILLIAMS : "On the essential numerical range, the essential spectrum, and a problem of Halmos", Acta Sci. Math. (Szeged) 33 (1972) 179-192.

[Ge] K. GEBA : "On the homotopy groups of $GL_c(E)$", Bull. Acad. Polon. Sci. Sér. Sci. Math. Astronom. Phys. 16 (1968) 699-702.

[Gu] K. GUSTAFSON : "Weyl's theorems", in "Linear operators and approximations" (Birkhäuser 1972) 80-93.

[H 1] P.R. HALMOS : "Lectures on ergodic theory", Chelsea 1956.

[H 2] ---- : "A Hilbert space problem book", van Nostrand 1967 et Springer 1974.

[H 3] ---- : "Permutations of sequence and the Schröder-Bernstein theorem", Proc. AMS 19 (1968) 509-510.

[H 4] ---- : "Ten Problem in Hilbert space", Bull. AMS 76 (1970) 887-933.

[H 5] ---- : "Continuous functions of hermitian operators", Proc. AMS 81 (1972) 130-132.

[H 6] ---- : "Limits of shifts", Acta Sci. Math. (Szeged) 34 (1973) 131-139 .

[Ha] P. de la HARPE : "Sous-groupes distingués du groupe unitaire et du groupe général linéaire d'un espace de Hilbert", Comment. Math. Helv. 51 (1976) 241-257.

[HK 1] P. de la HARPE et M. KAROUBI : "Perturbations compactes des représentations d'un groupe dans un espace de Hilbert", Bull. Soc. Math. France, Suppl. Mém. 46 (1976) 41-65.

[HK 2] ----- : "Ibidem II", Ann. Inst. Fourier 28 (1978) 1-25.

[K] N. KUIPER : "The homotopy type of the unitary group of Hilbert space", Topology 3 (1965) 19-30.

[vN] J. von NEUMANN : "Charakterisierung des Spektrums eines Integraloperators", Hermann 1935.

[O] C.L. OLSEN : "A structure theorem for polynomially compact operators", Amer. J. Math. 93 (1971) 686-698.

[OP] C.L. OLSEN et J.K. PLASTIRAS : "Quasialgebraic operators, compact perturbations, and the essential norm", Michigan Math. J. 21 (1974) 385-397.

[Pa] R.S. PALAIS : "Homotopy theory of infinite dimensional manifolds", Topology 5 (1966) 1-16.

[PAS] R.S. PALAIS et al., : "Seminar on the Atiyah-Singer index theorem", Princeton Univ. Press 1965.

[PW] C.R. PUTNAM et A. WINTNER : "The orthogonal group in Hilbert space", Amer. J. Math. 74 (1952) 52-78.

[RN] F. RIESZ et B. Sz.-NAGY : "Leçons d'analyse fonctionnelle, 5ème édition", Gauthier-Villars 1968.

[Sa] R. SAKAI : "A problem of Calkin", Amer. J. Math. 88 (1966) 935-941.

[Sch] R. SCHATTEN : "Norm ideals of completely continuous operators", Springer 1960.

[Si] W. SIKONIA : "The von Neumann converse of Weyl's theorem", Indiana Univ. Math. J. 21 (1971) 121-124.

[T] J.L. TAYLOR : "Topological invariants of the maximal ideal space of a Banach algebra", Advances in Math. 19 (1976) 149-206. Voir aussi "Twisted products of Banach algebras and third Cech cohomology", Lecture Notes in Math. 575 (1977) 157-174.

[Tha] F.J. THAYER : "Obstructions to lifting *-morphisms into the Calkin algebra", Illinois J. Math. 20 (1976) 322-328.

[Tho] E.O. THORP : "Projections onto the subspace of compact operators", Pacific J. Math. 10 (1960) 693-696.

[TW] A.E. TONG et D.R. WILKEN : "The uncomplemented subspace K(E,F)", Studia Math. 37 (1971) 227-236.

[V] D. VOICULESCU : "A non-commutative Weyl-von Neumann theorem", Rev. Roumaine Math. Pures Appl. 21 (1976) 97-113.

[Vt] J. VOIGT : "Perturbation theory for commutative m-tuples of self-adjoint operators", J. Functional Analysis 25 (1977) 317-334.

[We] T.T. West : "The decomposition of Riesz operators", Proc. London Math. Soc. 16 (1966) 737-752. Pour l'équivalence entre opérateurs de Riesz et essentiellement quasi-nilpotents, voir le § 3 de "Riesz operators in Banach spaces", Proc. London Math. Soc. 16 (1966) 131-140.

[W] H. WEYL : "Ueber beschränkte quadratische Formen, deren Differenz vollstetig ist", Rend. Circ. Mat. Palermo 27 (1909) 373-392. Voir Oeuvres I pages 175-194.

[Z] L. ZSIDO : "The Weyl-von Neumann theorem in semifinite factors", J. Functional Analysis 18 (1975) 60-72.

MOYENNABILITE DU GROUPE UNITAIRE ET PROPRIETE P DE SCHWARTZ DES ALGEBRES DE VON NEUMANN

P. de la HARPE

Soient H un espace de Hilbert complexe séparable de dimension infinie et M une sous-algèbre de von Neumann (contenant 1) de l'algèbre $L(H)$ des opérateurs sur H. L'objet de cette note est de montrer que M est moyennable si et seulement si son groupe unitaire l'est au sens usuel relativement à sa topologie forte. Nous proposons ainsi d'une part une reformulation partielle de l'exposé original sur la propriété P de J. Schwartz [S], et d'autre part une nouvelle définition possible de la moyennabilité de M qui s'ajoute à la liste déjà connue (propriétés AF , P de Schwartz, E de Hakeda-Tomiyama, injectivité, semi-discrétion, et nullité des espaces de cohomologie convenables; voir [C3], ou à défaut [C2]). Cette nouvelle définition est proche de la condition Q de Choda et Echigo [CE].

Je remercie P.L. Aubert et A. Connes pour d'utiles remarques, ainsi que le Fonds national suisse de la recherche scientifique pour son soutien.

1.- LA MOYENNABILITE DU GROUPE IMPLIQUE LA PROPRIETE P

Si G est un groupe topologique, $C^b(G)$ désigne l'espace de Banach des fonctions continues bornées de G dans $\mathbb{C}$ muni de la norme de la convergence uniforme. Soient $f \in C^b(G)$ et $a \in G$; on note ${}_af$ la fonction définie par ${}_af(g) = f(a^{-1}g)$. On dit que f est <u>uniformément continue à droite</u> si

$$\begin{cases} G \longrightarrow C^b(G) \\ a \longmapsto {}_af \end{cases}$$

est continue; l'espace de ces fonctions sera noté $C^b_d(G)$; c'est un fermé de $C^b(G)$, donc un espace de Banach complexe. (Nous suivons ainsi Bourbaki [BTGI, III p. 20] et Kelley [K, chap. 6, problèmes O et suivants], et non Eymard [E].)

Une <u>moyenne</u> sur $C^b_d(G)$ est un état pour l'ordre standard, c'est-à-dire une forme linéaire μ sur $C^b_d(G)$ qui applique les fonctions à valeurs réelles positives sur des nombres positifs et la fonction constante de valeur 1 sur le nombre 1 .

(On sait que μ est alors une forme continue.) Une telle moyenne est <u>invariante à gauche</u> si $\mu({}_af) = \mu(f)$ pour tout $a \in G$ et pour tout $f \in C_d^b(G)$. Le groupe G est <u>moyennable</u> s'il existe une moyenne invariante à gauche sur $C_d^b(G)$; il existe plusieurs définitions équivalentes [E].

Pour toute sous-algèbre involutive A de L(H) contenant l'identité, notons

$$U(A) = \{ g \in A \mid gg^* = g^*g = 1 \}$$

le <u>groupe unitaire</u> de A ; nous écrivons toutefois U(H) au lieu de U(L(H)). On vérifie facilement que les topologies ultraforte, forte, faible et ultrafaible coïncident sur U(A) et en font un groupe topologique métrisable (qui est même polonais si A est une algèbre de von Neumann); nous considérerons toujours U(A) comme muni de cette topologie.

LEMME 1. Soient A comme ci-dessus, $X \in L(H)$ et $\xi, \eta \in H$. La fonction

$$f_{X,\xi,\eta} : \begin{cases} U(A) \longrightarrow \mathbb{C} \\ g \mapsto \langle gXg^*\xi \mid \eta \rangle \end{cases}$$ est uniformément continue à droite.

PREUVE. Supposons X, ξ et η non nuls, et écrivons f pour $f_{X,\xi,\eta}$. Pour tout nombre réel $\varepsilon > 0$, posons

$$\mathcal{V}_\varepsilon = \left\{ k \in U(A) \;\middle|\; \|(k-1)\xi\| < \frac{\varepsilon}{2\|X\|\|\eta\|} \quad \text{et} \quad \|(k-1)\eta\| < \frac{\varepsilon}{2\|X\|\|\xi\|} \right\}.$$

Il suffit de vérifier que $|f(g) - f(h)| < \varepsilon$ dès que $gh^* \in \mathcal{V}_\varepsilon$. Or

$$|f(g) - f(h)| = |\langle gXg^*(1-gh^*)\xi|\eta\rangle + \langle (1-hg^*)gXh^*\xi|\eta\rangle| \leqslant$$
$$\leqslant \|gXg^*\|\|(gh^*-1)\xi\|\|\eta\| + \|gXh^*\|\|\xi\|\|(gh^*-1)\eta\| < \varepsilon$$

par Cauchy-Schwarz, d'où le lemme.

Soient M une algèbre de von Neumann opérant dans H et G = U(M) son groupe unitaire. <u>Supposons G moyennable</u>, soit μ une moyenne invariante à gauche sur $C_d^b(G)$, et reformulons des idées de [S] et [CE].

Soit $X \in L(H)$. Vu le lemme 1, on peut définir une application de $H \times H$ dans $\mathbb{C}$ en associant au couple (ξ, η) la moyenne μ évaluée sur $f_{X,\xi,\eta}$. Cette application étant sesquilinéaire continue, il existe un opérateur bien défini dans L(H), que nous noterons $\pi(X)$, tel que

$$\langle \pi(X)\xi|\eta\rangle = \mu(f_{X,\xi,\eta}) = \mu_{g\in G}\langle gXg^*\xi|\eta\rangle$$

pour tout couple (ξ,η). Comme μ est une moyenne, il est banal de vérifier que π est un endomorphisme linéaire de l'espace de Banach $L(H)$ satisfaisant

(i) π est positif (si X est un opérateur positif, alors $\pi(X)$ l'est aussi) et $\pi(1) = 1$.

(ii) $\|\pi(X)\| \leqslant \|X\|$ pour tout $X \in L(H)$.

LEMME 2. L'application π satisfait de plus les propriétés suivantes :

(iii) $\pi(X)$ est dans l'enveloppe convexe faiblement fermée K_X de $(gXg^*)_{g\in G}$,

(iv) $\pi(X)$ est dans le commutant M' de M,

(v) $\pi(RXS) = R\pi(X)S$ pour tout couple (R,S) d'opérateurs dans M'

ceci pour tout $X \in L(H)$.

PREUVE. Montrons (iii) par l'absurde et supposons $\pi(X) \notin K_X$. Vu les théorèmes usuels de séparation (voir [BEVT], chap. II, § 5, n° 3, proposition 4), il existe une forme $\mathbb{R}$-linéaire faiblement continue non nulle α sur $L(H)$ et un nombre réel a tels que $\alpha(\pi(X)) > a$ et $\alpha(Y) \leqslant a$ pour tout $Y \in K_X$. La forme α étant faiblement continue, il existe des vecteurs $\xi_1,\dots,\xi_n,\eta_1,\dots,\eta_n$ tels que

$$\alpha(Y) = \mathrm{Re}\left(\sum_{j=1}^{n}\langle Y\xi_j|\eta_j\rangle\right)$$

pour tout $Y \in L(H)$ (voir [DvN], chap. I, § 3, n° 3, théorème 1). Par définition de $\pi(X)$, on a alors

$$a < \alpha(\pi(X)) = \mathrm{Re}\left(\sum_{j=1}^{n}\langle\pi(X)\xi_j|\eta_j\rangle\right) = \mathrm{Re}\left(\sum_{j=1}^{n}\mu_{g\in G}\langle gXg^*\xi_j|\eta_j\rangle\right) = \mu_{g\in G}\,\alpha(gXg^*) \leqslant a$$

car $\alpha(gXg^*) \leqslant a$ pour tout $g \in G$. Ceci est l'absurdité annoncée.

Soient $X \in L(H)$ et $\xi,\eta \in H$; notons $f = f_{X,\xi,\eta}$. Vu l'invariance de μ :

$$\mu(f) = \mu_{g\in G}\langle gXg^*\xi|\eta\rangle = \mu({}_af) = \mu_{g\in G}\langle gXg^*a\xi|a\eta\rangle ,$$

ce qui se traduit par $\langle\pi(X)\xi|\eta\rangle = \langle\pi(X)a\xi|a\eta\rangle$ pour tout $a \in G$. Il en résulte que $\pi(X)$ commute à tout élément unitaire de M, donc aussi à tout élément de M (voir [DvN], chap. I, § 1, n° 3, proposition 3), ce qui prouve (iv).

De même, on a pour tout couple (R,S) de M'

$$\langle \pi(RXS)\xi | \eta \rangle = \mu_{g\in G} \langle gRXSg^*\xi|\eta\rangle = \mu_{g\in G} \langle gXg^*(S\xi)|R^*\eta\rangle = \langle \pi(X)S\xi|R^*\eta\rangle ,$$

ce qui prouve (v).

Les propriétés (iii) et (iv) montrent que $K_X \cap M'$ n'est jamais vide, donc que l'algèbre M satisfait la propriété P.

Remarquons que la propriété (v) du lemme montre que M' satisfait la propriété E. Les propriétés (i) à (v) sont celles du lemme 5 de [S].

2.- LE GROUPE UNITAIRE D'UNE ALGEBRE APPROXIMATIVEMENT DE DIMENSION FINIE (AF)

Nous recopions d'abord un résultat de [P], pour les lecteurs qui n'y ont pas accès. Le lemme 3 est un outil technique destiné à montrer au lemme 4 une variante du théorème de densité de Kaplansky. Nous notons $C_o(\mathbb{R}^*)$ l'algèbre des fonctions continues à valeurs complexes sur la droite réelle, qui sont nulles à l'origine et qui tendent vers zéro à l'infini; c'est une algèbre de Banach pour le produit ponctuel et la norme de la convergence uniforme. Nous notons $Her(H)$ l'espace vectoriel des opérateurs hermitiens sur H muni de la topologie forte.

LEMME 3. Pour tout $f \in C_o(\mathbb{R}^*)$, l'application de $Her(H)$ dans lui-même induite par f via le calcul fonctionnel à la Gelfand est continue.

PREUVE [P]. Soit S l'ensemble des fonctions de $C_o(\mathbb{R}^*)$ qui induisent via Gelfand des applications continues de $Her(H)$ dans lui-même; c'est une sous-algèbre fermée de $C_o(\mathbb{R}^*)$. Montrons d'abord qu'elle contient la fonction e définie par $e(t) = t(1+t^2)^{-1}$. Pour tout couple (X,Y) d'opérateurs hermitiens sur H :

$$e(Y) - e(X) = (1+Y^2)^{-1}[Y(1+X^2) - (1+Y^2)X](1+X^2)^{-1} =$$

$$= (1+Y^2)^{-1}(Y-X)(1+X^2)^{-1} + (1+Y^2)^{-1}Y(X-Y)X(1+X^2)^{-1} .$$

Les normes de $(1+Y^2)^{-1}$ et de $(1+Y^2)^{-1}Y$ étant bornées par 1 , il en résulte que $e(Y)$ tend fortement vers $e(X)$ si Y tend fortement vers X .

Définissons pour chaque nombre réel $r > 0$ la fonction e_r par $e_r(t) = e(rt)$. La famille $(e_r)_{r>0}$ de S est hermitienne et sépare les points de $\mathbb{R}^*$. Par suite S , qui s'identifie à un espace de fonctions continues de $\mathbb{R}^*$ dans $\mathbb{C}$, est dense dans $C_0(\mathbb{R}^*)$. (Pour la "version localement compacte" du théorème de Stone-Weierstrass utilisée ici, voir par exemple [BTGII], X p. 40, corollaire 2.) Il en résulte que $S = C_0(\mathbb{R}^*)$.

LEMME 4. Soient M une sous-algèbre de von Neumann de $L(H)$ et A une sous-algèbre involutive de M qui contient l'exponentielle de tous ses éléments. Si A est fortement dense dans M , alors $U(A)$ est fortement dense dans $U(M)$.

PREUVE [P]. Soit $g \in U(M)$. Notons log une détermination borélienne (discontinue) du logarithme définie dans un voisinage du cercle unité du plan complexe, et posons $X = -i \log(g)$; c'est un élément de $M \cap \mathrm{Her}(H)$. La version usuelle du théorème de Kaplansky affirme que la boule unité de $A \cap \mathrm{Her}(H)$ est fortement dense dans celle de $M \cap \mathrm{Her}(H)$ (voir [DvN], chap. I, § 3, n° 5). Il existe donc une suite bornée $(X_\iota)_{\iota \in I}$ d'éléments de $A \cap \mathrm{Her}(H)$ qui converge fortement vers X .

Soit C une constante majorant $\|X_\iota\|$ pour tout $\iota \in I$. Soit f une fonction dans $C_0(\mathbb{R}^*)$ dont la valeur en t vaut $\exp(it)-1$ si $|t| \leqslant C$. En appliquant le lemme 3 à f , on voit que la suite $(\exp(iX_\iota))_{\iota \in I}$ tend fortement vers $g = \exp(iX)$. Par hypothèse, les unitaires $\exp(iX_\iota)$ sont tous dans A ; le groupe $U(A)$ est donc fortement dense dans $U(M)$.

Soit à nouveau G le groupe unitaire de l'algèbre de von Neumann $M \subset L(H)$. Supposons M approximativement de dimension finie. Soit $(M_n)_{n \in N}$ une suite croissante de sous-algèbres involutives de M , chacune de dimension finie et contenant 1 , et dont la réunion M_∞ soit fortement dense dans M . Comme $U(M_\infty)$ est une réunion de groupes compacts, il existe une moyenne invariante à gauche sur $C_d^b(U(M_\infty))$ [Dmi, théorème 2]. Mais $C_d^b(U(M_\infty))$ s'identifie canoniquement à $C_d^b(G)$ puisque $U(M_\infty)$ est dense dans G par le lemme 4. Il existe donc une moyenne sur $C_d^b(G)$ telle que $\mu({}_af) = \mu(f)$ pour tout $f \in C_d^b(G)$ et pour tout $a \in U(M_\infty)$, donc aussi (par continuité de $a \longmapsto {}_af$) pour tout $a \in G$. En d'autres termes, le groupe G est moyennable.

Remarquons que la moyenne μ ci-dessus satisfait aussi $\mu(f_a) = \mu(f)$ pour tout $f \in C_d^b(G)$ et pour tout $a \in U(M_\infty)$. Il n'en résulte pas que μ soit bi-invariante, car l'application $a \mapsto f_a$ n'est en général pas continue.

3.- RESULTAT PRINCIPAL ET REMARQUES

Contrairement à tout ce qui précède, le théorème et résumé qui suit fait appel à des résultats récents.

THEOREME. Soient M une algèbre de von Neumann agissant dans un espace de Hilbert séparable et $U(M)$ le groupe unitaire de M muni de la topologie forte et de la structure uniforme droite correspondante. Les conditions suivantes sont équivalentes :

(i) M est approximativement de dimension finie.

(ii) Il existe une moyenne invariante à gauche sur l'espace $C_d^b(U(M))$ des fonctions de $U(M)$ dans $\mathbb{C}$ qui sont uniformément continues et bornées - i.e. $U(M)$ est moyennable.

(iii) M jouit de la propriété P de Schwartz.

PREUVE. Les implications (i)$\Rightarrow$(ii) et (ii)$\Rightarrow$(iii) résument la présente note, et l'implication (iii)$\Rightarrow$(i) est due à A. Connes [C1]; l'implication (i)$\Rightarrow$(iii) est contenue dans le lemme 2 de [S].

REMARQUES. (i) Il n'existe pas de moyenne invariante à gauche sur $C^b(U(H))$. Supposons en effet qu'il en existe une, notée μ. Pour tous $X \in L(H)$ et $\xi, \eta \in H$, la fonction $\check{f}_{X,\xi,\eta} : \begin{cases} U(H) \longrightarrow \mathbb{C} \\ g \mapsto \langle g^*Xg\xi | \eta\rangle \end{cases}$ est dans $C^b(U(H))$. On peut donc construire comme au lemme 2 une application linéaire $\check{\pi} : L(H) \longrightarrow L(H)$ appliquant 1 sur 1. L'invariance de μ implique alors $\check{\pi}(aXa^*) = \check{\pi}(X)$ pour tout $X \in L(H)$ et pour tout $a \in U(H)$, donc $\check{\pi}(XY-YX) = 0$ pour tout couple d'opérateurs X et Y sur H. Comme 1 est une somme de commutateurs [Hal, problème 186], on doit aussi avoir $\check{\pi}(1) = 0$, d'où l'absurdité. Cette remarque recoupe celles de [H].

(ii) Soient $(e_k)_{k\in\mathbb{N}}$ une base orthonormale de H et $(U) = (U_n)_{n\in\mathbb{N}}$ la suite de U(H) définie par

$$U_n e_k = \begin{cases} e_{k+1} & \text{si } 0 \leq k < n \\ e_0 & \text{si } k = n \\ e_k & \text{si } k > n \end{cases} .$$

On vérifie sans peine que $U_m{}^*U_n - 1$ tend fortement vers zéro si m et n tendent vers l'infini, c'est-à-dire que (U) est une suite de Cauchy pour la structure uniforme gauche de U(H) . Par contre $U_m U_n{}^*(e_o) = e_n$ si $m < n$, et (U) n'est pas une suite de Cauchy pour la structure uniforme droite (ni pour la structure bilatère). Par suite, le groupe U(H) muni de la structure uniforme droite ne peut être complété (voir [BTGI], III p. 24, théorème 1). La définition de la suite (U) est inspirée de [D].

On pourrait donc être tenté dans le théorème ci-dessus de remplacer la structure uniforme droite par la structure bilatère (il est alors facile de vérifier que U(M) est toujours complet). Mais l'argument de la remarque (i) montre que c'est impossible.

REFERENCES

BTGI N. Bourbaki : "Topologie générale I", Hermann 1971.

BTGII --- : "Topologie générale II", Hermann 1974.

BEVT --- : "Espaces vectoriels topologiques, chap. I et II, 2è éd.", Hermann 1966.

CE H. Choda et M. Echigo : "A new algebraical property of von Neumann algebras", Proc. Japan Acad. 39 (1963) 651-655.

C1 A. Connes : "Classification of injective factors", Ann. of Math. 104 (1976) 73-115.

C2 --- : "On the classification of von Neumann algebras and their automorphisms", Symposia Math. 20 (Academic Press 1976) 435-478.

C3 --- : "Quelques aspects de la théorie des algèbres d'opérateurs", notes multicopiées par l'IRMA, Strasbourg 1977.

D J. Dieudonné : "Sur la complétion des groupes topologiques", C.R. Acad. Sci. Paris 218 (1944) 774-776.

DvN J. Dixmier : "Les algèbres d'opérateurs dans l'espace hilbertien (algèbres de von Neumann)", Gauthier-Villars 1957.

Dmi J. Dixmier : "Les moyennes invariantes dans les semi-groupes et leurs applications", Acta Sci. Math. (Szeged) 12 (1950) 213-227.

E P. Eymard : "Initiation à la théorie des groupes moyennables", Lecture Notes in Math. 497 (Springer 1975) 89-107.

Hal P.R. Halmos : "A Hilbert space problem book", van Nostrand 1967.

H P. de la Harpe : "Moyennabilité de quelques groupes topologiques de dimension infinie", C.R. Acad. Sci. Paris, Sér. A, 277 (1973) 1037-1040.

K J.L. Kelley : "General topology", van Nostrand 1955.

P G.K. Pedersen : "An introduction to C*-algebra theory", notes multicopiées, Copenhague 1974.

S J. Schwartz : "Two finite, non-hyperfinite, non isomorphic factors", Comm. Pure Appl. Math. 16 (1963) 19-26.

CHARACTERIZATION AND NORMS OF DERIVATIONS ON VON NEUMANN ALGEBRAS

B. JOHNSON

Let H be a Hilbert space and L(H) the algebra of bounded operators on H. A derivation on L(H) is a map $D : L(H) \longrightarrow L(H)$ with $D(AB) = AD(B) + D(A)B \quad (A,B \in L(H))$. Such a derivation is necessarily continuous [7]. If $B \in L(H)$ then $D_B(A) = AB - BA$ is a derivation on L(H). Conversely

<u>Theorem 1</u> : If D is a derivation on L(H) then $D = D_B$ for some $B \in L(H)$.

<u>Proof</u> : Let $\xi \in H$ with $\|\xi\| = 1$ and let p be the orthogonal projection onto $\mathbb{C}\xi$. We shall define $B \in L(H)$ by

$$B\eta = -D(Cp)\xi$$

where $C \in L(H)$ has $C\xi = \eta$. For each η many choices exist for C but B does not depend on the choice as if $C\xi = \eta = C'\xi$ then $D((C - C')p) = 0$ so $D(Cp) = D(C'p)$.

It is easy to see that B is linear and, as C can be chosen with $\|C\| = \|\eta\|$ we have $\|B\eta\| \leqslant \|D\| \; \|C\| \; \|\xi\| = \|D\| \; \|\eta\|$ so B is bounded and $\|B\| \leqslant \|D\|$. We have

$$D_B(A)\eta = ABC\xi - BAC\xi = -AD(Cp)\xi + D(ACp)\xi =$$

$$= D(A)Cp\xi = D(A)\eta \; .$$

Hence $D = D_B$. (This result is valid in any Banach space).

We now look more closely at the norm of D_B . From the definition we see $\|D_B\| \leqslant 2\|B\|$ and since $D_B = D_{B+\lambda I}$ we get $\|D_B\| \leqslant 2\|B + \lambda I\| \; (\lambda \in \mathbb{C})$.

Moreover if we apply the proof of theorem 1 to D_B in place of D we see that there is $B' \in L(H)$ with $D_B = D_{B'}$ and $\|B'\| \leqslant \|D_B\|$. However $D_B = D_{B'}$ means $A(B - B') = (B - B')A$ for all $A \in L(H)$ and so $B' = B + \lambda I$ for some $\lambda \in \mathbb{C}$. Thus we have

$$\mathrm{dist}(B, \mathbb{C}I) \leqslant \|D_B\| \leqslant 2\mathrm{dist}(B, \mathbb{C}I)$$

where

$$\mathrm{dist}(B, \mathbb{C}I) = \inf\{\|B - \lambda I\| \; ; \; \lambda \in \mathbb{C}\} \; .$$

In fact the upper inequality is an equality.

Theorem 2 : (Stampfli [9]) $\|D_B\| = 2\mathrm{dist}(B, \mathbb{C}I)$.

Proof : Note that, as for $|\lambda| > 2\|B\|$ we have $\|B - \lambda I\| > \|B\|$, the infimum is a minimum .

First of all we consider the case in which H is finite dimensional. We can assume that $B \neq 0$ (otherwise the result is trivial) and that the infimum is attained for $\lambda = 0$. We shall show that there ξ_0 in H with $\|\xi_0\| = 1$, $\|B\xi_0\| = \|D\|$ and $\langle B\xi_0, \xi_0 \rangle = 0$.

We have $\|B\| = \|B + \mathbb{C}I\|$ where $B + \mathbb{C}I \in L(H)/\mathbb{C}I$ so there is $f \in (L(H)/\mathbb{C}I)^* = (\mathbb{C}I)^{\perp}$ with $\|f\| = 1$ and $f(B) = \|B\|$. But $L(H)^* \approx H \hat{\otimes} H$ so there are $\xi_1, \ldots, \xi_n, \eta_1, \ldots, \eta_n \in H$ and $\lambda_1, \ldots, \lambda_n \in \mathbb{R}^+$ with $\|\xi_i\| = \|\eta_i\| = 1$, $\sum \lambda_i = 1$ and $f(A) = \sum \lambda_i < A\xi_i, \eta_i >$. Thus $\|B\| = \sum \lambda_i < B\xi_i, \eta_i >$ and since $| < B\xi_i, \eta_i > | \leqslant \|B\|$ and $\sum \lambda_i = 1$ we see $< B\xi_i, \eta_i > = \|B\|\|\xi_i\|\|\eta_i\|$ for each i . Hence $\|B\| = \|B\xi_i\|$ and $\eta_i = \|B\|^{-1}B\xi_i$. As $f \in (\mathbb{C}I)^{\perp}$ we see $\sum \lambda_i < \xi_i, B\xi_i > = 0$.

For any linear subspace K of H and any $A \in L(H)$ the set

$$\{ < A\xi, \xi > \; ; \; \xi \in K, \; \|\xi\| = 1 \}$$

- the numerical range of the compression of A to K - is convex by the

Toeplitz-Hausdorff theorem. The set

$$\{ \xi \; ; \; \xi \in H, \; \|B\xi\| = \|B\|\|\xi\| \}$$

is a linear subspace of H (this is easy for self-adjoint B and follows by the polar decomposition for other B) . Thus

$$\{ < B\xi \, , \xi > \; ; \; \xi \in H \, , \; \|\xi\| = 1 \, , \quad \|B\xi\| = \|B\| \}$$

is convex. At the end of the previous paragraph we showed that 0 is in the convex hull of this set and so the existence of ξ_0 is established.

Now take a unitary element U of L(H) with $U\xi_0 = - \xi_0$, $UB\xi_0 = B\xi_0$ so that

$$\|D_B(U)\xi_0\| = \|UB\xi_0 - BU\xi_0\| = 2\|B\xi_0\| = 2\|B\|$$

and hence

$$\|D_B\| \geqslant 2\|B\| \; .$$

If H is separable take a basis $\xi_1, \xi_2, \ldots$ and let P_n be the projection onto the span of $\xi_1, \ldots, \xi_n$. For each n let λ_n be a point at which $\|P_n(B-\lambda I)P_n\|$ attains its minimum. Then $|\lambda_n| \leqslant 2\|B\|$ and so $\{\lambda_n\}$ has a convergent subsequence $\{\lambda_{n_i}\}$ with limit λ_∞ . We have

$$\|B - \lambda_\infty I\| = \lim_i \|P_{n_i}(B - \lambda_\infty I)P_{n_i}\| = \lim_i \|P_{n_i}(B - \lambda_{n_i} I)P_{n_i}\|$$

and

$$\|P_n D_B(P_n A P_n)P_n\| \leqslant \|D_B\|\|A\|$$

so

$$2\,\|P_n(B - \lambda_n I)P_n\| = \|D_{P_n BP_n}|P_n L(H)P_n\| \leqslant \|D_B\|$$

from which it follows that

$$2\,\mathrm{dist}(B, \mathbb{C}I) \leqslant 2\|B - \lambda_\infty I\| \leqslant \|D_B\| \; .$$

For non separable H we replace the P_n by the set of finite rank projections .

Once these results have been proved it is natural to ask wether they apply to other von Neumann algebras. There are in fact two different types of generalization : instead of considering derivations from L(H) into L(H) one can (case A below) replace L(H) by an arbitrary von Neumann algebra or one can (case B) replace the domain of the derivation by a von Neumann subalgebra of L(H) leaving the target space as L(H). Briefly the above results can be extended completely in the first case but not in the second. A generalization which includes both of these would be to consider derivations from a weakly closed star subalgebra of a von Neumann algebra into the larger von Neumann algebra but information is very incomplete in this general situation.

Case A : DERIVATIONS FROM A VON NEUMANN ALGEBRA INTO ITSELF.

We have

Theorem 3 : (Kadison-Sakai, [5] and [8]). If D is a derivation on a von Neumann algebra $\mathcal{A}$ then $D = D_B|\mathcal{A}$ for some $B \in \mathcal{A}$.

To obtain estimates for the norm of $D_B|\mathcal{A}$ corresponding to those at the beginning of the paper, observe that if $Z \in \mathfrak{Z}$, the centre of $\mathcal{A}$, then $D_B|\mathcal{A} = D_{B+Z}|\mathcal{A}$ so $\|D_B|\mathcal{A}\| \leq 2\|B + Z\|$ whereas an examination of some proofs of theorem 3 shows that there is $Z \in \mathfrak{Z}$ with $\|B + Z\| \leq \|D_B|\mathcal{A}\|$ so that

$$\mathrm{dist}(B,\mathfrak{Z}) \leq \|D_B|\mathcal{A}\| \leq 2\mathrm{dist}(B,\mathfrak{Z}) .$$

Once again it is the upper inequality which is an equality.

Theorem 4 (Gajendragadkar [4] and Zsidó [10]): If $\mathcal{A}$ is a von Neumann algebra and $B \in \mathcal{A}$ then $\|D_B|\mathcal{A}\| = 2\mathrm{dist}(B,\mathfrak{Z})$.

A proof of this theorem appears at the end of this paper.

Case B : DERIVATIONS FROM A VON NEUMANN ALGEBRA INTO L(H) .

Corresponding to theorems 1 and 3 we have

Conjecture 5 : If $\mathcal{A}$ is a von Neumann algebra acting on a Hilbert space H and D is a derivation $\mathcal{A} \to L(H)$ then there is $B \in L(H)$ with $D = D_B | \mathcal{A}$.

The conjecture is known to be true (Christensen [1])

(i) when $\mathcal{A}$ is type I or hyperfinite,

(ii) when $\mathcal{A}$ is infinite

(iii) when $\mathcal{A}$ is type II_1 with $\mathcal{A} \approx \mathcal{A} \otimes \mathcal{R}$ (the von Neumann tensor product where $\mathcal{R}$ is the hyperfinite factor).

As to the norm of $D_B | \mathcal{A}$, this time the obvious inequality is

$$\| D_B | \mathcal{A} \| \leqslant 2 \mathrm{dist}(B, \mathcal{A}') \ .$$

However, even for finite dimensional Hilbert spaces we do not always have equality (McCarthy [6]). It would be interesting to decide whether or not the following conjecture is true.

Conjecture 6 : If $\mathcal{A}$ is a von Neumann algebra acting on a Hilbert space H then there exists $k > 0$ such that

$$k \mathrm{dist}(B, \mathcal{A}') \leqslant \| D_B | \mathcal{A} \| \leqslant 2 \mathrm{dist}(B, \mathcal{A}')$$

for all $B \in L(H)$.

Some remarks are immediate. By taking direct sums, if one k exists for each algebra $\mathcal{A}$ then there is a single value of k which works for all $\mathcal{A}$. I do not know of any case in which it is known that we cannot take $k = 1$. The map $B \longmapsto D_B | \mathcal{A}$ is a map from L(H) into the derivations from $\mathcal{A}$ into L(H), a Banach space with the usual norm for operators from $\mathcal{A}$ into L(H). The kernel of this map is $\mathcal{A}'$ so, by the open mapping theorem, its range is closed if and only if conjecture 6 holds. Thus if conjecture 5 holds for $\mathcal{A}$ so does 6. Conversely the methods of Christensen [1] show how to deduce a positive answer to conjecture 5 from conjecture 6 .

A natural way to tackle conjecture 5 given the partial results is to take an infinite dimensional Hilbert space K and form $D \otimes id_{L(K)} : \mathcal{A} \otimes L(K) \longrightarrow L(H) \otimes L(K) = L(H \otimes K)$ so that we have a derivation on an infinite algebra. Unfornately we do not know how to prove that $D \otimes id_{L(K)}$ is defined on all of $\mathcal{A} \otimes L(K)$. To do this we need to know that if $M_n(\mathcal{A})$ is the C^*-algebra of $n \times n$-matrices over $\mathcal{A}$ then $D^{(n)} : [a_{i,j}] \mapsto [Da_{i,j}]$, which is a derivation $M_n(\mathcal{A}) \to M_n(L(H))$, has

$$\|D^{(n)}\| \leqslant L\|D\|$$

for some L independent of n . Even if $D = D_B|\mathcal{A}$, so that it is obvious that D extends to $\mathcal{A} \otimes L(K)$, the existence of a constant L with

$$\|(D_B|\mathcal{A})^{(n)}\| \leqslant L\|D_B|\mathcal{A}\| \qquad n \in \mathbb{Z}^+,\ B \in L(H)$$

has not been proved and is in fact equivalent to conjecture 6. It is easy to see how such a statement would follow from a positive answer to conjecture 6 and the converse follows easily from what Christensen calls Arveson's distance formula [2] .

<u>Theorem 7</u> : If H, K are Hilbert spaces, K infinite dimensional, $\mathcal{A}$ is a von Neumann algebra on H and $B \in L(H)$ then

$$\|D_{B \otimes I}|\mathcal{A} \otimes L(K)\| = 2\mathrm{dist}(B,\mathcal{A}') .$$

<u>Proof</u> : As before $\|D_{B \otimes I}\| \leqslant 2\mathrm{dist}(B,\mathcal{A}')$ is easy.

Because $\mathcal{A}'$ is a $\sigma(L(H),L(H)_*)$ closed subspace of $L(H)$

$$\mathrm{dist}(B,\mathcal{A}') = \|B\|_{L(H)/\mathcal{A}'} =$$

$$= \sup\{|f(B)| \;;\; f \in L(H)_* \;,\; f(\mathcal{A}') = 0 \;,\; \|f\| = 1\} .$$

For any $f \in L(H)_*$, with $f(\mathcal{A}') = 0$ there are $\xi, \eta \in H \otimes K$ with $\|\xi\|\|\eta\| = \|f\|$ and $f(A) = \langle (A \otimes I)\xi, \eta \rangle$ for all $A \in L(H)$. Thus $\langle (A \otimes I)\xi, \eta \rangle = 0$ for all $A \in \mathcal{A}'$ so if P is the projection onto the space $[(\mathcal{A}' \otimes I)\xi]^-$ then $P\eta = 0$, $P \in (\mathcal{A}' \otimes I)' = \mathcal{A} \otimes L(K)$ and

$$\langle (P(B \otimes I) - (B \otimes I)P)\xi, \eta \rangle = - \langle (B \otimes I)\xi, \eta \rangle .$$

If $U = I - 2P$ then $D_{B \otimes I}U = 2f(B)$. Thus taking a maximizing sequence of functionals the opposite inequality is obtained.

This gives a straightforward proof of theorem 4 above.

Lemma 8 : Let $\mathcal{A}$ be a von Neumann algebra, $A \in \mathcal{A}$ and n a positive integer. Then

$$\|(D_A|\mathcal{A})^{(n)}\| = \|D_A|\mathcal{A}\| .$$

Proof : Let π be the reduced atomic representation of $\mathcal{A}$ and $\pi\mathcal{A}^-$ the weak closure of $\pi\mathcal{A}$ in this representation. Then

$$\|D_A|\mathcal{A}\| = \|D_{\pi A}|\pi\mathcal{A}\| = \|D_{\pi A}|\pi\mathcal{A}^-\|$$

[3, lemma 4, p. 309]. Clearly $\pi \otimes i_n$ is a faithful representation of $\mathcal{A} \otimes M_n$ into $\pi\mathcal{A} \otimes M_n$, an algebra acting on $H \otimes \mathbb{C}_n$. Again

$$\|(D_A|\mathcal{A})^{(n)}\| = \|D_{A \otimes I_n}|\mathcal{A} \otimes M_n\| = \|D_{\pi A \otimes I_n}|\pi\mathcal{A} \otimes M_n\| =$$

$$\|D_{\pi A \otimes I_n}|\pi\mathcal{A}^- \otimes M_n\| .$$

Since $\pi\mathcal{A}^-$ and $\pi\mathcal{A}^- \otimes M_n$ are just full direct sums of type I factors, it is easy to extend theorem 2 to them showing

$$\|D_{\pi A}|\pi\mathcal{A}^-\| = 2\text{dist}(\pi A, \mathfrak{Z}(\pi\mathcal{A}^-))$$

and

$$\|D_{\pi A \otimes I_n}|\pi\mathcal{A}^- \otimes M_n\| = 2\text{dist}(\pi A \otimes I_n, \mathfrak{Z}(\pi\mathcal{A}^- \otimes M_n)).$$

As

$$\mathfrak{Z}(\pi\mathcal{A}^- \otimes M_n) = \mathfrak{Z}(\pi\mathcal{A}^-) \otimes I_n$$

it is easy to see that the right hand sides of these last two equalities are the same, and the lemma is proved.

<u>Proof of theorem 4</u> : By taking the limit as $n \to \infty$ in lemma 8 (or actually proving lemma 8 with $L(K)$ in place of M_n), we see that

$$\|D_A|\mathcal{A}\| = \|D_{A \otimes I}|\mathcal{A} \otimes L(K)\| = 2\text{dist}(A, \mathcal{A}') .$$

If $B \in \mathcal{A}'$ and U is unitary in $\mathcal{A}'$ then $\|A - B\| = \|A - U^*BU\|$; so for any C in the Dixmier set $\mathcal{K}'_B$ [3, p. 252], $\|A - C\| \leqslant \|A - B\|$. Thus by [3, theorem 1, p. 253], there is $Z \in \mathfrak{Z}(\mathcal{A}') = \mathfrak{Z}(\mathcal{A}) = \mathfrak{Z}$ with $\|A - Z\| \leqslant \|A - B\|$. This shows $\text{dist}(A, \mathfrak{Z}) \leqslant \text{dist}(A, \mathcal{A}')$, the reverse inequality being obvious.

REFERENCES

[1] E. CHRISTENSEN, Extensions of derivations, J. Functional Analysis 27 (1978) 234-247 .

[2] E. CHRISTENSEN, Perturbations of operator algebras II, Indiana Univ. Math. Journal 26 (1977) p. 891-904.

[3] J. DIXMIER, Les algèbres d'opérateurs dans l'espace hilbertien, 2ème édition, Gauthier-Villars 1969.

[4] P. GAJENDRAGADKAR, Norm of a derivation on a von Neumann algebra, Trans. Amer. Math. Soc. 170 (1972) p. 165-170.

[5] R.V. KADISON, Derivations of operator algebras, Ann. of Math. 83 (1966), p. 280-293.

[6] C.A. McCARTHY, The norm of a certain derivation, Pacific J. Math. 53 (1974) p. 515-518.

[7] S. SAKAI, On a conjecture of Kaplansky, Tohoku Math. J. 12 (1960) 31-33.

[8] S. SAKAI, Derivations of W^*-algebras, Ann. of Math. 83 (1966) p. 273-279.

[9] J.G. STAMPFLI, On the norm of a derivation, Pacific J.Math. 33 (1970) p. 737-747.

[10] L. ZSIDÓ, The norm of a derivation on a W^*-algebra, Proc. Amer. Math. Soc. 38 (1973) p. 147-150.

AN INVARIANT FOR GROUP ACTIONS

V.F.R. JONES

If $\mathcal{M}$ is a von Neumann algebra, $Aut(\mathcal{M})$ will be its (*-)automorphism group, $U(\mathcal{M})$ its unitary group and $Z(\mathcal{M})$ its centre. Let $Ad : U(\mathcal{M}) \longrightarrow Aut(\mathcal{M})$ be defined by $Adu(x) = uxu^*$. Then $Ker(Ad)$ is the centre of $U(\mathcal{M})$ which is also $U(Z(\mathcal{M}))$; we shall write this abelian group as $A(\mathcal{M})$. Let $Int(\mathcal{M}) = Ad(U(\mathcal{M}))$ and $Out(\mathcal{M}) = Aut(\mathcal{M})/Int(\mathcal{M})$ with $\varepsilon : Aut(\mathcal{M}) \longrightarrow Out(\mathcal{M})$ the canonical projection. If G is a group, an <u>action</u> ψ of G on $\mathcal{M}$ will mean a homomorphism $\psi : G \longrightarrow Aut(\mathcal{M})$. Two actions ψ and ϕ are <u>conjugate</u> if there is a θ in $Aut(\mathcal{M})$ such that $\theta\psi(g)\theta^{-1} = \phi(g)$ for all $g \in G$. If $\psi: G \longrightarrow Aut(\mathcal{M})$ is an action, let $N(\psi) = \psi^{-1}(Int(\mathcal{M})) = Ker(\varepsilon \cdot \psi)$.

We shall be interested in deciding when two actions of a group on a von Neumann algebra are conjugate. There are two cohomological invariants, which we shall call $H^2(\psi)$ and $H^3(\psi)$, that are used to distinguish between conjugacy classes of actions. $H^2(\psi)$ is the element of $H^2(N(\psi), A(\mathcal{M}))$ defined as follows : for each $n \in N(\psi)$ there is a $u(n)$ with $\psi(n) = Ad(u(n))$ and the $u(n)$ satisfy $u(n)u(m) = a(n,m)u(nm)$ for $a(n,m) \in A(\mathcal{M})$. Associativity implies the 2-cocycle relation $a(m,n)a(mn,p) = a(n,p)a(m,np)$, and $H^2(\psi)$ is the class of the cocycle a, which does not depend on the choice of the $u(n)$'s implementing $\psi(n)$. Also $H^2(\psi)$ is the obstruction to lifting the map $\psi: N(\psi) \longrightarrow Int(\mathcal{M})$ to a map $\psi_1 : N(\psi) \longrightarrow U(\mathcal{M})$ with $Ad \cdot \psi_1 = \psi$.

The invariant $H^3(\psi)$ is less well known so I shall give a discussion preliminary to its definition : if N is a group with centre A, a <u>Q-Kernel</u> is a homomorphism $\chi : Q \longrightarrow Out(N)$. In [1], Eilenberg and McLane show how to associate with χ an element $\gamma(\chi)$ of $H^3(Q,A)$ (since inner automorphisms act trivially on A, χ defines an action of Q on A which thus becomes a Q-module). This is done as follows : for each $q \in Q$ choose $\theta(q) \in Aut(N)$ such that $\varepsilon(\theta(q)) = \chi(q)$. Then $\theta(p)\theta(q) = Ad(u(p,q))\theta(pq)$ for $u(p,q) \in N$ and associativity gives $Ad(u(p,q)u(pq,r)) = Ad(\theta(p)(u(q,r))u(p,qr))$. Thus there is a function $\eta : Q \times Q \times Q \longrightarrow A$ such that $u(p,q)u(pq,r) = \eta(p,q,r)\theta(p)(u(q,r))u(pq,r)$. This η satisfies the 3-cocycle relation and its class $\gamma(\chi)$ in $H^3(Q,A)$ is independent of the choices made.

Now if $\nu : Q \longrightarrow Out(\mathcal{M})$ is a homomorphism (which will also be called a Q-Kernel), it naturally gives rise to a Q-Kernel $\nu : Q \longrightarrow Out(U(\mathcal{M}))$, and hence an element $\gamma(\nu)$ of $H^3(Q,A(\mathcal{M}))$.

Given a Q-Kernel $\chi : Q \longrightarrow Out(N)$, Eilenberg and MacLane interpret $\gamma(\chi)$ as the obstruction to the existence of an extension $1 \longrightarrow N \longrightarrow X \longrightarrow Q \longrightarrow 1$ which would give, by conjugation by liftings of elements of Q to X, the Q-Kernel χ. An analogous interpretation may be made for von Neumann algebras, the role of normal subgroup being played by regular subalgebra, i.e. one whose normalizer (the group of unitaries that normalize it) generates the whole von Neumann algebra. This idea was first taken up by Nakamura and Takeda in [2] and further developed by Sutherland in [3].

Given a Q-Kernel $\chi : Q \longrightarrow Out(\mathcal{M})$, it may happen that there is an action $\psi : Q \longrightarrow Aut(\mathcal{M})$ with $\varepsilon \circ \psi = \chi$. In this case the $\theta(q)$'s in the definition of $\gamma(\chi)$ may immediately be chosen so that $\theta(p)\theta(q) = \theta(pq)$, which means that $\gamma(\chi) = 0$. Thus $\gamma(\chi)$ may also be thought of as an obstruction to lifting χ to $Aut(\mathcal{M})$. It is significant that Sutherland proved in [3] that, if $\mathcal{M}$ is infinite or if Q is finite, then $\gamma(\chi)$ is the only obstruction. The case ($\mathcal{M}$ finite, Q infinite) is not understood. For instance, if φ and ψ are automorphisms of a II_1 factor $\mathcal{M}$ such that $\varepsilon(\varphi)$ and $\varepsilon(\psi)$ generate a subgroup of $Out(\mathcal{M})$ isomorphic to $\mathbb{Z} \oplus \mathbb{Z}$, it is not known wether there exist $u, v \in U(\mathcal{M})$ such that $\psi \circ Ad\,u$ commutes with $\varphi \circ Ad\,v$, even when $\mathcal{M}$ is hyperfinite.

After this discussion it is not hard to guess what $H^3(\psi)$ will be : if $\psi : G \longrightarrow Aut(\mathcal{M})$ is an action and $Q = G/N(\psi)$, then ψ determines a Q-Kernel $\tilde{\psi} : Q \longrightarrow Out(\mathcal{M})$ by the formula $\tilde{\psi}(gN(\psi)) = \varepsilon\psi(g)$. We let $H^3(\psi) = \gamma(\tilde{\psi})$ in $H^3(Q,A(\mathcal{M}))$.

In the first part of this talk (§ 1), I shall define an invariant called the characteristic invariant. It is a synthesis of $H^3(\psi)$ and $H^2(\psi)$, but it contains more information than just the pair $(H^3(\psi), H^2(\psi))$. Thus it is not surprising that the characteristic invariant should lie in a group between H^2 and H^3. Such a group has recently been discovered independently by several mathematicians (see [4], [5], [6], [7]), though it is also to be found in [8]. Of these works, that of Huebschmann seems to be the most thorough so I shall give a brief description of his formalism and phrase the definition of the characteristic invariant in these terms. Loday calls the group $H^3(Q, G, A(\mathcal{M}))$. In the context of this talk, and especially in view of theorem 1.1, 2 is a more appropriate dimension so I shall call the group $H^2(Q, G, A(\mathcal{M}))$.

Remark 1.3 is fundamental as it gives a more concrete way of thinking of the characteristic invariant, well suited to crossed-product purposes.

In § 2, I carry out the moral duty of showing that there are interesting cases in which the characteristic invariant is non-trivial. As a bonus, this allows us to solve an existence problem for obstructions associated with Q-Kernels. Eilenberg and MacLane showed in [1] how to construct Q-Kernels with arbitrary obstruction and by a similar method Sutherland shows in [3] that given a discrete group Q, an abelian von Neumann algebra B on which Q acts and an element π of $H^3(Q, U(B))$, there is a von Neumann algebra $\mathcal{M}$ with $Z(\mathcal{M}) = B$ and a Q-Kernel $\chi : Q \longrightarrow \mathrm{Out}(\mathcal{M})$ with $\gamma(\chi) = \pi$. Unfortunately the construction of $\mathcal{M}$ involves a free group so that one cannot always control its isomorphism class, e.g. can it be chosen injective ? Connes has already shown in [9] how to construct Q-Kernels $\chi : Q \longrightarrow \mathrm{Out}(R)$ (R is the hyperfinite II_1 factor) with arbitrary $\gamma(\chi)$ when Q is cyclic, but it was not clear how to proceed when Q is an arbitrary group. Theorem 2.1 illustrates, in the special case of the hyperfinite II_1 factor, a general method for realizing the characteristic invariant. After a short cohomological game it follows that for an arbitrary discrete group Q and $\pi \in H^3(Q, \mathbb{R}/\mathbb{Z})$ ($\mathbb{R}/\mathbb{Z} = A(R)$ with trivial action of Q), there is a

Q-kernel $\chi : Q \longrightarrow \mathrm{Out}(R)$ with $\gamma(\chi) = \pi$. The method could be used to construct Q-Kernels with arbitrary obstruction when Q is separable locally compact if one had the following more precise form of Blattner's theorem ([10]) : for any locally compact separable group G there is a continuous action $\psi : G \longrightarrow \mathrm{Aut}(R)$ with $N(\psi) = \{id\}$ such that $W^*(R,G)$ is a factor . This problem was proposed by Connes at the Plans-sur-Bex conference.

In § 3, I announce a result in which the characteristic invariant plays an essential role. It is obvious from its definition that this invariant belongs in a context much wider than that of actions of groups on von Neumann algebras, and may be defined whenever there is a notion of inner automorphism. What is special in the von Neumann algebra setting is that in some cases the characteristic invariant is almost a complete conjugacy invariant. Theorem 3.1 makes this explicit and the method of proof allows one to show that the H^3 obstruction can be a complete invariant for Q-Kernels.

1. Definition of the characteristic invariant

In his thesis [4] , Huebschmann interprets the cohomology of groups in terms of crossed n-fold extensions and crossed modules. A crossed module is a triple (X,G,∂) where X and G are groups, G acts on X according to $(g,x) \longrightarrow {}^{g}x$ and $\partial : X \longrightarrow G$ is a homomorphism such that :

CM 1 $\qquad g\,\partial(x)\,g^{-1} = \partial({}^{g}x) \qquad \forall\, g \in G,\ x \in X$

CM 2 $\qquad x\,y\,x^{-1} = {}^{\partial(x)}y \qquad \forall\, x,y \in X$.

Given a group Q and a Q-module A, a crossed n-fold extension of Q by A is an exact sequence

$$A \overset{\partial_n}{\rightarrowtail} B_{n-1} \xrightarrow{\partial_{n-1}} \cdots\cdots \xrightarrow{\partial_3} B_2 \xrightarrow{\partial_2} X \xrightarrow{\partial} G \twoheadrightarrow Q$$

where the abelian groups B_i are Q-modules, (X, G, ∂) is a crossed module and the ∂_i are Q-linear for $i \geq 2$. To say that ∂_2 is Q-linear makes sense, since by CM 2, $\ker \partial$ is in the centre of X and $\operatorname{Im} \partial$ acts trivially on it. So $\ker \partial = \operatorname{im} \partial_2$ becomes a Q-module. For $n = 1$, one has $A = X$ and this is the standard notion of an extension.

With obvious notation, two crossed n-fold extensions of Q by A are called similar if there is a sequence of homomorphisms $\alpha_0, \alpha_1, \ldots, \alpha_{n-1}$ such that the following diagram commutes

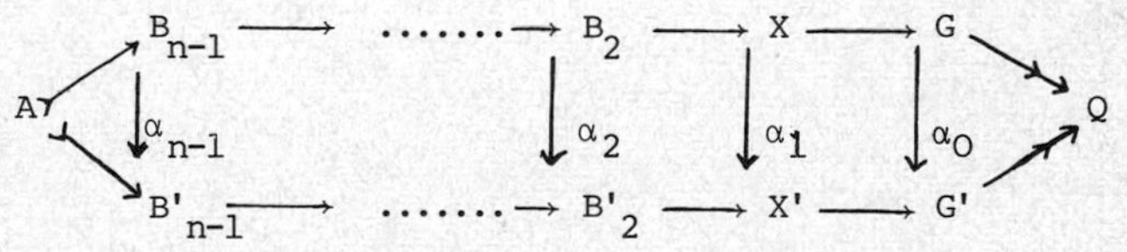

The α_i are required to commute with the actions of G. Similarity generates an equivalence relation and there is a Baer-sum on the set $\operatorname{opext}^n(Q,A)$ of equivalence classes making it into an abelian group isomorphic to $H^{n+1}(Q,A)$.

Now let $N \hookrightarrow G \xrightarrow{p} Q$ be an extension (N contained in G). There is a relative version of the above theory : a <u>G-crossed n-fold extension</u> of N by a Q-module A is an exact sequence

$$A \rightarrowtail^{n+1} B_n \longrightarrow \cdots\cdots\cdots \longrightarrow B_2 \xrightarrow{2} X \twoheadrightarrow N$$

where the B_i are Q-modules, ∂_i is Q-linear for $i \geqslant 2$ and G operates on X in such a way that (X,G,∂_1) is a crossed module. Equivalence classes of these extensions form an abelian group called $\mathrm{opext}^n_G(N,A)$. I shall only be interested in $\mathrm{opext}^1_G(N,A)$ which I shall write $H^2(Q,G,A)$. It is the set of all equivalence classes of central extensions $A \xrightarrow{\partial_2} X \xrightarrow{\partial_1} N$ with an action $(g,x) \mapsto gx$ of G on X which satisfies $g\,\partial_1(x)g^{-1} = \partial_1(gx)$ and $xyx^{-1} = \partial(x)y$. Two such extensions X_1 and X_2 are equivalent if there is an isomorphism i: $X_1 \longrightarrow X_2$ commuting with everything in sight. The identity element of $H^2(Q,G,A)$ is the class of the trivial extension $A \rightarrowtail A \times N \twoheadrightarrow N$ with G acting on A x N by $g(a,n) = (p(g)a,\ gng^{-1})$.

There is a map $r : H^2(G,A) \longrightarrow H^2(Q,G,A)$ defined as follows : given an extension $A \rightarrowtail Y \twoheadrightarrow G$ representing an element e of $H^2(G,A)$, let r(e) be the class of the G-crossed extension $A \rightarrowtail \pi^{-1}(N) \twoheadrightarrow N$ where G acts on $\pi^{-1}(N)$ by conjugation of liftings. There is also a map $d : H^2(Q,G,A) \longrightarrow H^3(Q,A)$ defined as follows : given a G-crossed extension $A \rightarrowtail X \twoheadrightarrow N$ of N by A representing an element $f \in H^2(Q,G,A)$, let d(f) be the class of the induced sequence $A \rightarrowtail X \longrightarrow G \twoheadrightarrow Q$ (remember $N \subseteq G$). It is an element of $H^3(Q,A)$ (identified with $\mathrm{opext}^2(Q,A)$).

<u>Theorem 1.1</u> ([4] [5] ,[6] , [7]) . The maps r and d are homomorphisms and the sequence

$$0 \to H^1(Q,A) \to H^1(G,A) \to H^1(N,A)^Q \to H^2(Q,A) \to H^2(G,A) \xrightarrow{r} H^2(Q,G,A) \xrightarrow{d} H^3(Q,A) \to H^3(G,A)$$

is exact, where the first 5 arrows are those of the Hochschild-Serre sequence [11] and the last is the inflation.

We are now ready to define the characteristic invariant, so let G be a group and $\psi : G \longrightarrow \mathrm{Aut}(\mathcal{M})$ be an action of G. Then there are homomorphisms $\psi : N = N(\psi) \longrightarrow \mathrm{Int}(\mathcal{M})$ and $\mathrm{Ad} : U(\mathcal{M}) \longrightarrow \mathrm{Int}(\mathcal{M})$. Let X be the fibre product $N \times_{\mathrm{Int}(\mathcal{M})} U(\mathcal{M}) =$ $= \{(n,u) \in N \times U(\mathcal{M}) \mid \psi(n) = \mathrm{Ad}\, u\}$ (if ψ is faithful this is just $\mathrm{Ad}^{-1}(\psi(N))$). There is a central extension $A(\mathcal{M}) \rightarrowtail X \twoheadrightarrow N$ and since for $\varphi \in \mathrm{Aut}(\mathcal{M})$, $u \in U(\mathcal{M})$, $\varphi\, \mathrm{Ad}\, u\, \varphi^{-1} = \mathrm{Ad}\, \varphi(u)$, G acts on X according to $g(n,u) = (gng^{-1}, \psi(g)(u))$. With this action we obtain a G-crossed extension of N by $A(\mathcal{M})$ whose class in $H^2(Q,G,A(\mathcal{M}))$ depends only on the conjugacy class of ψ. Call this element of $H^2(Q,G,A(\mathcal{M}))$ the characteristic invariant $\Lambda(\psi)$ of ψ. (In Loday's terminology, $\Lambda(\psi)$ is the characteristic class of the relative extension $1 \longrightarrow A(\mathcal{M}) \longrightarrow X \longrightarrow G \longrightarrow Q \longrightarrow 1$).

With this definition it is not clear how to calculate the group $H^2(Q,G,A)$, nor that the characteristic invariant is related to Connes invariant γ in [9]. I shall now give a more concrete definition of $H^2(Q,G,A)$: with notation as above, consider the cohomology bicomplex $C^{p,q} = C^p(G, C^q(N,A))$ for $(p,q) \in \mathbf{N} \times \mathbf{N}$. The abelian group $C^{p,q}$ is the set of functions from $G^p \times N^q$ to A normalized so that if any of the arguments of the function is the identity, the value of the function is zero. Now G acts on the left on $C^q(N,A)$ by its action on the Q-module A and on the right by conjugation on N, so that $C^q(N,A)$ becomes a G-bimodule and there are thus coboundaries $\delta_{p,q} : C^{p,q} \longrightarrow C^{p+1,q}$. Moreover, $C^q(N,A)$ is the standard normalized cochain complex for the group N with coefficients in A so that there are coboundaries $d_{p,q} : C^{p,q} \rightarrow C^{p,q+1}$. If the signs are correctly chosen, d and δ satisfy conditions as on p. 341 of [12] so that if we define $C^n = \bigoplus_{p+q=n} C^{p,q}$, there is a naturally defined coboundary $D_n : C^n \longrightarrow C^{n+1}$ with $D_{n+1} D_n = 0$. It is not exactly the complex C^n that I shall use but a modification of it : define $s : C^{0,2} \longrightarrow C^{0,2}$ by $s\mu(n_1,n_2) = \mu(n_1,n_2) - \mu(n_1 n_2 n_1^{-1}, n_1)$ and let $r : C^{1,1} \longrightarrow C^{0,2}$ be the restriction map . Let $C(G,N,A) =$ $= \{\mu \oplus \lambda \in C^{0,2} \oplus C^{1,1} \mid r(\lambda) = s(\mu)\}$. A short calculation shows that $\mathrm{im}(D_1) \subseteq C(G,N,A)$ so define $\Lambda(G,N,A) = [\ \ker(D_2) \cap C(G,N,A)\ ] / \mathrm{im}(D_1)$.

Theorem 1.2 :

$\Lambda(G,N,A)$ is naturally isomorphic to $H^2(Q,G,A)$.

Proof Let $e \in H^2(Q,G,A)$ be represented by a G-crossed extension $A \rightarrowtail X \twoheadrightarrow N$. Choose a system of liftings $n \mapsto \hat{n}$ for N in X . The formula $\hat{n}\hat{m} = \mu(n,m)\widehat{nm}$ defines an element μ of $C^2(N,A)$ and by CM 1, $\partial(g\hat{n}) = gng^{-1}$ so that $\partial(g\hat{n}) = \lambda(g,n)\widehat{gng^{-1}}$ defines an element λ of $C^1(G,C'(N,A))$. The pair (μ,λ) satisfies the following relations :

$$1 : \mu(n_1,n_2) + \mu(n_1,n_2,n_3) = \mu(n_2,n_3) + \mu(n_1,n_2n_3)$$

$$2 : \lambda(g,n_1n_2) - \lambda(g,n_1) - \lambda(g,n_2) = g\mu(n_1,n_2) - \mu(gn_1g^{-1}, gn_2g^{-1})$$

$$3 : \lambda(g_1g_2,n) = g_1\lambda(g_2,n) + \lambda(g_1,g_2ng_2^{-1})$$

$$4 : \lambda(n_1,n_2) = \mu(n_1,n_2) - \mu(n_1n_2n_1^{-1},n_1) .$$

These relations are readily checked ($\Lambda 4$ comes from CM 2) and express precisely the fact that $\mu \oplus \lambda \in \ker(D_2) \cap C(G,N,A)$. Moreover, changing the choice of liftings $n \mapsto \hat{n}$ changes $\mu \oplus \lambda$ by an element in $\mathrm{im}(D^1)$ so that the map $\Omega: H^2(Q,G,A) \longrightarrow \Lambda(G,N,A)$ given by $\Omega(e) = [\mu \oplus \lambda]$ is well defined. No one will doubt that Ω is a group homomorphism.

If $\Omega(e) = 0$, the G-crossed extension is split (the class of μ is 0 in $H^2(N,A)$), and since $\lambda = 0$, X is isomorphic to A x N with G acting as described above. Thus Ω is injective. For surjectivity, suppose $\mu \oplus \lambda \in \ker(D_2) \cap C(G,N,A)$. Then μ is a 2-cocycle so form the associated central extension $A \rightarrowtail A \times_\mu N \twoheadrightarrow N$ and for $(a,n) \in A \times_\mu N$ define $g(a,n) = (\lambda(g,n) + ga, gng^{-1})$. By $\Lambda_1, \ldots, \Lambda_4$, this makes the extension intoa G-crossed extension whose class e in $H^2(Q,G,A)$ obviously satisfies $\Omega(e) = [\mu \oplus \lambda]$. Q.E.D.

Remark 1.3 The proof of theorem 1.2 gives another way of viewing the characteristic invariant : if $\psi : G \longrightarrow \mathrm{Aut}(\mathcal{H})$ is an action with $N(\psi) = N$, then for each $n \in N$

choose u(n) with $\psi(n) = \text{Ad } u(n)$. The characteristic invariant is the pair (μ,λ), defined by $u(n)u(m) = \mu(n,m)u(nm)$ and $\psi(g)(u(n)) = \lambda(g,n)u(gng^{-1})$, modulo the dependence on the choice of the u(n)'s. This dependence is best expressed in terms of the double complex.

Recall that in [9] , Connes defined a conjugacy invariant γ for an element ψ of Aut($\mathcal{M}$) ($\mathcal{M}$ a factor) by : if p is the first positive integer such that $\psi^p \in \text{Int}(\mathcal{M})$ then if $\psi^p = \text{Ad } u$, γ is the p th. root of unity determined by $\psi(u) = \gamma u$. By remark 1.3, γ may be identified with the characteristic invariant for the action ψ of $\mathbb{Z}$ on $\mathcal{M}$ given by $\psi(n) = \psi^n$. Thus in special cases the characteristic invariant may be defined more simply. This simplification extends to the case when N is central so that the next result gives an explicit expression for $H^2(Q,G, \mathbb{R}/\mathbb{Z})$ in this case .

Corollary 1.4 If N is central and $\mathbb{R}/\mathbb{Z}$ is a trivial Q-module, $H^2(Q,G,\mathbb{R}/\mathbb{Z}) = B(G,N)$, the group of all functions from G x N to $\mathbb{R}/\mathbb{Z}$ which are homomorphisms in both variables and antisymmetric when restricted to N x N .

Proof : Define $\sigma : \Lambda(G,N, \mathbb{R}/\mathbb{Z}) \longrightarrow B(G,N)$ by $\sigma(\mu \oplus \lambda) = \lambda$. This is well defined since, N being central, $\delta_{0,1}$ is zero. Relations Λ 2 and Λ 3 express the double homomorphism property . If $\mu : N \times N \longrightarrow \mathbb{R}/\mathbb{Z}$ is a cocycle, it is easily checked that $A\mu : N \times N \longrightarrow \mathbb{R}/\mathbb{Z}$ defined by $A\mu(n_1,n_2) = \mu(n_1,n_2) - \mu(n_2,n_1)$ is antisymmetric and bilinear. Moreover it is well known (*) that A establishes an isomorphism between $H^2(N, \mathbb{R}/\mathbb{Z})$ and the group of bilinear antisymmetric functions from $N \times N \longrightarrow \mathbb{R}/\mathbb{Z}$. Thus if $\sigma([\mu \oplus \lambda]) = 0$, $A\mu = 0$ and $[\mu \oplus \lambda] = 0$. Surjectivity follows similarly. Q.E.D.

(*) This may be established by using universal coefficients to show that $H^2(N, \mathbb{R}/\mathbb{Z}) = \text{Hom}(H^2(N, \mathbb{Z}), \mathbb{R}/\mathbb{Z})$ and then showing that $H_2(N, \mathbb{Z})$ is isomorphic to $\Lambda^2(N)$, the second exterior power of N. Since homology commutes with limits, it suffices to show this when N is finitely generated.

2 . Realization of the characteristic invariant and obstructions .

Let R be the hyperfinite II_1 factor with canonical trace τ .

Theorem 2.1 Let G be a countable (discrete) group, N a normal amenable subgroup of G with quotient Q and $e \in H^2(Q,G, \mathbb{R}/\mathbb{Z})$ (trivial action). Then there is a (faithful) action $\psi: G \longrightarrow Aut(R)$ with $N(\psi) = N$ and $\Lambda(\psi) = e$.

Proof : Let $(\mu,\lambda) \in C(G,N, \mathbb{R}/\mathbb{Z})$ be an element representing $\Omega(e) \in \Lambda(G,N,\mathbb{R}/\mathbb{Z})$ (Ω is the isomorphism of theorem 1.2) . By [10] , choose a faithful action $\Phi : G \longrightarrow Aut(R)$ with $N(\Phi) = \{1\}$ (see also the talk by R. Plymen). Now $\mu : N \times N \longrightarrow \mathbb{R}/\mathbb{Z}$ is a 2-cocycle so we may form the crossed product $\mathcal{M} = W^*(R,N,\mu)$, N acting on R by Φ. The elements of $\mathcal{M}$ are representable by sums of the form $\sum_{n\in N} a(n)u(n)$ where $a(n) \in R$, the $u(n)$ are unitaries satisfying $u(n_1)u(n_2) = \mu(n_1,n_2)u(n_1n_2)$, and $u(n)au(n)^* = \Phi(n)(a)$ for $a \in R$. It is well known ([13]) that $\mathcal{M}$ is a II_1 factor and by [14] proposition 6.8, $\mathcal{M} \cong R$. The trace on $\mathcal{M}$ is given by $tr(\Sigma a(n)u(n)) = \tau(a(1))$. For each $g \in G$ define $\psi(g)(\sum_{n\in N} a(n)u(n)) = \sum_{n\in N} \lambda(g,n)\Phi(g)(a(n))u(gng^{-1})$. The condition Λ 2 shows that $\psi(g)$ preserves the algebraic operations in $\mathcal{M}$ and since $\psi(g)$ preserves the trace there is no trouble extending it from finite sums to an automorphism of $\mathcal{M}$. By $\Lambda 3$, the map $\psi : G \longrightarrow Aut(\mathcal{M})$ so defined is a homomorphism. To identify $N(\psi)$, note first of all that by Λ 4, $\psi(n) = Ad\, u(n)$ for $n \in N$, hence $N \subseteq \psi^{-1}(Int(\mathcal{M}))$. Now we use one of the standard tricks in the automorphism game : if $\mathcal{N}$ is a factor, $\theta \in Aut(\mathcal{N})$ and $\theta(x)a = ax$ for all $x \in \mathcal{N}$ and some $a \in \mathcal{N}$, $a \neq 0$, then $\theta \in Int(\mathcal{N})$ (see [15]) . With this in mind, suppose $\psi(g) = Ad\, v$ for $v \in \mathcal{M}$. Then $v = \sum_{n\in N} b(n)v(n)$ and $\psi(g)(a) = \Phi(g)(a) = v a v^*$ for $a \in R$. Writing this another way gives $(\sum_{n\in N} b(n)v(n))a = \Phi(g)(a)(\sum_{n\in N} b(n)v(n))$ and equating coefficients we have $b(n)\Phi(n)(a) = \Phi(g)(a)b(n)$ $\forall\, n \in N$ and hence $b(n)a = \Phi(gn^{-1})(a)b(n)$. So $b(n)$ is only non-zero when $n = g$

and since at least one of the $b(n)$'s must be non-zero, this means that $g \in N$. Thus $N(\psi) = N$. But for $n \in N$, $\psi(n) = \mathrm{Ad}\, u(n)$ and by definition $\psi(g)(u(n)) = \lambda(g,n)u(gng^{-1})$ so by remark 1.3, $\Lambda(\psi) = e$. Q.E.D.

The next proposition shows how to use theorem 2.1 to construct Q-Kernels realizing the H^3 obstructions.

Proposition 2.2 : Let $\mathcal{M}$ be a von Neumann algebra and $\psi : G \to \mathrm{Aut}(\mathcal{M})$ an action. Then $d\Lambda(\psi) = H^3(\psi)$ where $d : H^2(Q,G,\mathcal{A}(\mathcal{M})) \to H^3(Q,\mathcal{A}(\mathcal{M}))$ is the homomorphism of theorem 1.1.

Proof : $\Lambda(\psi)$ is represented by the G-crossed extension $\mathcal{A}(\mathcal{M}) \rightarrowtail N \times_{\mathrm{Int}(\mathcal{M})} \mathcal{U}(\mathcal{M}) \twoheadrightarrow N$ and by definition $d\Lambda(\psi)$ is represented by the crossed 2-fold extension $\mathcal{A}(\mathcal{M}) \rightarrowtail N \times_{\mathrm{Int}(\mathcal{M})} \mathcal{U}(\mathcal{M}) \to G \twoheadrightarrow Q$. But then the diagram

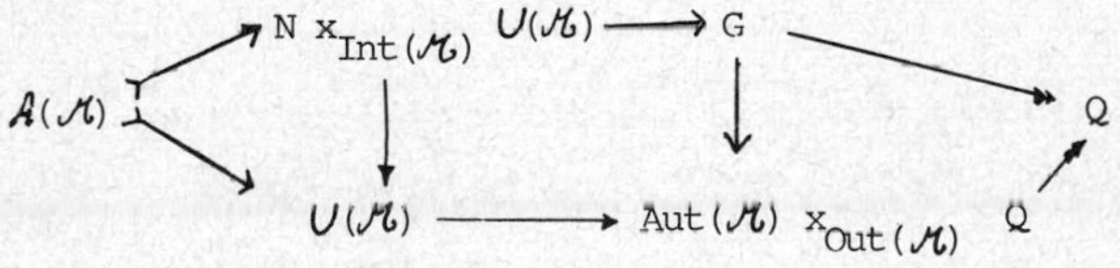

commutes so that $d\Lambda(\psi)$ is also represented by the lower sequence . By [4] p.103, this represents the element of $H^3(Q, \mathcal{A}(\mathcal{M}))$ defined by the Q-Kernel $\chi : Q \to \mathrm{Out}(\mathcal{M})$ coming from ψ, i.e. $d\Lambda(\psi) = H^3(\psi)$. Q.E.D.

The only ingredient now needed for realizing H^3 obstructions on R is a method of killing elements of $H^3(Q)$, i.e. finding an appropriate group G and a surjection $p : G \to Q$ such that $p^*(\gamma) = 0$ for a given $\gamma \in H^3(Q)$. Since we want to stay with the hyperfinite factors, "appropriate" means that the kernel of p must be amenable. It is easy to kill elements of H^2 so we use a method known as dimension shifting to reduce the problem from H^3 to H^2 . Every Q-module A may be embedded in an injective Q-module M ([16] p.97), e.g. one may choose $M = \mathrm{Hom}_Q(\mathbb{Z}Q,A)$. If A^- denotes the quotient M/A, then writing down some of the exact coefficient sequence we have

$$H^2(Q,M) \longrightarrow H^2(Q,A^-) \longrightarrow H^3(Q,A) \longrightarrow H^3(Q,M)$$

Since M is injective, $H^*(Q,M) = 0$ and $H^2(Q,A^-)$ is thus isomorphic to $H^3(Q,A)$.

Lemma 2.3 Let Q be a countable group, A a Q-module and $\gamma \in H^3(Q,A)$. Then there is a countable group G and a surjection $p : G \rightarrow Q$ with $\ker p$ abelian and such that $p^*(\gamma) = 0$.

Proof : Choose Q-modules M and A^- as above, let $\xi : H^2(Q,A^-) \longrightarrow H^3(Q,A)$ be the isomorphism and let $\mu : Q \times Q \longrightarrow A^-$ be a normalized 2-cocycle representing $\xi^{-1}(\gamma)$. Since Q is countable, so is the Q-submodule B of A^- generated by $\mu(Q \times Q)$. Let G be the set $B \times G$ together with the multiplication law $(a_1,g_1)(a_2,g_2) = (\mu(g_1,g_2) + a_1 + g_1(a_2), g_1g_2)$. Then G is a group and $p : G \rightarrow Q$ given by projection onto the second factor is a surjective homomorphism with kernel B. Now $p^*(\xi^{-1}(\gamma)) = 0$ since it is represented by the 2-cocycle $p^*(\mu)$, $(p^*\mu)((a_1,g_1),(a_2,g_2)) = \mu(g_1,g_2)$. But if $\alpha : G \rightarrow B$ is defined by $\alpha(a,g) = -a$, then $d\alpha = p^*\mu$, i.e. $p^*(\xi^{-1}(\gamma)) = 0$. Since ξ is natural, inspection of the commuting diagram :

$$\begin{array}{ccc} H^2(G,A^-) & \longrightarrow & H^3(G,A) \\ \uparrow p^* & & \uparrow p^* \\ H^2(Q,A^-) & \xrightarrow{\ \xi\ } & H^3(Q,A) \end{array}$$

shows that $p^*(\gamma) = 0$. Q.E.D.

Remark 2.4 : One might be tempted to think that if Q is abelian then G may also be chosen abelian. This is not the case even when Q is finite . It is an exercise in the use of the Künneth formula (carried out in § 5 of [17] after changing coefficients from $\mathbb{R}/\mathbb{Z}$ to $\mathbb{Z}$), to show that, if $Q = \bigoplus_{i=1}^{k} \left(\bigoplus_{j=1}^{r_i} \mathbb{Z}\, p_i^{q_j} \right)$ where the p_i are distinct primes, all elements of $H^3(Q, \mathbb{R}/\mathbb{Z})$ may be killed by an abelian G iff $\operatorname{supp}_{i \in \{1,\dots k\}} r_i \leq 2$.

The realization of H^3 obstructions is now child's play. The following theorem answers a question on p. 50 of [3] .

Theorem 2.5 Let Q be a countable group and $\pi \in H^3(Q, \mathbb{R}/\mathbb{Z})$ (trivial coefficients). Then there is an injective Q-kernel $\chi: Q \longrightarrow \mathrm{Out}(R)$ with $\gamma(\chi) = \pi$.

Proof : Choose G and p as in lemma 2.3. By theorem 1.1, $\pi = d\lambda$ for $\lambda \in H^2(Q,G,\mathbb{R}/\mathbb{Z})$. Realize λ by an action $\psi: G \longrightarrow \mathrm{Aut}(R)$ by theorem 2.1 (abelian groups are amenable- see [18]). Then by 2.2, $d\Lambda(\psi) = H^3(\psi) = \gamma(\chi) = \pi$. Q.E.D.

In [20] corollary 4, Connes shows that Out(R) is a simple group with countably many conjugacy classes. We can use the main result of [20] and the above theorem to obtain the following.

Corollary 2.6 Every element of Out(R) is a commutator.

Proof : It suffices to prove the assertion for an element in each conjugacy class. The aperiodic case follows from [10] and [20] theorem 2, so in view of [9] theorem 1.5, for each $n \in \mathbb{N}$ and each nth root of unity δ, choose by theorem 2.5 an injective $\mathbb{Z}_n \oplus \mathbb{Z}$ kernel $\chi: \mathbb{Z}_n \oplus \mathbb{Z} \rightarrow \mathrm{Out}(R)$ with $\gamma(\chi) = p_1^*(\delta)$, p_1 being the projection on the first factor and $H^3(\mathbb{Z}_n, \mathbb{R}/\mathbb{Z})$ being identified with the group of nth. roots of unity as in [9] remark 6.8. Then $\chi(1 \oplus 0)$ has invariant (n,δ). But $\chi(1 \oplus 1)$ is aperiodic and thus conjugate to $\chi(0 \oplus 1)$, so that there is a $\theta \in \mathrm{Out}(R)$ such that $\chi(1 \oplus 1) = \theta\chi(0 \oplus 1)\theta^{-1}$ and therefore $\chi(1 \oplus 0) =$ $= \theta\chi(0 \oplus 1)\theta^{-1}\chi(0 \oplus 1)^{-1}$. Q.E.D.

3 . Actions of finite abelian groups on R .

As was hinted in the introduction, the characteristic invariant is almost a complete conjugacy invariant in this case. I shall now describe what must be added to $\Lambda(\psi)$ to make it complete. Let $\psi : G \longrightarrow \mathrm{Aut}(R)$ be an action of a finite abelian group G on R, let $N = \psi^{-1}(\mathrm{Int}(R))$ and $\Lambda(\psi)$ be the characteristic invariant represented by the pair $(\mu,\lambda) \in G(G,N,\mathbb{R}/\mathbb{Z})$. Let $F = \{ f \in N \mid \lambda(g,f) = 0 \ \ \forall g \in G \}$. If we restrict λ to N x N then by Λ 4 , $\lambda(n_1,n_2) = \mu(n_1,n_2) - \mu(n_2,n_1)$. By the isomorphism referred to in corollary 1.4 we know that the restriction of μ to F is a coboundary, i.e. there is a unitary representation $f \mapsto u(f)$ of F such that $\psi(f) = \mathrm{Ad}\, u(f)$. If $\hat{F}$ is the dual of F, define $\varepsilon(\psi) : \hat{F} \longrightarrow [0,1]$ by $\varepsilon(\psi)(\alpha) = \frac{1}{|F|} \sum_{f \in F} \alpha(f)\, \tau(u(f))$. By orthogonality of the characters, $\sum_{\alpha \in F} \varepsilon(\psi)(\alpha) = 1$.

Now the choice of the u(f)'s is not unique as it may be altered by multiplying the u(f)'s by any given element of $\hat{F}$. This changes $\varepsilon(\psi)$ by a translation on $\hat{F}$. Thus if we think of $\varepsilon(\psi)$ as an equivalence class of functions (of sum 1), up to translation on $\hat{F}$, it is a conjugacy invariant for the action ψ. For the full proof of the next result see [17] .

Theorem 3.1 Let G be a finite abelian group and $\psi, \Phi : G \rightarrow \mathrm{Aut}\, R$ two actions on R with $\psi^{-1}(G) = \Phi^{-1}(G) = N$. Then ψ and Φ are conjugate iff $\Lambda(\psi) = \Lambda(\Phi)$ and $\varepsilon(\psi) = \varepsilon(\Phi)$.

It is also true that all possible values of $\varepsilon(\psi)$ occur for a given $\Lambda(\psi)$. This may be achieved by realizing $\Lambda(\psi)$ as in theorem 2.1 and taking the tensor product with an appropriate inner action. The proof of theorem 3.1. proceeds by introducing a multiplication (coming from the tensor product) on the set Γ of conjugacy classes of those actions (with fixed $N(\psi)$) whose fixed point algebras are factors. An action by outer automorphisms and the identity gives an identity element for Γ and the theorem that any two such actions are conjugate shows that Γ is in fact a group isomorphic to $\Lambda(\psi)$. That part of the action involving $\varepsilon(\psi)$ is split off in a tensor product factorization.

By remark 2.4, the classification of Q-kernels $\chi: Q \longrightarrow \text{Out } R$ with Q finite abelian is not an immediate corollary of theorem 3.1, necessitating as it does the introduction of actions by non-abelian groups. However, if we fix a finite abelian group Q and consider the set Br of conjugacy classes of injective Q-kernels $\chi: Q \longrightarrow \text{Out } R$ (conjugacy means conjugacy in Out R), then as before the tensor product defines a multiplication on Br for which the H^3 obstruction is a homomorphism Ob from Br onto $H^3(Q, \mathbb{R}/\mathbb{Z})$. As before there is an identity given by an outer action of Q (this needs proof) and theorem 4.1.3 of [3] (the lifting of kernels without obstruction) allows us to apply theorem 3.1 to conclude that Br is a group and Ob is an isomorphism. Thus we have :

Theorem 3.2 : Let Q be a finite abelian group and $\chi, \nu : Q \longrightarrow \text{Out } R$ be two injective Q-kernels. Then χ and ν are conjugate iff $\gamma(\chi) = \gamma(\nu)$.

As an immediate corollary of theorem 3.2 we have the classification up to conjugacy of finite abelian subgroups of Out(R) (isomorphic to a given group Q). They are in bijection with the orbits of the action of Aut(Q) on $H^3(Q, \mathbb{R}/\mathbb{Z})$. While explicit expressions for the structure of $H^3(Q, \mathbb{R}/\mathbb{Z})$ may be found in [19] p. 150, the question of the orbit structure of the cohomology of a group under the action of the automorphisms of the group does not appear to have been studied in detail. It is probably a rather complicated affair as even the cyclic case requires some thought.

REFERENCES

1 S. EILENBERG and S. MACLANE : Cohomology theory in abstract groups II. Ann. of Math. 48 , 326-341 (1947)

2 M. NAKAMURA and Z. TAKEDA : On the extensions of finite factors, Proc. Jap. Acad. 35 , 215-220 (1959).

3 C. SUTHERLAND Cohomology and extensions of operator algebras II (preprint).

4 J. HUEBSCHMANN Diss. E.T.H., 5999, Zürich, 1977.

5 J.-L. LODAY Cohomologie et groupe de Steinberg relatif. (Preprint).

6 WU , Y.C. Some applications of group obstructions (preprint).

7 J.G. RATCLIFFE Crossed Extensions (Preprint).

8 RINEHART, G.S. Satellites and Cohomology. J. of Algebra, 12, 295-329, (1969).

9 A. CONNES Periodic Automorphisms of the hyperfinite factor of type II, Acta Sci. Math. 39 , 39-66 (1977).

10 R.J. BLATTNER Automorphic group representations. Pacific J. Math. 8, 665-677 (1958).

11 G. HOCHSCHILD and J.-P. SERRE : Cohomology of group extensions. Trans. A.M.S. 74 , 110-134 (1953).

12 S. MACLANE Homology. Springer 1967 .

13 G. ZELLER-MEIER Produits croisés d'une C^*-algèbre par un groupe d'automorphismes. J. Math. Pures et Appl. 47 - 101-239 (1968).

14 A. CONNES Classification of Injective Factors. Ann. of Math. 104, 73-115 (1976).

15 R. KALLMANN A generalization of free action, Duke Math. J. 36, 781-789 (1969)

16 M.F. ATIYAH and C.T.C. WALL : "Cohomology of groups" in Algebraic numbers Theory. J.W.S. Cassels and A. Fröhlich Acad. Press 1967.

17 V.F.R. JONES : Actions of finite abelian groups on the hyperfinite II_1 factor (Preprint).

18 J. DIXMIER Les moyennes invariantes dans les semi-groupes et leurs applications. Acta Sci. Math. 12 A, 213-228 (1950).

19 K.H. HOFMAN and P.S. MOSTERT : Cohomology theories for compact Abelian groups. Springer 1973 .

20 A. CONNES Outer Conjugacy Classes of automorphisms of factors. Ann. Scient. Ec. Norm. Sup. 4ème série t.8 , 383-420 (1975)

K-THEORIE ALGEBRIQUE DE CERTAINES ALGEBRES D'OPERATEURS

Max KAROUBI

Dans cet article nous étudions la K-théorie algébrique de l'algèbre $\mathcal{K}$ des opérateurs compacts dans un espace de Hilbert complexe separable et de certaines C*-algèbres qui lui sont naturellement associées comme $\mathcal{K} \hat{\otimes} A$ où A est une C*-algèbre quelconque. On peut énoncer la conjecture suivante :

Conjecture : *Les groupes* $K_n(\mathcal{K} \hat{\otimes} A)$, $n \in \mathbb{Z}$, *sont périodiques de période 2 par rapport à* n *et sont isomorphes aux groupes* K_n *topologiques de l'algèbre de Banach* A.

Puisque $\mathcal{K} \hat{\otimes} A$ n'a pas d'élément unité, les groupes $K_n(\mathcal{K} \hat{\otimes} A)$ doivent être interprétés comme ceux figurant dans la suite exacte

$$0 = K_{n+1}(\mathcal{B} \hat{\otimes} A) \longrightarrow K_{n+1}(\mathcal{B}/\mathcal{K} \hat{\otimes} A) \longrightarrow K_n(\mathcal{K} \hat{\otimes} A) \longrightarrow K_n(\mathcal{B} \hat{\otimes} A) = 0$$

Donc $K_n(\mathcal{K} \hat{\otimes} A) \approx K_{n+1}(\mathcal{B}/\mathcal{K} \hat{\otimes} A)$. Dans cette formule $\mathcal{B}$ est l'algèbre de tous les opérateurs continus dans l'espace de Hilbert et $\mathcal{B}/\mathcal{K}$ est l'algèbre unitaire quotient (qu'on désigne souvent par "algèbre de Calkin").

A l'appui de cette conjecture on peut citer le théorème de Brown et Schochet [4] $K_1(\mathcal{K}) = 0$ ainsi que le théorème suivant que nous démontrons dans cet article :

Théorème. *La conjecture est vraie pour* $n \leq 0$. *En outre, pour* n *quelconque, l'homomorphisme naturel*

$$K_n(\mathcal{K} \hat{\otimes} A) \longrightarrow K_n^{top}(\mathcal{K} \hat{\otimes} A) \approx K_n^{top}(A)$$

est surjectif, le noyau étant un facteur direct dans $K_n(\mathcal{K} \hat{\otimes} A)$.

En considérant des limites inductives d'anneaux convenables, on peut comme application du théorème précédent construire des exemples d'anneaux unitaires tels que $K_n(\Lambda) \approx K_n^{top}(A)$. En particulier $K_n(\Lambda) \approx K_{n+2}(\Lambda)$ pour tout $n \in \mathbb{Z}$.

Voici maintenant le détail de l'organisation de cet article. Dans les trois premiers paragraphes on rappelle des définitions et des résultats bien connus en K-théorie algébrique ou topologique. Le seul résultat nouveau qui mérite d'être signalé est peut être le théorème 3.6. qui figure d'ailleurs dans [10] de manière implicite.

Le quatrième paragraphe esquisse les grandes lignes d'une théorie des structures multiplicatives en K-théorie. La seule chose nouvelle qui a été ajoutée à la présentation traditionnelle (cf.[1] [15]) est le traitement un peu plus détaillé que d'habitude des structures multiplicatives dans le cas des anneaux sans élément unité. En particulier, si

$$\phi : A \times B \longrightarrow C$$

est une application $\mathbb{Z}$ -bilinéaire telle que $\phi(aa',bb) = \phi(a,b)\phi(a',b')$, on peut définir un "cup-produit"

$$K_i(A) \times K_j(B) \longrightarrow K_{i+j}(C)$$

pour i et $j \in \mathbb{Z}$ à condition que $i+j \leqq 0$.

Dans le cinquième paragraphe nous démontrons le théorème cité plus haut. A vrai dire, nous démontrons un résultat un peu plus fort avec une définition légèrement différente de $K_n(\mathcal{K}\hat{\otimes}A)$.

Ce groupe est ici défini comme le noyau de l'homomorphisme

$$K_n(\mathcal{K}^+\hat{\otimes} A) \longrightarrow K_n(A)$$

où $\mathcal{K}^+$ désigne l'algèbre $\mathcal{K}$ à laquelle on a ajouté un élément unité. Si nous désignons par $K'_n(\mathcal{K}\hat{\otimes} A)$ le groupe noté $K_n(\mathcal{K}\hat{\otimes} A)$ plus haut et qui est en fait $K_{n+1}(\mathcal{B}/\mathcal{K}\hat{\otimes} A)$, on peut définir des homomorphismes successifs

$$K_n(\mathcal{K}\hat{\otimes} A) \longrightarrow K'_n(\mathcal{K} \otimes A) \longrightarrow K_n^{top}(\mathcal{K}\hat{\otimes} A) \approx K_n^{top}(A).$$

Alors $K_n(\mathcal{K}\hat{\otimes} A) \approx K'_n(\mathcal{K}\hat{\otimes} A)$ pour $n \leq 0$ mais nous n'avons pas pu déterminer si $K_n(\mathcal{K}\hat{\otimes} A) \approx K'_n(\mathcal{K}\hat{\otimes} A)$ pour $n > 0$ (même pour $n = 1$). C'est avec *cette* définition de $K_n(\mathcal{K}\hat{\otimes} A)$ que nous démontrons le théorème cité plus haut. Il est clair que le même théorème pour le groupe $K'_n(\mathcal{K}\hat{\otimes} A)$ s'en déduit.

Enfin dans le paragraphe 6 nous donnons la description explicite de l'anneau Λ tel que $K_n(\Lambda) \approx K_n^{top}(A)$ pour tout $n \in \mathbb{Z}$.

I. RAPPELS SUR LE GROUPE K_0

1.1. Pour tout anneau unitaire A le groupe $K_0(A)$ [2][16] est le groupe de Grothendieck de la catégorie $\mathcal{P}(A)$ des A-modules projectifs de type fini[(1)]. Une définition équivalente est la suivante.

Désignons par $\mathrm{Proj}(A^n)$ l'ensemble des matrices p d'ordre n et à coefficients dans A telles que $p^2 = p$. Soit $\underline{\mathrm{Proj}}(A^n)$ l'ensemble quotient de $\mathrm{Proj}(A^n)$ par la relation d'équivalence

$p \sim p' \Leftrightarrow \exists \alpha \in GL_n(A)$ tel que $\alpha p \alpha^{-1} = p'$. Alors $K_0(A)$ peut d'identifier à la limite inductive

$$\underline{\mathrm{Proj}}(A^2) \longrightarrow \underline{\mathrm{Proj}}(A^4) \longrightarrow \cdots \longrightarrow \underline{\mathrm{Proj}}(A^{2n}) \xrightarrow{i_n} \underline{\mathrm{Proj}}(A^{2n+2}) \longrightarrow \cdots$$

L'application i_n est induite par $p \longmapsto p \oplus p_0$ où p_0 est le projecteur de A^2 défini par la matrice

$$\begin{pmatrix} 1 & 0 \\ 0 & 0 \end{pmatrix}$$

L'isomorphisme entre $K_0(A)$ et cette limite inductive est induite par l'application de $\mathrm{Proj}(A^{2n})$ dans $K_0(A)$ définie par

$$p \longmapsto [\mathrm{Im}\, p] - [\mathrm{Im}\, \underbrace{p_0 \oplus \cdots \oplus p_0}_{n}].$$

Cette définition de $K_0(A)$ est évidemment fonctorielle en A. De manière précise, si $f : A \longrightarrow B$ est un homomorphisme, f définit un foncteur $\mathcal{P}(A) \longrightarrow \mathcal{P}(B)$ donc un homomorphisme $K_0(A) \longrightarrow K_0(B)$ par la correspondance $M \longmapsto M \otimes_A B$. En termes de projecteurs, f définit une application $\mathrm{Proj}(A^n) \longrightarrow \mathrm{Proj}(B^n)$ par la formule

$$p = (p_{ji}) \longmapsto p' = (f(p_{ji})).$$

(1) Pour fixer les idées on considèrera par exemple la catégorie des A-modules à droite. Cependant, on montre aisément que la catégorie des A-modules à gauche a un groupe K_0 isomorphe.

1.2. Soit A un "pseudo-anneau" (c'est-à-dire un anneau n'ayant pas nécessairement d'élément unité) muni d'une structure de k-algèbre, k étant un anneau commutatif. On définit l'anneau A_k^+ comme le groupe $A \oplus k$ muni de la multiplication définie par la formule

$(a, \lambda).(a',\lambda') = (aa' + \lambda a' + \lambda' a, \lambda\lambda')$. Cet anneau a comme élément unité le couple (0,1) et on définit $K_0(A)_k$ comme le noyau de l'homomorphisme naturel

$$K_0(A_k^+) \longrightarrow K_0(k)$$

Il n'est pas difficile de voir que l'inclusion $A_{\mathbb{Z}} \longrightarrow A_k$ induit un isomorphisme $K_0(A)_{\mathbb{Z}} \longrightarrow K_0(A)_k$ [14]. On écrira donc simplement $K_0(A)$ au lieu de $K_0(A)_{\mathbb{Z}} \approx K_0(A)_k$. Cette définition est fonctorielle vis-à-vis des homomorphismes d'anneaux n'ayant pas nécessairement d'élément unité.

La construction de A_k^+ peut être généralisée au cas où k n'est pas nécessairement commutatif, par exemple où A est un k-bimodule. La multiplication est alors définie par la formule

$$(a,\lambda).(a',\lambda') = (aa' + \lambda a' + a\lambda', \lambda\lambda')$$

On en verra des exemples importants dans les paragraphes 5 et 6.

1.3. *Exemples*. En raison du titre de cet article, nous nous limiterons à des exemples issus de l'analyse fonctionnelle.

a) $A = C_F(X)$ anneau des fonctions continues sur un espace compact X à valeurs dans $F = \mathbb{R}$ ou $\mathbb{C}$. Dans ce cas il est bien connu que $K_0(A)$ s'identifie à la K-théorie topologique de X (notée $K_F(X)$; cf. [13]). En particulier, $K_{\mathbb{C}}(X) \otimes \mathbb{Q} \approx \oplus \check{H}^{2i}(X;\mathbb{Q})$ et $K_{\mathbb{R}}(X) \otimes \mathbb{Q} \approx \oplus \check{H}^{4i}(X;\mathbb{Q})$, $\check{H}^*$ désignant la cohomologie de Cech. Si $X = S^n$, $\tilde{K}_{\mathbb{C}}(S^n) \approx \mathbb{Z}$ si n est pair et $K_{\mathbb{C}}(S^n) = 0$ si n est impair, $\tilde{K}_F(X)$ désignant en général le groupe $\mathrm{Coker}\,[\mathbb{Z} = K_F(\mathrm{Point}) \longrightarrow K_F(X)]$ (cf. [13]).

b) $A = C'_F(X)$, anneau des fonctions continues sur l'espace localement compact X qui tendent vers 0 à l'infini. Alors $K_0(A) \approx \mathrm{Ker}\,[K_F(X^+) \longrightarrow K_F(\{\infty\})]$, X^+ désignant le compactifié d'Alexandroff de X.

c) Soit X un espace paracompact quelconque et soit $A = \mathcal{B}_F(X)$ l'anneau des fonctions continues bornées sur X. Tout A-module projectif E de type fini peut être interprété comme $\mathrm{Im}(p(x))$ où $p : X \longrightarrow \mathrm{Proj}(F^n)$ est une famille de projecteurs bornés. En particulier E peut être regardé comme facteur direct d'un fibré vectoriel trivial [13]. Réciproquement, tout fibré vectoriel E facteur direct d'un fibré trivial peut s'écrire ainsi. En effet, si on pose $E \oplus E' =$ fibré trivial de rang n, on peut toujours écrire que E est l'image d'une famille de projecteurs auto-ajoints p. Si J désigne la famille d'involutions 2p-1, la décomposition polaire de J permet de montrer que J est homotope à une famille d'involutions J' unitaires donc bornées. Ainsi les fibrés $\mathrm{Im}\left(\frac{J+1}{2}\right)$ et $\mathrm{Im}\left(\frac{J'+1}{2}\right)$ sont homotopes donc isomorphes [19].

D'autre part, si E et E_1 sont les images de deux familles de projecteurs auto-adjoints bornés, un isomorphisme entre E et E_1 est homotope à un isomorphisme unitaire donc borné. Ceci démontre que $K_0(A)$ s'identifie au groupe de Grothendieck de la catégorie des fibrés vectoriels sur X qui sont facteurs directs de fibrés triviaux. Par exemple, si X est contractile, $K_0(A) \approx \mathbb{Z}$.

Avant de choisir d'autres exemples, énonçons un théorème qui nous sera très utile :

1.4. *Théorème (de densité)*. *Soient* A *et* B *deux algèbres de Banach unitaires et soit* $i : A \longrightarrow B$ *une injection continue satisfaisant aux deux propriétés suivantes :*

1) $i(A)$ *est dense dans* B
2) *Si on identifie* $M_n(A)$ *à une sous-algèbre de* $M_n(B)$ *au moyen de* i, *on a* $GL_n(A) = GL_n(B) \cap M_n(A)$ pour tout n.

Alors i *induit un isomorphisme* $K_0(A) \approx K_0(B)$.

Esquisse de la démonstration (cf. [12]). Soit E un B-module projectif de type fini image d'un projecteur $p \in \mathrm{Proj}(B^n)$. Puisque A est dense dans B il existe $q' \in M_n(A)$ tel que $\|i(q') - p\| < \varepsilon$. En outre $\mathrm{Spec}(q') = \mathrm{Spec}(i(q'))$ est concentré autour de 0 et 1 car $\mathrm{Spec}(p) \subset \{0,1\}$. Le calcul fonctionnel holomorphe permet alors de construire un projecteur $q \in \mathrm{Proj}(A^n)$ tel que $i(q)$ soit voisin de p. Il s'en suit que p et $i(q)$ sont conjugués. Donc l'homomorphisme

$i_* : K_0(A) \longrightarrow K_0(B)$ est surjectif. Un raisonnement analogue permet de démontrer son injectivité.

1.5. *Remarque*. Si B est commutative, la condition 2) du théorème de densité est évidemment équivalente à la condition

2') $A^* = B^* \cap A$

1.6. *Généralisations*

a) Le théorème précédent s'applique aussi aux algèbres de Banach C sans élément unité à condition d'interpréter $GL_n(C)$ comme

$$\mathrm{Ker}\ [GL_n(C^+_{\mathbb{R}}) \longrightarrow GL_n(\mathbb{R})]$$

b) Soit (A_r) une suite croissante d'algèbres de Banach (l'injection $A_r \rightarrowtail A_{r+1}$ étant continue). Soit $i_r : A_r \rightarrowtail B$ une injection continue de A_r dans une algèbre de Banach B telle que le diagramme

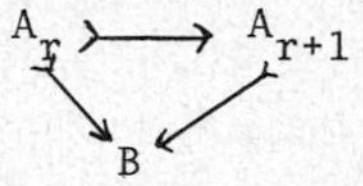

commute. On suppose en outre que les deux propriétés suivantes sont vérifiées :

1) $GL_n(B) \cap M_n(A_r) = GL_n(A_r)$

2) $\cup A_r$ est dense dans B

Alors $K_0(B) \approx \varinjlim K_0(A_r)$. La démonstration de cette généralisation est une simple transcription du théorème original.

1.7. *Exemple*. Soit H un espace de Hilbert séparable sur le corps de base $F = \mathbb{R}$ ou $\mathbb{C}$. On peut donc écrire $H = F \oplus \ldots \oplus F \oplus \ldots$. (somme hilbertienne de $\aleph_0$ exemplaires de F). Sous cette forme on voit immédiatement que $M_r(F)$ est une sous-algèbre de l'algèbre $\mathcal{K}$ des opérateurs compacts de H. En posant $A_r = M_r(F)$ et $B = \mathcal{K}$, on est dans les conditions d'application de la généralisation précédente. Donc $K_0(\mathcal{K}) \approx \varinjlim K_0(M_r(F)) \approx \mathbb{Z}$ d'après le théorème de Morita ou par une application directe de la définition de K_0 donnée en 1.1 en termes de projecteurs.

1.8. *Exemple.* Soit X une variété différentiable compacte et soit A (resp. B) l'algèbre des fonctions différentiables de classe C^s (resp. l'algèbre des fonctions continues $C_F(X)$). Alors l'injection canonique $A \longrightarrow B$ satisfait aux hypothèses du théorème de densité. Donc $K_0(A) \approx K_0(B)$.

1.9. *Exemple.* Soit Λ une algèbre de Banach complexe quelconque et soit $\Lambda\langle t, t^{-1}\rangle$ l'algèbre de Banach des séries laurentiennes $\sum_{n \in \mathbb{Z}} a_n t^n$ telles que $\sum \|a_n\| < +\infty$. En posant $t = \exp(i\theta)$, on voit que $\Lambda\langle t, t^{-1}\rangle$ peut être vue comme une sous-algèbre de l'algèbre $\Lambda(S^1)$ des fonctions continues sur S^1 à valeurs dans Λ. Par contre si nous considérons l'algèbre $\Lambda_2(S^1)$ des fonctions différentiables de classe C^2 sur S^1 à valeurs dans Λ, celle-ci peut être considérée comme une sous-algèbre de $\Lambda\langle t, t^{-1}\rangle$ d'après l'expression d'un élément de $\Lambda_2(S^1)$ comme somme de sa série de Fourier. Si on considère le diagramme commutatif

$$\begin{array}{ccc} \Lambda\langle t, t^{-1}\rangle & \longrightarrow & \Lambda(S^1) \\ {\scriptstyle \alpha}\nwarrow & & \nearrow{\scriptstyle \beta} \\ & \Lambda_2(S^1) & \end{array}$$

on voit que α et β satisfont aux hypothèses du théorème de densité. DOnc $K_0(\Lambda\langle t,t^{-1}\rangle) \approx K_0(\Lambda(S^1)) \approx K_0(\Lambda_2(S^1))$.

1.10. *Exemple.* Soit A l'algèbre de convolution $L^1(\mathbb{R}^n)$. La transformation de Fourier permet de définir un homomorphisme continu

$$\mathcal{F}: A \longrightarrow B$$

où B est l'agèbre des fonctions continues sur $\mathbb{R}^n$ qui tendent vers 0 à l'infini. D'après le théorème de Wiener, les hypothèses du théorème de densité sont satisfaites. Donc $K_0(L^1(\mathbb{R}^n)) \approx K_0(C'_{\mathbb{C}}(\mathbb{R}^n)) \approx \mathbb{Z}$ pour n pair et = 0 pour n impair.

1.11. *Exemple.* Un raisonnement analogue s'applique à l'algèbre de convolution $L^1(\mathbb{Z}^n)$ ou $L^1(\mathbb{Z}^n \times \mathbb{R}^p)$. On trouve alors la K-théorie topologique de l'espace localement compact $T^n \times \mathbb{R}^p$ [13].

1.12. *Exemple.* Soit A une algèbre"flasque" dans le sens de [14]. Alors $K_0(A) = 0$. Un exemple typique d'algèbre flasque est l'algèbre des endomorphismes d'un espace vectoriel de dimension infinie.

1.13. *Exemple*. Soit $\mathcal{B}$ l'algèbre des opérateurs continus dans un espace de Hilbert de dimension infinie H et soit $\mathcal{K}$ l'idéal des opérateurs compacts de H. Alors l'algèbre quotient $\mathcal{B}/\mathcal{K}$ (qui est "l'algèbre de Calkin") a un groupe K_0 réduit à 0 (cf. [6]) . On notera cependant que l'algèbre de Calkin n'est pas flasque.

II. LES GROUPES K_i ET K_i^{top} POUR $i > 0$

Commençons par rappeler quelques définitions bien connues en K-théorie topologique.

2.1. *Définition. Soit* A *une algèbre de Banach. Alors, pour* $i > 0$, *on pose*

$$K_i^{top}(A) = \pi_{i-1}(GL(A)) = \varinjlim \pi_{i-1}(GL_n(A))$$

2.2. Dans cette définition, le groupe $GL_n(A)$ est muni de sa topologie naturelle et le groupe $GL(A) = \varinjlim GL_n(A)$ est muni de la topologie limite inductive [noter que tout compact de GL(A) est inclus dans $GL_n(A)$ pour n assez grand ; ce qui permet de démontrer l'isomorphisme $\pi_{i-1}(GL(A)) \approx \varinjlim \pi_{i-1}(GL_n(A))$].

Les deux théorèmes suivants sont démontrés en [14] et [13].

2.3. *Théorème. Soit*

$$0 \longrightarrow A' \longrightarrow A \longrightarrow A'' \longrightarrow 0$$

une "suite exacte" d'algèbres de Banach (A' étant muni de la topologie induite et A" de la topologie quotient). On a alors la suite exacte

$$K_{i+1}^{top}(A) \longrightarrow K_{i+1}^{top}(A'') \longrightarrow K_i^{top}(A') \longrightarrow K_i^{top}(A) \longrightarrow K_i^{top}(A'')$$

pour $i \geq 0$ *(par convention on pose* $K_0^{top} = K_0$*)*

2.4. *Théorème. Soit* A *une algèbre de Banach complexe (resp. réelle). Alors* $K_i^{top}(A) \approx K_{i+2}^{top}(A)$ *(resp.* $K_i^{top}(A) \approx K_{i+8}^{top}(A)$*) pour* $i \geq 0$.

2.5. *Exemples*. Soit $A = C_{\mathbb{C}}(X)$. Alors $K_1^{top}(A)\otimes\mathbb{Q} \approx \bigoplus H^{2i+1}(X;\mathbb{Q})$. Si $A = C_{\mathbb{R}}(X)$, $K_r^{top}(A)\otimes\mathbb{Q} \approx \bigoplus_i H^{4i-r}(X;\mathbb{Q})$. Si X est un espace topologique quelconque et si $A = \mathcal{B}_F(X)$, on a $K_1^{top}(A) \approx \varinjlim [X, GL_n(F)] \approx \varinjlim [X, O(n)]$ si $F = \mathbb{R}$ (resp. $\varinjlim [X, U(n)]$ si $F = \mathbb{C}$).

Le théorème de densité est aussi valable pour les groupes K_i^{top}. De manière précise, on a le théorème suivant :

2.6. *Théorème. Soient* A *et* B *deux algèbres de Banach et soit* $i : A \longrightarrow B$ *une injection continue satisfaisant aux hypothèses du théorème de densité* 1.4. *Alors* i *induit un isomorphisme*

$$K_i^{top}(A) \approx K_i^{top}(B)$$

pour tout $i \geqslant 0$.

2.7. *Exemples*. Nous pouvons reproduire les exemples 1.7-13 adaptés aux groupes K_i^{top}. Ainsi

a) $K_i^{top}(\mathcal{K}) \approx \mathbb{Z}$ pour i pair et $K_i^{top}(\mathcal{K}) = 0$ pour i impair si $\mathcal{K}$ est l'algèbre des opérateurs compacts dans un espace de Hilbert *complexe*. Dans le cas d'un espace de Hilbert *réel*, les groupes sont respectivement $\mathbb{Z}, \mathbb{Z}/2, \mathbb{Z}/2, 0, \mathbb{Z}, 0, 0, 0$ pour $i \equiv 0,1,2,3,4,5,6$ et 7 mod. 8 ([13]).

b) Les groupes K_i^{top} de l'algèbre des fonctions différentiables de classe C^s sont isomorphes aux groupes K_i^{top} de l'algèbre des fonctions continues (sur une variété compacte).

c) On a $K_1^{top}(L^1(\mathbb{Z}^n \times \mathbb{R}^p))$ isomorphe au groupe K^{-1} de l'espace localement compact $T^n \times \mathbb{R}^p$ [13].

d) Si A est "topologiquement" flasque (cf. [14]), $K_i^{top}(A) = 0$. C'est le cas par exemple de l'algèbre $\mathcal{B}$ des endomorphismes d'un espace de Hilbert de dimension infinie.

e) Si A est l'algèbre de Calkin $\mathcal{B}/\mathcal{K}$, le théorème 2.3. appliqué à la suite exacte

$$0 \longrightarrow \mathcal{K} \longrightarrow \mathcal{B} \longrightarrow \mathcal{B}/\mathcal{K} \longrightarrow 0$$

montre que $K_i^{top}(\mathcal{B}/\mathcal{K}) \approx K_{i-1}^{top}(\mathcal{K})$ pour $i > 0$.

2.8. Nous allons rappeler maintenant quelques définitions classiques de la K-théorie algébrique (valables pour un anneau A unitaire quelconque). Ces définitions sont dues à Bass (pour K_1) à Milnor (pour K_2) et à Quillen (pour K_i, $i > 2$).

Ainsi

$$K_1(A) = GL(A)/GL'(A)$$

GL'(A) étant le sous-groupe des commutateurs de $GL(A) = \varinjlim GL_n(A)$.

$$K_2(A) = H_2(GL'(A);\mathbb{Z})$$

(deuxième groupe d'homologie du groupe discret GL'(A) à coefficients dans $\mathbb{Z}$) .

$$K_i(A) = \pi_i(BGL(A)^+)$$

pour $i \geq 1$, $BGL(A)^+$ étant un certain espace obtenu à partir de l'espace classifiant du groupe discret GL(A) (cf. [7][15][17][18]).

Si A est de nouveau une algèbre de Banach, on peut définir un homomorphisme $K_i(A) \longrightarrow K_i^{top}(A)$ de la manière suivante. Si on désigne par GL(A) (resp. $GL(A)^{top}$) le groupe GL(A) muni de la topologie discrète (resp. de la topologie usuelle) l'application

$$BGL(A) \longrightarrow BGL(A)^{top}$$

au niveau des espaces classifiants, induit un homomorphisme

$$K_i(A) \longrightarrow K_i^{top}(A)$$

qui joue un rôle fondamental dans cet article. Cet homomorphisme est par définition l'identité pour $i = 0$. Pour $i = 1$, on a la proposition suivante

2.9. <u>Proposition</u>. *On a une suite exacte*

$$A^{*0} \xrightarrow{\ \beta\ } K_1(A) \xrightarrow{\ \alpha\ } K_1^{top}(A) \longrightarrow 0$$

où A^{*0} *désigne la composante neutre du groupe* A^* *des éléments inversibles de* A. *Si* A *est commutative, l'application* $A^{*0} \longrightarrow K_1(A)$ *est injective.*

<u>*Démonstration*</u>. Il est bien connu que GL'(A) est engendré par les matrices élémentaires. En d'autres termes, si on désigne par $E_n(A)$ le sous-groupe de $GL_n(A)$ engendré par les matrices élémentaires,

on a $GL'(A) = \cup E_n(A)$. D'autre part, le seul point non évident dans la proposition est l'inclusion Ker $\alpha \subset$ Imβ. Pour cela, il suffit de démontrer par récurrence sur n que $GL_n^0(A)$ est engendré par $E_n(A)$ et $A^{*0} = GL_1^0(A)$ ($GL_n^0(A)$ étant la composante neutre de $GL_n(A)$). Puisque $GL_n^0(A)$ est engendré par un voisinage arbitraire de l'identité, on est ramené à démontrer qu'une matrice M de $GL_n^0(A)$ proche de l'identité est produit d'éléments de $GL_{n-1}^0(A)$ et de $E_n(A)$. Or, si M est une telle matrice, le coefficient de M situé sur la première ligne et la première colonne est inversible. Une succession d 'opérations élémentaires permet alors de montrer trivialement que M est congrue à une matrice M' de $GL_{n-1}(A)$ modulo $E_n(A)$. Cette matrice étant proche de l'identité elle appartient à $GL_{n-1}^0(A)$[car c'est l'exponentielle d'une matrice].

2.10. <u>*Proposition*</u> [16]. *Soit* A *une algèbre de Banach commutative. Alors l'homomorphisme*

$$K_2(A) \longrightarrow K_2^{top}(A) = \pi_1(GL(A))$$

a comme image le sous-groupe $\pi_1(SL(A))$.

La démonstration de cette proposition est de nature plus délicate que la précédente. Notons en particulier que l'homomorphisme $K_2(\mathbb{C}) \longrightarrow K_2^{top}(\mathbb{C}) \approx \mathbb{Z}$ est réduit à 0. Ceci est un cas particulier de la théorie de Chern-Weil. En effet, les classes de Chern d'un fibré plat étant nulles, l'application

$$BGL(\mathbb{C}) \longrightarrow BGL(\mathbb{C})^{top}$$

induit 0 en cohomologie rationnelle donc en homologie entière (car $H_*(BGL(\mathbb{C})^{top})$ est libre) et en homotopie (car l'homomorphisme de Hurewicz $\pi_i(BGL(\mathbb{C})^{top}) \longrightarrow H_i(BGL(\mathbb{C})^{top})$ est injectif).

Si A désigne l'algèbre des fonctions continues sur un espace compact X à valeurs réelles ou complexes, on connait très mal en général l'homomorphisme

$$K_i(A) \longrightarrow K_i^{top}(A)$$

ni même son image pour $i > 2$.

2.11. Les groupes $K_i(A)$ ont été définis pour un anneau unitaire quelconque. Dans le cas où A n'a pas nécessairement un élément unité mais où A est une k-algèbre (k anneau commutatif avec élément unité), on peut définir $K_i(A)_k$ comme le noyau de l'homomorphisme

$$K_i(A_k^+) \longrightarrow K_i(k)$$

(cf. 1.2.). Il faut faire attention que, contrairement au cas du groupe K_0, $K_i(A)_k$ dépend de k. Par exemple, si A est une algèbre de Banach, on peut choisir $k = \mathbb{Z}$ ou $\mathbb{R}$ (ou même $\mathbb{C}$ si A est complexe). A priori, les groupes $K_i(A)_k$ obtenus peuvent être différents.

2.12. Soit

$$0 \longrightarrow A' \longrightarrow A \longrightarrow A'' \longrightarrow 0$$

une suite exacte de k-algèbres. Alors d'après Milnor, [16], on a une suite exacte

$$K_1(A') \longrightarrow K_1(A) \longrightarrow K_1(A'') \longrightarrow K_0(A') \longrightarrow K_0(A) \longrightarrow K_0(A'')$$

où les $K_i(A) = K_i(A)_k$ sont définis plus haut. Malheureusement, on ne sait définir une suite exacte en général

$$K_i(A') \longrightarrow K_i(A) \longrightarrow K_i(A'') \longrightarrow K_{i-1}(A') \longrightarrow K_{i-1}(A) \longrightarrow K_{i-1}(A'')$$

que pour $i \leqq 1$. (cf. [14] ou [2] et le § 3.2).

Dans le même ordre d'idées, considérons un diagramme cartésien de k-algèbres

$$\begin{array}{ccc} A & \longrightarrow & B \\ \downarrow & & \downarrow \phi \\ C & \longrightarrow & D \end{array}$$

où on suppose ϕ surjective par exemple. Alors on a une suite exacte due essentiellement à Milnor [16],

$$K_i(A) \longrightarrow K_i(B) \oplus K_i(C) \longrightarrow K_i(D) \longrightarrow K_{i-1}(A) \longrightarrow K_{i-1}(B) \oplus K_{i-1}(C) \longrightarrow K_{i-1}(D)$$

pour $i \leqq 1$ (cf.3.2).

III. LES GROUPES K_i ET K_i^{top} POUR $i < 0$

3.1. Dans ce court paragraphe nous reproduisons des définitions posées essentiellement en [11[14]. Pour tout anneau A (éventuellement sans élément unité) considérons l'ensemble des matrices infinies (a_{ji}), $(i,j) \in \mathbb{N} \times \mathbb{N}$, à coefficients dans A. Une matrice est dite de *type fini* s'il existe un entier n tel que

1) Sur chaque ligne et chaque colonne il y a au plus n éléments non nuls.

2) Les coefficients de la matrice sont choisis parmi n éléments de A.

L'ensemble des matrices de type fini forme évidemment un anneau pour les lois usuelles d'addition et de multiplication des matrices. Cet anneau est le *cône* CA de l'anneau A ; c'est un anneau flasque canoniquement associé à A (d'autres définitions du cône sont possibles ; ceci n'altère pas la définition des groupes K_i pour $i < 0$ d'après la caractérisation axiomatique développée en [14].

Une matrice est dite *finie* si elle a un nombre fini de coefficients non nuls. L'ensemble $\tilde{A}$ des matrices finies forme un idéal dans CA qui est isomorphe à $\varinjlim_r M_r(A)$. L'anneau quotient $SA = CA/\tilde{A}$ est la *suspension* de A. Pour $i > 0$, on pose par définition $K_{-i}(A) = K_0(S^iA)$. Une définition récurrente des K_{-i} a été proposée par Bass [2] et est équivalente à celle-ci (cf. [11])

$$K_{-i}(A) = \operatorname{Coker}[K_{-i+1}(A[t]) \oplus K_{-i+1}(A[t^{-1}]) \longrightarrow K_{-i+1}(A[t,t^{-1}])].$$

La relation entre les deux définitions se fait grâce à l'homomorphisme de $A[t,t^{-1}]$ dans SA défini par

$$\sum_{n\in\mathbb{Z}} a_n t^n \longmapsto \begin{pmatrix} a_0 & a_1 & a_2 \cdots\cdots & & \\ a_{-1} & a_0 & a_1 & a_2 & \cdots\cdots \\ a_{-2} & a_{-1} & a_0 & a_1 & \cdots\cdots \\ \cdots & \cdots & \cdots & \cdots & \cdots \end{pmatrix}$$

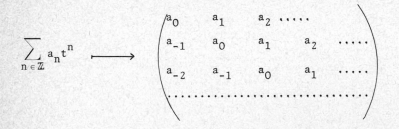

Cette relation permet de montrer par exemple que $K_{-i}(A) = 0$ pour A noethérien régulier.

3.2. Rappelons la caractérisation axiomatique des groupes K_{-i}:

1) $K_0(A)$ est le groupe de Grothendieck usuel

2) Pour toute suite exacte d'anneaux

$$0 \longrightarrow A' \longrightarrow A \longrightarrow A'' \longrightarrow 0$$

on a une suite exacte

$$K_{-i}(A') \longrightarrow K_{-i}(A) \longrightarrow K_{-i}(A'') \longrightarrow K_{-i-1}(A') \longrightarrow K_{-i-1}(A) \longrightarrow \cdots$$

pour $i \geqq 0$.

3) $K_{-i}(A) = 0$ si A est flasque.

4) L'inclusion de A dans $\widetilde{A}$ induit un isomorphisme

$$K_{-i}(A) \approx K_{-i}(\widetilde{A}).$$

L'axiome 4 peut être remplacé par l'axiome (plus fort) suivant :

$$K_{-i}(\varinjlim A_r) \approx \varinjlim K_{-i}(A_r).$$

On remarquera d'autre part que l'axiome 2 n'est pas vrai pour les groupes K_i avec $i > 0$. C'est une des raisons de la difficulté de la K-théorie algébrique.

3.3. Supposons maintenant que A soit une algèbre de Banach. Pour toute matrice $(a_{ji}) \in CA$, on pose

$$\|M\|_1 = \operatorname{Sup}_i \sum_j \|a_{ji}\| \quad , \quad \|M\|_2 = \|{}^tM\|_1 \text{ et } \|M\| = \operatorname{Sup}(\|M\|_1 , \|M\|_2)$$

Alors la complétion $\overline{C}A$ de CA pour la norme $M \longmapsto \|M\|$ est une algèbre de Banach topologiquement flasque canoniquement associée à A. L'adhérence $\overline{\widetilde{A}}$ de $\widetilde{A}$ dans $\overline{C}A$ est un idéal fermé dans $\overline{C}A$ et l'algèbre quotient $\overline{S}A = \overline{C}A/\overline{\widetilde{A}}$ est la <u>*suspension topologique*</u> de A. Comme dans le cas algébrique, on peut alors définir les groupes K_{-i}^{top} par la formule

$$K_{-i}^{top}(A) = K_0(\overline{S}^i A).$$

Une définition récurrente des groupes K_{-i}^{top} est aussi possible. On a

$$K_{-i}^{top}(A) \approx \mathrm{Coker}\ [K_{-i+1}^{top}(A) \longrightarrow K_{-i+1}^{top}(A < t, t^{-1} >)].$$

La relation entre les anneaux $A < t,t^{-1} >$ et $\overline{S}A$ est donnée par l'extension aux complétions de l'homomorphisme $A[t,t^{-1}] \longrightarrow SA$ explicité en 3.1.(cf. [11]).

3.4. *THEOREME. Soit* A *une algèbre de Banach réelle (resp. complexe). On a alors un isomorphisme naturel*

$$K_{-i}^{top}(A) \approx K_{-i-8}^{top}(A) \quad (\text{resp. } K_{-i}^{top}(A) \approx K_{-i-2}^{top}(A))$$

Ce théorème est démontré en [14] . Il résulte essentiellement de la caractérisation axiomatique des foncteurs K_{-i}^{top} développée en [14]. Dans le cas où A est une algèbre de Banach complexe, une démonstration plus conceptuelle est possible basée sur le fait que les anneaux $A < t, t^{-1} >$ et $A(S^1)$ ont la même K-théorie (cf.1.9 et [11]).

3.5. Comme dans le cas des groupes K_i et K_i^{top} pour $i>0$, on peut essayer de comparer les groupes $K_{-i}(A)$ et $K_{-i}^{top}(A)$ par l'homomorphisme $K_{-i}(A) \longrightarrow K_{-i}^{top}(A)$ induit par l'homomorphisme $S^iA \longrightarrow \overline{S}^iA$. Le résultat suivant nous sera utile dans le paragraphe 5.

3.6. <u>THEOREME</u>. *Soit* A *une* C*-*algèbre (complexe). Alors*

$$K_{-1}(A) \longrightarrow K_{-1}^{top}(A)$$

est surjectif.

Ce théorème est essentiellement démontré en [10] bien qu'il ne soit pas présenté sous cette forme. Nous allons en donner une démonstration indépendante.

Pour toute algèbre de Banach, on a des isomorphismes

$$K_1^{top}(A) \xrightarrow{\approx} \tilde{K}_0(A < t,t^{-1} >) \underset{\approx}{\xrightarrow{h_*}} K_0(\overline{S}A)$$

où h_* est induit par l'homomorphisme $A < t,t^{-1} > \longrightarrow \bar{S}A$. On pose $\tilde{K}_0(A<t,t^{-1}>) = \text{Coker}\ [K_0(A) \longrightarrow K_0(A <t,t^{-1}>)]$. En particulier, si $A = \mathbb{C} <u,u^{-1}>$, on a des isomorphismes

$$K_1^{top}(\mathbb{C} <u,u^{-1}>) \approx \tilde{K}_0(\mathbb{C} <u,u^{-1}> <t,t^{-1}>) \xrightarrow{\approx} K_0(\bar{S}\mathbb{C} <u,u^{-1}>).$$

Supposons maintenant que A soit une C*algèbre. Alors tout élément de $K_1^{top}(A)$ peut être représenté par une matrice $\alpha \in GL_r(A)$ telle que $\|\alpha\| = 1$ (considérer la décomposition polaire de α). Par conséquent, si $\sum_{n \in \mathbb{Z}} a_n u^n$ est une série formelle telle que $\sum \|a_n\| < +\infty$, l'élément

$\sum a_n \alpha^n$ est bien défini dans $M_r(A)$. Il existe donc un homomorphisme

$$\gamma : \mathbb{C} <u,u^{-1}> \longrightarrow M_r(A)$$

tel que $\gamma(u) = \alpha$. On a le diagramme commutatif

$$\begin{array}{ccccc}
K_1^{top}(\mathbb{C} < u,u^{-1}>) & \xrightarrow{\sigma_*} & \tilde{K}_0(\mathbb{C} <u,u^{-1}> <t,t^{-1}>) & \longrightarrow & K_0(\bar{S}\mathbb{C} < u,u^{-1}>) \\
\downarrow & & \downarrow & & \downarrow \\
K_1^{top}(M_r(A)) & \longrightarrow & K_0(M_r(A)<t,t^{-1}>) & \longrightarrow & K_0(\bar{S}M_r(A)) \\
\wr & & \wr & & \wr \\
K_1^{top}(A) & \longrightarrow & K_0(A<t,t^{-1}>) & \longrightarrow & K_0(\bar{S}A)
\end{array}$$

qui est ainsi associé à α. L'élément de

$$\tilde{K}_0(\mathbb{C} <t,t^{-1}><u,u^{-1}>) \approx \tilde{K}_0(\mathbb{C} <t,u,t^{-1},u^{-1}>)$$

associé à u par σ_* ne peut être (au signe près) que celui défini par le générateur topologique de $\tilde{K}_0(\mathbb{C}(T^2))$ d'après le théorème de densité (T^2 étant le tore de dimension 2) c'est-à-dire l'image du projecteur $(J+1)/2$ où J est l'involution dans Λ^2 avec $\Lambda = \mathbb{C} <t,u,t^{-1},u^{-1}>$ définie par la matrice (cf. [12])

$$\begin{pmatrix} z & x + iy \\ x - iy & -z \end{pmatrix}$$

avec

$$2x = 1 + \cos\theta + (1 - \cos\theta)\cos\phi$$

$$2y = (1 - \cos\theta)\sin\phi$$

$$z = \sin\theta\,|\sin \phi/2|$$

où $\cos\phi = (t + t^{-1})/2$ $\qquad \cos\theta = (u + u^{-1})/2$

$\sin\phi = (t - t^{-1})/2i$ $\qquad \sin\theta = (u - u^{-1})2i$

Puisque la transposition $t \longleftrightarrow u$ ne change pas (au signe près) ce générateur, on peut écrire les mêmes formules en intervertissant les rôles de t et u. Il en résulte que l'élément de $K_0(\overline{S}A) \approx K_0(\overline{S}M_r(A))$ associé à α est au signe près représenté par un *polynôme laurentien en* t. Donc cet élément appartient en fait à l'image de l'homomorphisme composé $K_0(A[t,t^{-1}]) \longrightarrow K_0(SA) \longrightarrow K_0(\overline{S}A)$. Ainsi tout élément de $K_0(\overline{S}A) \approx K_1^{top}(A)$ appartient à l'image de l'homomorphisme $K_0(SA) \longrightarrow K_0(\overline{S}A)$. Ceci achève la démonstration du théorème 3.6.

3.7. Il est faux en général que l'homomorphisme $K_{-2}(A) \longrightarrow K_{-2}^{top}(A)$ soit surjectif. Par exemple $K_{-2}(\mathbb{C}) = 0$ tandis que $K_{-2}^{top}(\mathbb{C}) \approx \mathbb{Z}$. A titre d'exercice on pourra vérifier cependant que l'homomorphisme $K_{-i}(A) \longrightarrow K_{-i}^{top}(A)$ est surjectif pour $A = C'_{\mathbb{C}}(X \times \mathbb{R}^{i-1})$, algèbre des fonctions continues sur $X \times \mathbb{R}^{i-1}$ à valeurs dans $\mathbb{C}$ qui tendent vers 0 à l'infini.

IV. STRUCTURES MULTIPLICATIVES

4.1. Soient A, B et C trois anneaux unitaires. On appelle "bimorphisme" de A × B vers C une application $\mathbb{Z}$ - bilinéaire

$$\phi : A \times B \longrightarrow C$$

telle que $\phi(aa',bb') = \phi(a,b)\ \phi(a',b')$ et telle que $\phi(1,1) = 1$. Il revient au même de dire que ϕ induit un homomorphisme d'anneaux $A \underset{\mathbb{Z}}{\otimes} B \longrightarrow C$.

Un bimorphisme induit une application bilinéaire

$$\phi_* : K_0(A) \times K_0(B) \longrightarrow K_0(C)$$

de la manière suivante. Si $M \in \mathrm{Ob}\, \mathcal{P}(A)$ et $N \in \mathrm{Ob}\, \mathcal{P}(B)$, $M \otimes N$ est un $A \otimes_{\mathbb{Z}} B$-module. Par extension des scalaires $R = (M \otimes_{\mathbb{Z}} N)^{\mathbb{Z}} \otimes_{A \otimes B} C$ est un C-module projectif de type fini. Une façon plus "concrète" de décrire le module R est la suivante. Si $M = \mathrm{Im}\, p$ avec $p : A^n \longrightarrow A^n$ et si $N = \mathrm{Im}\, q$ avec $q : B^m \longrightarrow B^m$ où p et q sont deux projecteurs, alors $R = \mathrm{Im}\, p \otimes q$ où $p \otimes q$ est le projecteur défini par la matrice $\phi(p_i^j, q_k^l)$. La correspondance $(M,N) \longmapsto R$ induit bien sûr l'application bilinéaire cherchée $K_0(A) \times K_0(B) \longrightarrow K_0(C)$. Cet homomorphisme jouit de propriétés d'associativité évidentes que nous n'expliciterons pas.

4.2. Exemple : Si $A = B = C$ est un anneau commutatif et si ϕ est le bimorphisme défini par le produit, ϕ_* munit $K_0(A)$ d'une structure d'anneau commutatif.

4.3. Exemple. Si k est un anneau commutatif et si A est une k-algèbre, le bimorphisme évident $k \times A \longrightarrow A$ permet de munir le groupe $K_0(A)$ d'une structure de $K_0(k)$-algèbre.

4.4. Supposons maintenant que A, B et C soient trois k-algèbres (k-anneau commutatif à élément unité) n'ayant pas nécessairement d'élément unité. On appelle bimorphisme

$$\phi : A \times B \longrightarrow C$$

une application k-bilinéaire telle que $\phi(aa',bb') = \phi(a,b)\phi(a',b')$. Si D désigne le produit fibré de A_k^+ et de B_k^+ au dessus de k

$$\begin{array}{ccc} D & \longrightarrow & A_k^+ \\ \downarrow & & \downarrow \\ B_k^+ & \longrightarrow & k \end{array}$$

on a la suite exacte

$$0 \longrightarrow A \otimes B \longrightarrow A_k^+ \otimes B_k^+ \longrightarrow D \longrightarrow 0$$

qui induit la suite exacte

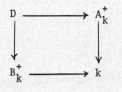

$$0 \longrightarrow K_0(A\otimes B) \longrightarrow K_0(A_k^+\otimes B_k^+) \longrightarrow K_0(D) \longrightarrow 0$$

(car $K_i(A_k^+\otimes B_k^+) \longrightarrow K_i(D)$ est épi pour $i = 0,1$).

On en déduit une application bilinéaire

$$K_0(A) \times K_0(B) \approx \mathrm{Ker}\,[K_0(A_k^+) \longrightarrow K_0(k)] \times \mathrm{Ker}\,[K_0(B_k^+) \longrightarrow K_0(k)]$$

$$\longrightarrow \mathrm{Ker}\,[K_0(A_k^+ \otimes B_k^+) \longrightarrow K_0(D)] \approx K_0(A\otimes B).$$

Le bimorphisme ϕ induisant un homomorphisme $A\otimes B \longrightarrow C$, on en déduit bien une application bilinéaire

$$K_0(A) \times K_0(B) \longrightarrow K_0(C)$$

qui jouit de bonnes propriétés formelles.

4.5. Le "cup-produit"précédent permet de définir un cup-produit

$$K_i(A) \times K_j(B) \longrightarrow K_{i+j}(C)$$

pour i et $j \leqq 0$. Ce cup-produit est induit par exemple par le bimorphisme

$$S^{-i}(A) \times S^{-j}(B) \longrightarrow S^{-i-j}(C)$$

4.6. Si les anneaux A, B et C sont unitaires et si ϕ est un bimorphisme tel que $\phi(1,1) = 1$, Loday a défini dans [15] un cup-produit

$$K_i(A) \times K_j(B) \longrightarrow K_{i+j}(C)$$

pour i et $j \geqq 0$, à partir essentiellement du produit tensoriel des matrices :

$$GL_n(A) \times GL_p(B) \longrightarrow GL_{np}(A\otimes B) \longrightarrow GL_{np}(C).$$

Ce cup-produit jouit aussi de bonnes propriétés formelles. Dans le cas non unitaire, les choses ne sont pas si simples car rien ne permet d'affirmer que

$$K_{i+j}(A\otimes B) \approx \mathrm{Ker}\,[K_{i+j}(A_k^+\otimes B_k^+) \longrightarrow K_{i+j}(D)]$$

On ne sait pas en général si le diagramme

$$\begin{array}{ccc} BGL((A\otimes B)_k^+)^+ & \longrightarrow & BGL(A_k^+\otimes B_k^+)^+ \\ \downarrow & & \downarrow \\ BGL(k)^+ & \longrightarrow & BGL(D)^+ \end{array}$$

est cartésien à homotopie près (noter les deux significations différentes du signe +).

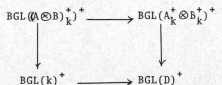

Cependant, si $i > 0$ et $j < 0$ avec $i + j \leqq 0$, on peut définir un accouplement

$$K_i(A) \times K_j(B) \longrightarrow K_{i+j}(C)$$

car le diagramme

$$\begin{array}{ccc} K_{i+j}(A \otimes B)^+_k & \longrightarrow & K_{i+j}(A^+_k \otimes B^+_k) \\ \downarrow & & \downarrow \\ K_{i+j}(k) & \longrightarrow & K_{i+j}(D) \end{array}$$

est cartésien.

Conclusion. Si $\phi : A \times B \longrightarrow C$ est un bimorphisme, on sait définir un cup-produit

$$K_i(A) \times K_j(B) \longrightarrow K_{i+j}(C)$$

pour toutes valeurs de i et $j \in \mathbb{Z}$ (cf. [11] pour les cas complémentaires) si A,B et C sont unitaires et si $\phi(1,1) = 1$. Dans le cas général où A,B et C sont des k-algèbres non nécessairement unitaires, on ne sait le faire que si $i + j \leqq 0$. Ce cup-produit jouit de bonnes propriétés formelles (cf. [15]).

4.7. Dans le cas des algèbres de Banach (supposées complexes pour fixer les idées),nous ne considèrerons que des bimorphismes de $\mathbb{C}$ - algèbres

$$\phi : A \times B \longrightarrow C$$

tels que $\|\phi(a,b)\| \leqq \|a\| \; \|b\|$. Si en outre A,B et C sont unitaires et si $\phi(1,1) = 1$, les mêmes méthodes que celles appliquées dans le cas algébrique permettent de définir un cup-produit

$$K_i^{top}(A) \times K_j^{top}(B) \longrightarrow K_{i+j}^{top}(C)$$

On pourra raisonner en effet avec l'espace classifiant des groupes linéaires munis de leur topologie usuelle ainsi qu'avec les suspensions topologiques au lieu des suspensions algébriques. En outre le diagramme naturel

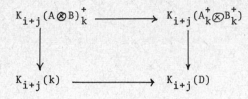

$$\begin{array}{ccc} K_i(A) \times K_j(B) & \longrightarrow & K_{i+j}(C) \\ \downarrow & & \downarrow \\ K_i^{top}(A) \times K_j^{top}(B) & \longrightarrow & K_{i+j}^{top}(C) \end{array}$$

est commutatif.

Si A, B ou C n'a pas d'élément unité (ou si $\phi(1,1) \neq 1$ dans le cas où A,B et C ont des éléments unités) on pourra raisonner comme dans le cadre algébrique en choisissant $k = \mathbb{C}$ et en considérant des produits tensoriels topologiques. Cependant, comme le théorème d'excision est vrai en K-théorie topologique [14][13], on pourra définir le cup-produit

$$K_i^{top}(A) \times K_j^{top}(B) \longrightarrow K_{i+j}^{top}(C)$$

sans aucune restriction sur le couple (i,j).

V. PERIODICITE DES GROUPES $K_n(\mathcal{K})$ ET DES GROUPES K_n DES ALGEBRES TOPOLOGIQUEMENT STABLES.

5.1. Soit $\mathcal{K}$ l'idéal des opérateurs compacts dans un espace de Hilbert complexe séparable de dimension infinie H. Si on regarde $\mathcal{K}$ comme une $\mathbb{C}$-algèbre, on peut définir

$$K_n(\mathcal{K}) = \mathrm{Ker}\,(K_n(\mathcal{K}^+) \longrightarrow K_n(\mathbb{C}))$$

où $\mathcal{K}^+$ est l'algèbre $\mathcal{K}$ à laquelle on ajoute un élément unité. Un des buts de ce paragraphe est la démonstration du théorème suivant :

5.2. *THEOREME. Pour* n *pair l'homomorphisme naturel*

$$\phi_n : K_n(\mathcal{K}) \longrightarrow K_n^{top}(\mathcal{K})$$

est surjectif. En outre, pour $n \leqq 0$, $K_n(\mathcal{K}) = 0$ *pour* n *impair et* ϕ_n *est un isomorphisme pour* n *pair.*

La démonstration de ce théorème va nous occuper un certain temps et nous allons avoir besoin de quelques propositions auxiliaires.

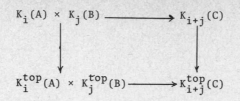

5.3. PROPOSITION . *L'homomorphisme*

$$K_{-2}(\mathcal{K}) \longrightarrow K_{-2}^{top}(\mathcal{K}) \approx \mathbb{Z}$$

est surjectif.

Démonstration. Soit $\mathcal{B}$ l'algèbre des opérateurs bornés de H et soit $\mathcal{B}/\mathcal{K}$ l'algèbre quotient (l'algèbre de Calkin). Puisque $\mathcal{B}$ est une algèbre topologiquement flasque [14], on a $K_i(\mathcal{B}) = K_i^{top}(\mathcal{B}) = 0$. En outre, on a les suites exactes

$$\begin{array}{ccccccc} 0 = K_{-1}(\mathcal{B}) & \longrightarrow & K_{-1}(\mathcal{B}/\mathcal{K}) & \longrightarrow & K_{-2}(\mathcal{K}) & \longrightarrow & K_{-2}(\mathcal{B}) = 0 \\ \downarrow & & \downarrow & & \downarrow & & \downarrow \\ 0 = K_{-1}^{top}(\mathcal{B}) & \longrightarrow & K_{-1}^{top}(\mathcal{B}/\mathcal{K}) & \longrightarrow & K_{-2}^{top}(\mathcal{K}) & \longrightarrow & K_{-2}^{top}(\mathcal{B}) = 0 \end{array}$$

Puisque $\mathcal{B}/\mathcal{K}$ est une $\mathbb{C}^*$-algèbre, l'homomorphisme $K_{-1}(\mathcal{B}/\mathcal{K}) \longrightarrow K_{-1}^{top}(\mathcal{B}/\mathcal{K})$ est surjectif d'après 3.6. Il en est donc de même de l'homomorphisme $K_{-2}(\mathcal{K}) \longrightarrow K_{-2}^{top}(\mathcal{K})$.

5.4. Nous nous proposons de démontrer un résultat analogue pour le groupe K_2. Il est commode pour cela d'introduire pour tout anneau unitaire A le groupe $K_i(A;\mathbb{Z}/n)$ [1][3] pour $i \geq 2$ qui est le groupe π_{i-1} de la fibre homotopique de

$$BGL(A)^+ \xrightarrow{\ .n\ } BGL(A)^+$$

où la flèche est la multiplication par n dans le H-espace $BGL(A)^+$. Ainsi on a en particulier la suite exacte

$$K_i(A) \xrightarrow{.n} K_i(A) \longrightarrow K_i(A;\mathbb{Z}/n) \longrightarrow K_{i-1}(A) \xrightarrow{.n} K_{i-1}(A)$$

De même, si A est une algèbre de Banach on peut définir $K_i^{top}(A;\mathbb{Z}/n) = \pi_{i-1}(\mathcal{F}^{top})$ où $\mathcal{F}^{top}$ est la fibre homotopique de

$$BGL(A)^{top} \xrightarrow{\ .n\ } BGL(A)^{top}$$

5.5. PROPOSITION . *L'homomorphisme naturel*

$$K_2(\mathbb{C};\mathbb{Z}/n) \longrightarrow K_2^{top}(\mathbb{C};\mathbb{Z}/n)$$

est un isomorphisme.

Démonstration. La suite exacte

$$\begin{array}{ccccccccc} & & & & & & \mathbb{C}^* & & \mathbb{C}^* \\ & & & & & & \| & & \| \\ K_2(\mathbb{C}) & \xrightarrow{.n} & K_2(\mathbb{C}) & \longrightarrow & K_2(\mathbb{C};\mathbb{Z}/n) & \longrightarrow & K_1(\mathbb{C}) & \xrightarrow{.n} & K_1(\mathbb{C}) \end{array}$$

où $K_2(\mathbb{C})$ est divisible [16] montre que $K_2(\mathbb{C};\mathbb{Z}/n) \approx \mathbb{Z}/n$. De même la suite exacte

$$\begin{array}{ccccccccc} K_2^{top}(\mathbb{C}) & \longrightarrow & K_2^{top}(\mathbb{C}) & \longrightarrow & K_2^{top}(\mathbb{C};\mathbb{Z}/n) & \longrightarrow & K_1^{top}(\mathbb{C}) & \longrightarrow & K_1^{top}(\mathbb{C}) \\ \| & & \| & & & & \| & & \| \\ \mathbb{Z} & & \mathbb{Z} & & & & 0 & & 0 \end{array}$$

montre que $K_2^{top}(\mathbb{C};\mathbb{Z}/n) \approx \mathbb{Z}/n$. Pour démontrer l'isomorphisme on considère le diagramme

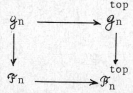

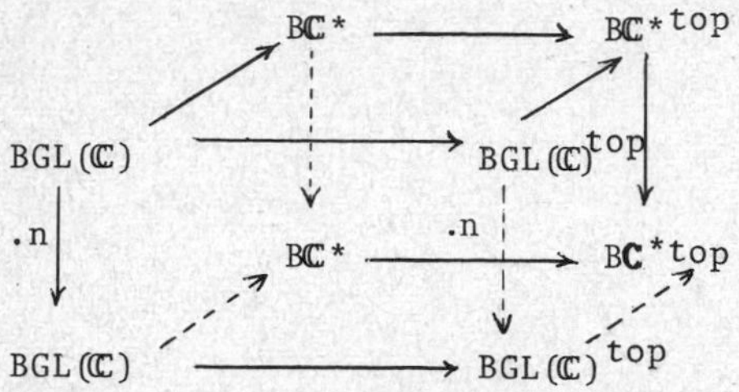

Les flèches obliques sont définies par le déterminant. Les flèches .n sont induites par la composition

$$GL(\mathbb{C}) \to GL(\mathbb{C}) \times \ldots \times GL(\mathbb{C}) \overset{\oplus}{\to} GL(\mathbb{C})$$

ou $z \mapsto z^n$ pour $\mathbb{C}^*$. En appliquant la construction + à ce diagramme on obtient encore un diagramme commutatif [X^+ étant défini comme $X \underset{BGL(\mathbb{Z})}{\cup} BGL(\mathbb{Z})^+$ comme dans [18]]. En considérant les fibres homotopiques des flèches verticales, on obtient donc le diagramme commutatif

$$\begin{array}{ccc} \mathcal{G}_n & \longrightarrow & \mathcal{G}_n^{top} \\ \downarrow & & \downarrow \\ \mathcal{F}_n & \longrightarrow & \mathcal{F}_n^{top} \end{array}$$

où $\mathcal{G}_n \approx \mathcal{G}_n^{top} \approx B(\mathbb{Z}/n)$. Puisque $\pi_1(\mathcal{F}_n) \approx \pi_1(\mathcal{F}_n^{top}) \approx \pi_1(\mathcal{G}_n) \approx \pi_1(\mathcal{G}_n^{top})$ la proposition est démontrée.

5.6. PROPOSITION. *Soit* H *un espace de Hilbert séparable écrit sous la forme* $\mathbb{C} \oplus H'$. *Alors l'inclusion naturelle de* $\mathbb{C}$ *dans l'ensemble* $\mathcal{K}$ *des opérateurs compacts sur* H *induit un homomorphisme*

$$\theta : \mathbb{C}^* \approx K_1(\mathbb{C}) \longrightarrow K_1(\mathcal{K})$$

qui est réduit à 0.

Démonstration. Cette proposition fait penser au théorème de Brown et Schochet $K_1(\mathcal{K}) = 0$ avec malheureusement une autre définition du groupe $K_1(\mathcal{K})$. Voici une démonstration élémentaire de la proposition.

Soit $\alpha \in \mathbb{C}^* = K_1(\mathbb{C})$. Ecrivons $\alpha = \mathrm{Log}\beta$ pour un certain β et définissons $\alpha^r = e^{r\mathrm{Log}\beta}$ pour $r \in \mathbb{C}^*$. Alors la matrice diagonale infinie

$$d = \mathrm{Diag}\ (\alpha, \alpha^{-1}, \alpha^{1/2}, \alpha^{1/2}, \alpha^{-1/4}, \alpha^{-1/4}, \alpha^{-1/4}, \alpha^{-1/4}, \ldots.)$$

définit un élément de $K_1(\mathcal{K}^+)$ qui peut s'interpréter de deux manières différentes. Le groupement

$$(\underbrace{\alpha^{-1}, \alpha^{1/2}, \alpha^{1/2}}, \quad \underbrace{\alpha^{-1/4}, \alpha^{-1/4}, \alpha^{-1/4}, \alpha^{-1/4}, \ldots.. \alpha^{-1/8}}, \ldots..)$$

montre que la classe de d dans $K_1(\mathcal{K}^+)$ est égale à la classe de

$\theta(\alpha) = (\alpha, 1, 1, \ldots.)$. Par contre le groupement

$$(\underbrace{\alpha, \alpha^{-1}}, \ \underbrace{\alpha^{1/2}, \alpha^{1/2}, \alpha^{-1/4}, \alpha^{-1/4}, \alpha^{-1/4}, \alpha^{-1/4}}, \ldots..)$$

montre que la classe de d dans $K_1(\mathcal{K}^+)$ est réduite à 0. Notons que l'énoncé de Brown et Schochet est équivalent au résultat suivant, où G désigne le groupe des opérateurs inversibles sur un espace de Hilbert qui sont congrus à l'identité modulo les compacts : tout élément de G peut s'écrire comme un produit fini de commutateurs $(ABAB^{-1})^{\pm 1}$ avec A linéaire borné inversible et $B \in G$. Ce résultat a été précisé, indépendamment par Brown et Schochet (remarque 3 de [4]) et par de la Harpe (non publié) : le groupe G est parfait .

5.7. *Remarque*. Dans cette démonstration nous avons implicitement utilisé le lemme suivant : considérons une matrice 2×2 à coefficients complexes

$$\gamma = \begin{pmatrix} \delta & 0 \\ 0 & \delta^{-1} \end{pmatrix}$$

Alors si $|\delta-1| < \varepsilon < 1/2$, γ peut s'écrire comme le produit de 4 matrices élémentaires $\gamma = \gamma_1\gamma_2\gamma_3\gamma_4$ avec $\| \gamma_i - 1 \| < 3\,\varepsilon$. En effet si σ est une racine carrée de $\delta-1$, γ peut s'écrire

$$\begin{pmatrix} 1 & \delta \\ 0 & 1 \end{pmatrix} \begin{pmatrix} 1 & 0 \\ \sigma & 1 \end{pmatrix} \begin{pmatrix} 1 & -\delta^{-1}\sigma \\ 0 & 1 \end{pmatrix} \begin{pmatrix} 1 & 0 \\ -\delta\sigma & 1 \end{pmatrix}$$

5.8. PROPOSITION. *L'homomorphisme*

$$K_2(\mathcal{K}) \longrightarrow K_2^{top}(\mathcal{K}) \approx \mathbb{Z}$$

est surjectif.

Démonstration. Considérons le diagramme

$$\begin{array}{ccccccc}
 & & & & \mathbb{C}^* & & \mathbb{C}^* \\
 & & & & \| & & \| \\
 & & K_2(\mathbb{C};\mathbb{Z}/n) & \xrightarrow{\partial} & K_1(\mathbb{C}) & \xrightarrow{.n} & K_1(\mathbb{C}) \\
 & & \downarrow u & & \downarrow \theta & & \downarrow \\
K_2(\mathcal{K}) & \xrightarrow{s} & K_2(\mathcal{K};\mathbb{Z}/n) & \xrightarrow{v} & K_1(\mathcal{K}) & \longrightarrow & K_1(\mathcal{K}) \\
\downarrow r & & \downarrow & & \downarrow & & \downarrow \\
\mathbb{Z} \approx K_2^{top}(\mathcal{K}) & \xrightarrow{q} & K_2^{top}(\mathcal{K};\mathbb{Z}/n) & \longrightarrow & K_1^{top}(\mathcal{K}) & \longrightarrow & K_1^{top}(\mathcal{K}) \\
\uparrow \approx & & \uparrow \approx & & & & \\
\mathbb{Z} \approx K_2^{top}(\mathbb{C}) & \longrightarrow & K_2^{top}(\mathbb{C};\mathbb{Z}/n) & & & &
\end{array}$$

Soit H le sous-groupe de $K_2^{top}(\mathcal{K})$ image de l'homomorphisme $K_2(\mathcal{K}) \longrightarrow K_2^{top}(\mathcal{K}) \approx \mathbb{Z}$. Alors $H \approx n\mathbb{Z}$ pour un certain n. Si $n \neq 0$, 1 et -1 nous allons trouver une contradiction. En effet, soit $x \in K_2(\mathbb{C}\,;\mathbb{Z}/n) \approx \mathbb{Z}/n$ un générateur. Alors $u(x) \neq 0$ car son image dans $K_2^{top}(\mathcal{K}\,;\,\mathbb{Z}/n) \approx K_2^{top}(\mathbb{C};\mathbb{Z}/n)$ est non nulle (5.5). D'autre part, $(vu)(x) = (\theta\partial)(x) = 0$ car $\theta = 0$ (5.6). Donc il existe $y \in K_2(\mathcal{K})$ tel que $s(y) = u(x)$ avec $(qr)(y) \neq 0$. Ainsi $r(y) \notin n\mathbb{Z}$ d'où la contradiction. Enfin si $n = 0$, le diagramme précédent écrit avec un autre entier n' conduit aussi à une contradiction.

La proposition précédente se généralise :

5.9. THEOREME. *L'homomorphisme*

$$K_{2i}(\mathcal{K}) \longrightarrow K_{2i}^{top}(\mathcal{K}) \approx \mathbb{Z}$$

est surjectif.

Démonstration. Nous allons démontrer ce théorème par récurrence sur i en nous inspirant de la démonstration de la proposition précédente et des structures multiplicatives en K-théorie mod. n développées par Araki et Toda [1](cf. aussi [3]). Supposons donc que l'homomorphisme $r_{i-1}: K_{2i-2}(\mathcal{K}) \longrightarrow K_{2i-2}^{top}(\mathcal{K}) \approx \mathbb{Z}$ soit surjectif et soit $\tilde{\alpha}_{i-1}$ un élément de $K_{2i-2}(\mathcal{K})$ tel que $r_{i-1}(\alpha_{i-1}) = 1$. Le bimorphisme évident

$$\mathcal{K}^+ \times \mathbf{C} \longrightarrow \mathcal{K}^+$$

permet de définir un cup-produit

$$K_{2i-2}(\mathcal{K}) \times K_2(\mathbf{C};\mathbb{Z}/n) \longrightarrow K_{2i}(\mathcal{K};\mathbb{Z}/n)$$

D'autre part, on a aussi un diagramme commutatif analogue au diagramme précédent en remplaçant 2 par 2i et 1 par 2i-1.

Supposons maintenant que l'image de $r = r_i$ soit de la forme $N\mathbb{Z}$ et soit γ l'élément $\tilde{\alpha}_{i-1} \cup \alpha_1$ où α_1 est un générateur de $K_2(\mathbb{C};\mathbb{Z}/n)$(on raisonne de nouveau par l'absurde en supposant $n \neq 0$, 1 et -1). Alors $v(\tilde{\alpha}_{i-1} \cup \alpha_1) = \tilde{\alpha}_{i-1} \cup \partial(\alpha_1) = 0$. Donc $\gamma = s(\tilde{\gamma})$ et l'image de $\tilde{\gamma}$ dans $K_{2i}^{top}(\mathcal{K}) \approx \mathbb{Z}$ n'appartient pas à $n\mathbb{Z}$. Par un raisonnement analogue n ne peut pas être réduit à 0.

Considérons maintenant une C*-algèbre unitaire A. Alors $\mathcal{K} \hat{\otimes} A$ est un A-bimodule et l'algèbre augmentée associée peut être identifiée à $\mathcal{K}^+ \hat{\otimes} A$. On posera $K_i(\mathcal{K} \hat{\otimes} A) = \mathrm{Ker}\,[K_i(\mathcal{K}^+ \hat{\otimes} A) \longrightarrow K_i(A)]$.

5.10. THEOREME. *L'homomorphisme*

$$K_{2i}(\mathcal{K} \hat{\otimes} A) \longrightarrow K_{2i}^{top}(\mathcal{K} \hat{\otimes} A) \approx K_{2i}^{top}(A)$$

est surjectif et le noyau est un facteur direct.

Démonstration. Si on pose $B_n = M_n(\mathbb{C}) \otimes A$ et $B = \mathcal{K} \hat{\otimes} A$, on voit que les hypothèses du théorème de densité sont satisfaites pour le système inductif des B_n. On a donc bien

$$K_{2i}^{top}(A) \approx \varinjlim K_{2i}^{top}(B_n) \approx K_{2i}^{top}(\mathcal{K} \hat{\otimes} A).$$

D'autre part, d'après les théorèmes de périodicité de Bott, le cup-produit par un générateur de $K_{2i}^{top}(\mathbb{C})$ définit un isomorphisme de $K_0(A)$ sur $K_{2i}^{top}(A)$. Enfin on a le diagramme commutatif

$$\begin{array}{ccc}
K_0(A) \times K_{2i}(\mathcal{K}) & \longrightarrow & K_{2i}(\mathcal{K} \hat{\otimes} A) \\
\downarrow & & \downarrow \\
K_0(A) \times K_{2i}^{top}(\mathcal{K}) & \longrightarrow & K_{2i}^{top}(\mathcal{K} \hat{\otimes} A) \\
\approx \uparrow & & \uparrow \approx \\
K_0(A) \times K_{2i}^{top}(\mathbb{C}) & \longrightarrow & K_{2i}^{top}(A)
\end{array}$$

Puisque l'homomorphisme $K_{2i}(\mathcal{K}) \longrightarrow K_{2i}^{top}(\mathcal{K}) \approx \mathbb{Z}$ est surjectif, le cup-produit par un antécédent de 1 définit un sous-groupe de $K_{2i}(\mathcal{K} \hat{\otimes} A)$ isomorphe à $K_0(A)$.

5.11. Les théorèmes précédents écrits avec l'algèbre $\mathcal{K}$ ou $\mathcal{K}^+$ peuvent s'interpréter en termes de l'algèbre unitaire $\mathcal{B}/\mathcal{K}$. En effet, on a le diagramme cartésien d'algèbres

$$\begin{array}{ccc}
\mathcal{K}^+ \hat{\otimes} A & \longrightarrow & \mathcal{B} \hat{\otimes} A \\
\downarrow & & \downarrow \\
A & \longrightarrow & \mathcal{B}/\mathcal{K} \hat{\otimes} A
\end{array}$$

En appliquant le foncteur BGL^+ à ce diagramme on trouve un diagramme commutatif

$$\begin{array}{ccc}
BGL(\mathcal{K}^+ \hat{\otimes} A)^+ & \longrightarrow & BGL(\mathcal{B} \hat{\otimes} A)^+ \\
f \downarrow & & \downarrow g \\
BGL(A)^+ & \longrightarrow & BGL(\mathcal{B}/\mathcal{K} \hat{\otimes} A)^+
\end{array}$$

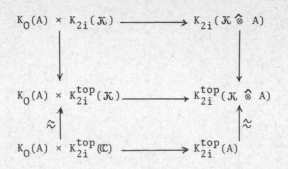

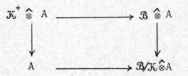

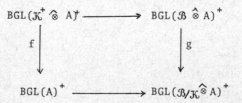

Des considérations topologiquesélémentaires permettent d'en déduire une application continue entre les fibres homotopiques $\Gamma(f)$ et $\Gamma(g)$ des flèches verticales f et g. Puisque $\mathcal{B}$ est topologiquement flasque, $\mathcal{B} \hat{\otimes} A$ est flasque et $BGL(\mathcal{B} \hat{\otimes} A)^+$ est contractile. Par conséquent $\Gamma(g)$ a le type d'homotopie de $\Omega BGL(\mathcal{B}/\mathcal{K} \hat{\otimes} A)^+$. Donc on en déduit finalement un homomorphisme $K_i(\mathcal{K} \hat{\otimes} A) \longrightarrow K_{i+1}(\mathcal{B}/\mathcal{K} \hat{\otimes} A)$. Par le même raisonnement on définit un homomorphisme $K_i^{top}(A) \approx K_i^{top}(\mathcal{K} \hat{\otimes} A) \longrightarrow K_{i+1}^{top}(\mathcal{B}/\mathcal{K} \hat{\otimes} A)$ tel que le diagramme suivant commute

$$\begin{array}{ccc} K_i(\mathcal{K} \hat{\otimes} A) & \longrightarrow & K_{i+1}(\mathcal{B}/\mathcal{K} \hat{\otimes} A) \\ \downarrow & & \downarrow \\ K_i^{top}(A) \approx K_i^{top}(\mathcal{K} \otimes A) & \longrightarrow & K_{i+1}^{top}(\mathcal{B}/\mathcal{K} \hat{\otimes} A) \end{array}$$

5.11. <u>THEOREME</u> . *Soit A une C*-algèbre unitaire. Alors l'homomorphisme*

$$K_{2i+1}(\mathcal{B}/\mathcal{K} \hat{\otimes} A) \longrightarrow K_{2i+1}^{top}(\mathcal{B}/\mathcal{K} \hat{\otimes} A) \approx K_{2i}^{top}(A)$$

est surjectif pour i = 0,1,... et le noyau est un facteur direct.

Démonstration. Pour i = 1,2,...le théorème est une conséquence de ce qui précède et du théorème 5.10. Pour i = 0 il résulte des suites exactes 2.3. et 2.12.

5.12. <u>THEOREME</u>. *Soit A une C*-algèbre unitaire. Alors les homomorphismes*

$$K_i(\mathcal{K} \hat{\otimes} A) \longrightarrow K_i^{top}(\mathcal{K} \hat{\otimes} A) \approx K_i^{top}(A)$$

et

$$K_i(\mathcal{B}/\mathcal{K} \hat{\otimes} A) \longrightarrow K_i^{top}(\mathcal{B}/\mathcal{K} \hat{\otimes} A) \approx K_{i-1}^{top}(A)$$

sont surjectifs pour i = -1,0,1,2,....

Démonstration. Pour i pair (dans le premier cas) et i impair > 0 (dans le second cas) le théorème a été démontré en 5.10 et 5.11. D'autre part nous avons démontré en 3.6. la surjectivité de l'homomorphisme $K_{-1}(\Lambda) \longrightarrow K_{-1}^{top}(\Lambda)$ pour toute C*-algèbre Λ. L'argument de cup-produit développé en 5.10 permet d'en déduire la surjectivité de l'homomorphisme $K_i(\mathcal{K} \hat{\otimes} A) \longrightarrow K_i^{top}(\mathcal{K} \hat{\otimes} A)$ pour i impair.

Enfin l'argument utilisé en 5.11 peut encore se répéter ici pour démontrer la sujectivité de l'homomorphisme $K_i(\mathcal{B}/\mathcal{K}\hat{\otimes}A) \longrightarrow K_i^{top}(\mathcal{B}/\mathcal{K}\hat{\otimes}A)$ pour i pair.

5.13. *Exemples*. Soit X un espace compact et A = C(X). Alors $\mathcal{K}\hat{\otimes} A$ (resp. $\mathcal{B}/\mathcal{K}\hat{\otimes} A$) s'identifie à l'algèbre des fonctions continues sur X à valeurs dans $\mathcal{K}$ (resp. $\mathcal{B}/\mathcal{K}$). Dans ce cas on a donc un homomorphisme surjectif des groupes K_i de $\mathcal{K}\hat{\otimes} A$ ou $\mathcal{B}/\mathcal{K}\hat{\otimes}A$ sur les groupes $K^{-i}(X)$ de la K-théorie topologique de X [13].

5.14. A partir de maintenant nous allons essayer d'étendre les résultats précédents aux groupes K_i pour les valeurs négatives de i. En fait nous obtiendrons des résultats plus précis (cf. 5.15 et 5.18).

Le produit tensoriel des opérateurs compacts définit une application $\mathbb{C}$-bilinéaire

$$\otimes : \mathcal{K}(H) \times \mathcal{K}(H) \longrightarrow \mathcal{K}(H\hat{\otimes}H)$$

et on a évidemment $(\alpha\otimes\beta)(\alpha'\otimes\beta') = \alpha\alpha'\otimes\beta\beta'$. D'après les considérations générales développées dans le paragraphe 4, on en déduit un cup-produit

$$K_i(\mathcal{K}(H)) \times K_j(\mathcal{K}(H)) \longrightarrow K_{i+j}(\mathcal{K}(H\hat{\otimes}H))$$

pour $i + j \leqslant 0$. Si on pose $H = \mathbb{C}\oplus H'$, le diagramme commutatif

$$\begin{array}{ccc}
\mathcal{K}(H) \times \mathbb{C} & \longrightarrow & \mathcal{K}(H) \\
\downarrow & & \downarrow \\
\mathcal{K}(H) \times \mathcal{K}(H) & \longrightarrow & \mathcal{K}(H\hat{\otimes}H)
\end{array}$$

peut s'interpréter de la manière suivante : on écrit

$H\hat{\otimes}H \approx H\hat{\otimes}(\mathbb{C}\oplus H') \approx (H\hat{\otimes}\mathbb{C})\oplus(H\hat{\otimes}H') \approx H\oplus H$; on en déduit le diagramme

$$\begin{array}{ccccc}
\mathcal{K}(H) \times \mathbb{C} & \longrightarrow & \mathcal{K}(H) & & \\
\downarrow & & \downarrow & \searrow^{\sigma} & \\
\mathcal{K}(H) \times \mathcal{K}(H) & \longrightarrow & \mathcal{K}(H\hat{\otimes}H) \approx \mathcal{K}(H\oplus H) & \approx & M_2(\mathcal{K}(H))
\end{array}$$

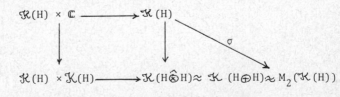

où σ est l'homomorphisme de A dans $M_2(A)$ défini par

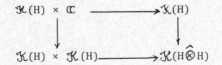

$$a \longmapsto \begin{pmatrix} a & 0 \\ 0 & 0 \end{pmatrix}$$

avec $A = \mathcal{K}(H)$. D'après le théorème de Morita (cf. § 1), σ induit un isomorphisme $K_i(\mathcal{K}(H) \approx K_i(\mathcal{K}(H \hat{\otimes} H))$. En particulier, si on désigne par τ le cup-produit

$$K_i(\mathcal{K}(H)) \times K_0(\mathcal{K}(H)) \longrightarrow K_i(\mathcal{K}(H \hat{\otimes} H))$$

l'homomorphisme $x \longmapsto \tau(x, \varepsilon)$ est un isomorphisme si ε est un générateur de $K_0(\mathcal{K}(H)) \approx \mathbb{Z}$.

5.15 THEOREME. *Soit* $n \leqq 0$. *Alors* $K_n(\mathcal{K}) \approx \mathbb{Z}$ *pour* n *pair et* $K_n(\mathcal{K}) = 0$ *pour* n *impair.*

Démonstration . Soit u_2 (resp. u_{-2}) un élément de $K_2(\mathcal{K})$ (resp. de $K_{-2}(\mathcal{K})$) dont l'image dans $K_2^{top}(\mathcal{K})$ (resp. $K_{-2}^{top}(\mathcal{K})$) est un générateur. Alors $u_2 \cup u_{-2} \in K_0(\mathcal{K} \hat{\otimes} \mathcal{K}) \approx K_0(\mathcal{K}) \approx \mathbb{Z}$ est un générateur de $\mathbb{Z}$.

Définissons alors :

$$\beta : K_n(\mathcal{K}(H)) \longrightarrow K_{n+2}(\mathcal{K}(H \hat{\otimes} H)) \approx K_{n+2}(\mathcal{K}(H))$$

pour $n \leqq -2$ et

$$\beta' : K_n(\mathcal{K}(H)) \longrightarrow K_{n-2}(\mathcal{K}(H \hat{\otimes} H)) \approx K_{n-2}(\mathcal{K}(H))$$

pour $n \leqq 2$ par $\beta(x) = x \cup u_2$ et $\beta'(y) = y \cup u_{-2}$ Puisque le diagramme défini par des bimorphismes successifs

$$\begin{array}{ccc} (\mathcal{K}(H) \times \mathcal{K}(H)) \times \mathcal{K}(H) & \longrightarrow & \mathcal{K}(H) \times \mathcal{K}(H) \\ \downarrow & & \downarrow \\ \mathcal{K}(H) \times \mathcal{K}(H) & \longrightarrow & \mathcal{K}(H) \end{array}$$

est commutatif à isomorphisme près, on a, à un automorphisme des groupes K_i près, $(\beta'\beta)(x) = x$ et $(\beta\beta')(y) = y$ dès que β et β' sont définis. On en déduit donc que

$$K_n(\mathcal{K}) \approx K_{n-2}(\mathcal{K})$$

pour $n \leqq 0$. Par conséquent $K_n(\mathcal{K}) \approx \mathbb{Z}$ pour n pair. Pour n impair, on a $K_n(\mathcal{K}) \approx K_{-1}(\mathcal{K})$ qui se calcule par la suite exacte

$$0 = K_0(\mathcal{B}) \longrightarrow K_0(\mathcal{B}/\mathcal{K}) \longrightarrow K_{-1}(\mathcal{K}) \longrightarrow K_{-1}(\mathcal{B}) = 0$$

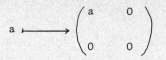

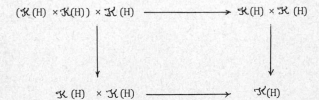

associée à la suite exacte d'anneaux

$$0 \longrightarrow \mathcal{K} \longrightarrow \mathcal{B} \longrightarrow \mathcal{B}/\mathcal{K} \longrightarrow 0$$

Puisque $K_0(\mathcal{B}/\mathcal{K}) = 0$ d'après le théorème de Calkin (cf. [6] par exemple), on a $K_{-1}(\mathcal{K}) = 0$ donc $K_n(\mathcal{K}) = 0$ pour n impair.

5.16. La périodicité des groupes $K_n(\mathcal{K})$ pour $n \leqq 0$ se généralise à une classe générale de $\mathbb{C}$-algèbres que nous allons maintenant définir.

Soit A une $\mathbb{C}$-algèbre. Nous dirons que A est *stable* si elle est munie d'un isomorphisme d'anneaux $A \xrightarrow{\approx} M_2(A)$. Nous dirons que A est *topologiquement stable* si elle est stable et si on a défini un bimorphisme

$$\mathcal{K} \times A \longrightarrow A$$

tel que

1) Le diagramme

$$\begin{array}{ccc}
(\mathcal{K} \times \mathcal{K}) \times A \approx \mathcal{K} \times (\mathcal{K} \times A) & \longrightarrow & \mathcal{K} \times A \\
\downarrow & & \downarrow \\
\mathcal{K} \times A & \longrightarrow & A
\end{array}$$

commute à isomorphisme près.

2) Le diagramme

$$\begin{array}{ccc}
\mathbb{C} \times A & \longrightarrow & A \\
\downarrow & & \searrow \ell \\
\mathcal{K} \times A & \longrightarrow & A \approx M_2(A)
\end{array}$$

commute aussi à isomorphisme près, ℓ étant défini par

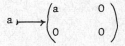

$$a \longmapsto \begin{pmatrix} a & 0 \\ 0 & 0 \end{pmatrix}$$

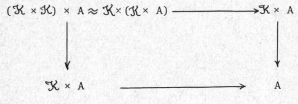

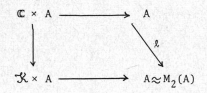

5.17. *Exemples.*

a) Si B est une $\mathbb{C}$-algèbre quelconque, $\mathcal{K}\otimes B$ est topologiquement stable.

b) Si B est une C*-algèbre, le produit tensoriel complété $\mathcal{K}\hat{\otimes} B$ est aussi topologiquement stable.

c) L'algèbre $\mathcal{B}$ est topologiquement stable.

d) Considérons une suite exacte

$$0 \longrightarrow A' \xrightarrow{\theta} A \longrightarrow A'' \longrightarrow 0$$

telle que A' et A soient topologiquement stables, θ étant compatible avec les différents morphismes et bimorphismes de la définition 5.16. Alors A'' est topologiquement stable. Par exemple $\mathcal{B}/\mathcal{K}$ est topologiquement stable.

e) Si A est topologiquement stable et si B est une $\mathbb{C}$-algèbre quelconque $A\otimes B$ est topologiquement stable. Si en outre A et B sont des C*-algèbres et si le bimorphisme $\mathcal{K} \times A \longrightarrow A$ est continu ainsi que les différents isomorphismes de la définition 5.16, $A \hat{\otimes} B$ est aussi topologiquement stable. Par exemple $\mathcal{B}/\mathcal{K}\hat{\otimes} B$ est topologiquement stable pour toute C*-algèbre B.

5.18. THEOREME. *Soit* A *une algèbre topologiquement stable. Alors*

$$K_n(A) \approx K_{n-2}(A)$$

pour $n \leq 0$.

Démonstration. Il suffit de suivre le schéma de la démonstration du théorème 5.15. Le bimorphisme $\mathcal{K} \times A \longrightarrow A$ permet de définir un cup-produit

$$K_i(\mathcal{K}) \times K_j(A) \longrightarrow K_{i+j}(A)$$

pour $i + j \leq 0$ qui est "associatif" à isomorphisme près. En outre d'après l'axiome 2 des algèbres topologiquement stables et le théorème de Morita, le cup-produit

$$K_0(\mathcal{K}) \times K_j(A) \longrightarrow K_j(A)$$

est simplement $(n,\lambda) \longmapsto n\lambda$. Puisque $u_2 \cup u_{-2} = 1$, le théorème en résulte.

5.19. <u>COROLLAIRE</u>. *Soit* A *une* C*-*algèbre. Alors* $K_n(\mathcal{K} \hat{\otimes} A) \approx K_0(A)$ *pour* $n \leq 0$ *et pair et* $K_n(\mathcal{K} \hat{\otimes} A) \approx K_1^{top}(A)$ *pour* $n < 0$ *et impair*.

Seul le dernier point mérite un éclaircissement. En effet, la suite exacte

$$0 \longrightarrow \mathcal{K} \hat{\otimes} A \longrightarrow \mathcal{B} \hat{\otimes} A \longrightarrow \mathcal{B}/\mathcal{K} \hat{\otimes} A \longrightarrow 0$$

permet de voir que $K_{-1}(\mathcal{K} \hat{\otimes} A) \approx K_0(\mathcal{B}/\mathcal{K} \hat{\otimes} A) \approx K_{-1}^{top}(\mathcal{K} \hat{\otimes} A)$. D'après le théorème de périodicité de Bott et le théorème de densité on a $K_{-1}^{top}(\mathcal{K} \hat{\otimes} A) \approx K_1^{top}(\mathcal{K} \hat{\otimes} A) \approx K_1^{top}(A)$.

5.20. <u>COROLLAIRE</u>. *Soit*

$$0 \longrightarrow A' \longrightarrow A \longrightarrow A'' \longrightarrow 0$$

une suite exacte de **C**-*algèbres topologiquement stables. On a alors la suite exacte à six termes*

$$\begin{array}{ccccc} K_0(A') & \longrightarrow & K_0(A) & \longrightarrow & K_0(A'') \\ \uparrow & & & & \downarrow \\ K_{-1}(A'') & \longleftarrow & K_{-1}(A) & \longleftarrow & K_{-1}(A') \end{array}$$

(les groupes K_0 et K_{-1} étant définis de manière purement algébrique dans les paragraphes 1 et 3 respectivement).

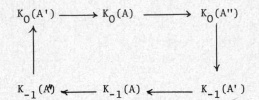

VI - ETUDE DE CERTAINS ANNEAUX TELS QUE $K_i(A) \approx K_{i-2}(A)$ POUR $i \in \mathbb{Z}$.

6.1. Dans le § précédent nous avons étudié une large classe d'anneaux A (les $\mathbb{C}$-algèbres topologiquement stables) tels que $K_i(A) \approx K_{i-2}(A)$ pour $i \leq 0$. Nous allons maintenant définir des anneaux A tels que $K_i(A) \approx K_{i-2}(A)$ pour tout $i \in \mathbb{Z}$.

De manière précise désignons par $\mathcal{K}_{\mathcal{B}}$ le produit $\mathcal{K} \times \mathcal{B}$, la structure multiplicative étant définie par la formule

$$(k, b)\,(k', b') = (kk', kb' + bk' + bb')$$

Alors $\mathcal{K}_{\mathcal{B}}$ est l'algèbre $\mathcal{K}$ augmentée sur $\mathcal{B}$ et on a la suite exacte

$$0 \longrightarrow \mathcal{K} \longrightarrow \mathcal{K}_{\mathcal{B}} \longrightarrow \mathcal{B} \longrightarrow 0$$

Notons que $\mathcal{K}_{\mathcal{B}}$ peut aussi être définie comme la sous-algèbre de l'algèbre produit $\mathcal{B} \times \mathcal{B}$ formée des couples (b,b') tels que $b - b' \in \mathcal{K}$. De la suite exacte précédente on déduit bien sûr que $K_i^{top}(\mathcal{K}_{\mathcal{B}}) \approx K_i^{top}(\mathcal{K}) \approx \mathbb{Z}$ pour i pair et $= 0$ pour i impair. D'autre part, les images des éléments u_2 et u_{-2} de $K_2(\mathcal{K})$ et $K_{-2}(\mathcal{K})$ dans $K_2(\mathcal{K}_{\mathcal{B}})$ et $K_{-2}(\mathcal{K}_{\mathcal{B}})$ sont non triviaux par l'argument topologique utilisé déjà en 5.15. Notons enfin que $K_i(\mathcal{K}) \approx K_i(\mathcal{K}_{\mathcal{B}})$ pour $i \leq 0$ d'après le théorème d'excision en K-théorie algébrique.

A partir de l'algèbre $\mathcal{K}_{\mathcal{B}}$ on peut construire un système inductif

$$\mathcal{K}_{\mathcal{B}} \longrightarrow \mathcal{K}_{\mathcal{B}} \hat{\otimes} \mathcal{K}_{\mathcal{B}} \longrightarrow \mathcal{K}_{\mathcal{B}}^{\hat{\otimes} 3} \longrightarrow \mathcal{K}_{\mathcal{B}}^{\hat{\otimes} 4} \longrightarrow \cdots$$

où la flèche de $\mathcal{K}_{\mathcal{B}}^{\hat{\otimes} i}$ dans $\mathcal{K}_{\mathcal{B}}^{\hat{\otimes} i+1}$ est définie par

$$u \longmapsto u \otimes \varepsilon$$

où ε est l'idempotant de $\mathcal{K}_{\mathcal{B}}$ défini par l'injection composée $\mathbb{C} \longrightarrow \mathcal{K} \longrightarrow \mathcal{K}_{\mathcal{B}}$ utilisée dans le paragraphe précédent. Notons $\mathcal{K}_{\mathcal{B}}^{\bullet}$ la limite inductive de ce système. On a

$$\mathcal{K}_{\mathcal{B}}^{\bullet} \otimes \mathcal{K}_{\mathcal{B}}^{\bullet} = \varinjlim_{i} \mathcal{K}_{\mathcal{B}}^{\hat{\otimes} i} \otimes \varinjlim_{j} \mathcal{K}_{\mathcal{B}}^{\hat{\otimes} j} \approx \varinjlim_{i,j} \mathcal{K}_{\mathcal{B}}^{\hat{\otimes} i} \otimes \mathcal{K}_{\mathcal{B}}^{\hat{\otimes} j} \approx \varinjlim_{i} \mathcal{K}_{\mathcal{B}}^{\hat{\otimes} i} \otimes \mathcal{K}_{\mathcal{B}}^{\hat{\otimes} i}$$

D'autre part, on a un bimorphisme évident de $\mathcal{K}_{\mathcal{B}}^{\hat{\otimes} i} \otimes \mathcal{K}_{\mathcal{B}}^{\hat{\otimes} i}$ dans $\mathcal{K}_{\mathcal{B}}^{\hat{\otimes} 2i}$ obtenu en identifiant $H \hat{\otimes} H$ à H comme nous l'avons fait dans le paragraphe 5 et défini essentiellement par la formule

$$(x_1 \otimes x_2 \otimes \ldots \otimes x_i)(y_1 \otimes y_2 \otimes \ldots \otimes y_i) = x_1 \otimes y_1 \otimes x_2 \otimes y_2 \otimes \ldots \otimes x_i \otimes y_i$$

En conclusion on a ainsi défini un bimorphisme

$$\mathcal{K}^{\circ}_{\mathcal{B}} \times \mathcal{K}^{\circ}_{\mathcal{B}} \longrightarrow \mathcal{K}^{\circ}_{\mathcal{B}}$$

Ce bimorphisme satisfait à une propriété d'associativité à isomorphisme près. Il permet donc de définir un cup-produit

$$K_i(\mathcal{K}^{\circ}_{\mathcal{B}}) \times K_j(\mathcal{K}^{\circ}_{\mathcal{B}}) \longrightarrow K_{i+j}(\mathcal{K}^{\circ}_{\mathcal{B}})$$

pour i et $j \in \mathbb{Z}$ qui est associatif à isomorphisme près.

6.2. THEOREME. *Pour tout* $i \in \mathbb{Z}$, *on a* $K_i(\mathcal{K}^{\circ}_{\mathcal{B}}) \approx \mathbb{Z}$ *pour* i *pair et* $K_i(\mathcal{K}^{\circ}_{\mathcal{B}}) = 0$ *pour i impair.*

Démonstration . C'est la même démonstration formelle que celle du théorème 5.15.

6.3. Considérons maintenant une C*-algèbre A. Alors on peut considérer aussi bien la limite inductive du système

$$\mathcal{K}_{\mathcal{B}} \hat{\otimes} A \longrightarrow \mathcal{K}_{\mathcal{B}}^{\hat{\otimes} 2} \hat{\otimes} A \longrightarrow \mathcal{K}_{\mathcal{B}}^{\hat{\otimes} 3} \hat{\otimes} A \longrightarrow \cdots\cdots$$

qu'on notera $\mathcal{K}_{\mathcal{B}}(A)^{\bullet}$.

6.4. THEOREME. *Pour tout* $i \in \mathbb{Z}$ *on a* $K_i(\mathcal{K}_{\mathcal{B}}(A)^{\bullet}) \approx K_i^{top}(A)$. *En particulier* $K_i(\mathcal{K}_{\mathcal{B}}(A)^{\bullet}) \approx K_{i-2}(\mathcal{K}_{\mathcal{B}}(A)^{\bullet})$.

Démonstration . Ce théorème se démontre formellement comme le théorème 5.18 en utilisant la structure de "module" de $\mathcal{K}_{\mathcal{B}}(A)^{\bullet}$ sur $\mathcal{K}_{\mathcal{B}}$.

R E F E R E N C E S

1.- S. ARAKI et H. TODA : "Multiplicative structures in mod q cohomology theories, I and II", Osaka J. Math. 2, 71-115 (1965) et 3, 81-120 (1966).

2.- H. BASS : "Algebraic K-theory". New York : Benjamin 1968.

3.- W. BROWDER : "Algebraic K-theory with coefficients $\mathbb{Z}/p$" (à paraître).

4.- L.G. BROWN et C. SCHOCHET : "K_1 of the compact operators is zero", Proc. Amer. Math.Soc. 59, 119-122 (1976).

5. D. GRAYSON : "Higher algebraic K-theory : II (after D. Quillen)", Lectures Notes in Math. 551, 217-240(1976).

6.- P. de la HARPE et M. KAROUBI : "Perturbations compactes des représentations d'un groupe dans un espace de Hilbert, I", Bull. Soc. Math. France, Mémoire 46, 41-65 (1976).

7.- J.-Cl. HAUSMANN et D. HUSEMOLLER : "Acyclic maps" (à paraître).

8.- M. KAROUBI : "Algèbres de Clifford et K-théorie", Ann. Sc. Ec. Norm. Sup. (4), 1, 161-270 (1968).

9.- M. KAROUBI : Séminaire Cartan-Schwartz 1963-1964, exposé 16. New York : Benjamin 1967.

10.- M. KAROUBI : "Espaces classifiants en K-théorie", Trans. Amer. Math. Soc. 147, 74-115 (1970).

11.- M. KAROUBI : "La périodicité de Bott en K-théorie générale", Ann. Sc. Ec. Norm. Sup. (4), 4, 63-95 (1971).

12.- M. KAROUBI : "Théorie de Quillen et homologie du groupe orthogonal" (à paraître).

13.- M. KAROUBI : "K-theory. An Introduction ". Grundlehren der mathematischen Wissenschaften 226 - Springer Verlag - Berlin Heidelberg New York.

14.- M. KAROUBI et O. VILLAMAYOR : "K-theorie algébrique et K-théorie topologique I". Math. Scand. 28, 265-307 (1971).

15.- J. LODAY : "K-théorie algébrique et représentations de groupes", Ann. Sc. Ec. Norm. Sup. (4), 9,309-377 (1976).

16.- J. MILNOR : "Introduction to algebraic K-theory". Annals of Math. Studies no 72 - Princeton University Press 1971.

17.- D. QUILLEN : "Algebraic K-theory I", Lectures Notes in Math 34 85-147 (1973).

18.- J.-B. WAGONER : " Delooping classifying spaces in algebraic K-theory", Topology 11, 349-370 (1972).

19. D. HUSEMOLLER. "Fibre bundles". GTM, vol. 20, 1975-Springer-Vergag Berlin - Heidelberg - New York.

AUTOMORPHIC GROUP REPRESENTATIONS : THE HYPERFINITE II_1 FACTOR

AND THE WEYL ALGEBRA

R.J. PLYMEN

1. INTRODUCTION

The subject of this essay is the representation of groups by automorphisms of C^*-algebras. We shall focus attention on two such algebras: the hyperfinite II_1 factor M (the von Neumann algebra generated by the so-called CAR algebra in the trace representation) ; and the Weyl algebra A (sometimes called the CCR algebra). The algebra M admits a natural action by the full orthogonal group of infinite-dimensional Euclidean space ; and the algebra A admits a natural action by the full symplectic group of an infinite-dimensional symplectic space.

We shall describe some results concerning these actions, and link this information with results of Blattner on outer automorphisms of M; and with recent work of Connes on periodic automorphisms of M.

The first author to draw attention in a cogent way to the analogies between the CAR algebra and the CCR algebra was Irving Segal in two articles that appeared in 1956 on the foundations of the quantum theory of boson and fermion fields : CCR stands for "canonical commutation relations" and CAR stands for "canonical anti-commutation relations". Since that time, several advances and simplifications in our knowledge have taken place, which we naturally take advantage of. For example we have the uniform account of the CAR algebra and the CCR algebra due to Slawny.

The spin representation of the classical orthogonal group SO(n) and the so-called Weil representation of the symplectic group Sp(2n,R), emerge in a natural way in the course of this essay, and we touch on this towards the end.

The material herein is known in one form or another, with the exception of Proposition 2 on outer automorphisms of the Weyl algebra, which appears to be new. The net result is to press the analogy between the CAR algebra and the Weyl algebra a little further.

2. THE HYPERFINITE II_1 FACTOR.

Let E be infinite-dimensional real separable Hilbert space, which we think of as infinite-dimensional Euclidean space. We shall denote by $\mathcal{C}(E)$ the CAR algebra over E, sometimes called the C^*-Clifford algebra. The CAR algebra is characterized by the following requirements:

(i) $\mathcal{C}(E)$ is a C^*-algebra with unit ;

(ii) there is a linear map j from E to the self-adjoint part of $\mathcal{C}(E)$ such that $j(x)^2 = \|x\|^2 . 1$ for all x in E ;

(iii) j(E) generates $\mathcal{C}(E)$ as a C^*-algebra.

Using the C^*-condition, we have

$$\|j(x)\|^2 = \|j(x)^2\| = \|x\|^2$$

so that the map j is necessarily an isometry of E into $\mathcal{C}(E)$. We shall henceforth identify E with j(E). Then (ii) yields immediately

$$xy + yx = 2(x,y)$$

which we shall call the Clifford algebra relation, and also

$$(x_1 \dots x_n)^* = x_n \dots x_1$$

for all $x_1, \dots, x_n$ in E .

Let $\{e_n\}$ be an orthonormal basis in E . Consider the sub-C^*-algebra of $\mathcal{C}(E)$ generated by $\{e_{2n-1}, e_{2n}\}$. This is a C^*-algebra of dimension 4 isomorphic to the algebra $\mathbb{C}(2)$ of 2 × 2 complex matrices. In fact the * algebra generated by $\{e_1, e_2, \dots, e_{2n}\}$ is known to be isomorphic to

$$\mathbb{C}(2) \otimes \dots \otimes \mathbb{C}(2) \qquad \text{(n factors)} .$$

Thus, in view of (iii), the CAR algebra is the norm closure (completion) of an algebra generated by a countably-infinite family of pairwise-commuting self-adjoint algebras each isomorphic to the algebra of 2×2 complex matrices and each containing the unit 1 of $\mathcal{C}(E)$. This remark also discloses that the CAR algebra is a UHF C^*-algebra of type $\{2^n\}$.

The above construction of this particular UHF algebra puts in evidence certain * automorphisms, in a way which we now proceed to describe. Let R be an orthogonal transformation of E, that is a linear map of E onto E such that $(Rx, Ry) = (x, y)$ for all vectors x and y in E. A unique * automorphism of the CAR algebra, denoted $\mathcal{C}(R)$, is defined by the condition that

$$\mathcal{C}(R)\ (x_1 \ldots x_n) = Rx_1 \ldots Rx_n$$

for all vectors $x_1, \ldots, x_n$ in E. The map $\mathcal{C}(R)$ is well-defined because it preserves the Clifford algebra relation, thanks to the orthogonality of R.

The * automorphism $\mathcal{C}(R)$ clearly has the property of leaving the space E globally invariant. Such an automorphism is called a <u>Bogoliubov</u> automorphism in quantum theory. Now a Bogoliubov automorphism determines uniquely an orthogonal transformation in the following way. Let Φ be a Bogoliubov automorphism and define R by

$$Rx = \Phi(x)$$

for all x in E. Then R is a linear map from E to E and also

$$\begin{aligned}(Rx, Ry) &= Rx \,.\, Ry + Ry \,.\, Rx \\ &= \Phi x \,.\, \Phi y + \Phi y \,.\, \Phi x \\ &= \Phi(xy + yx) \\ &= \Phi(x, y) \\ &= (x, y)\end{aligned}$$

so that R is orthogonal. If O(E) is the orthogonal group of E and $Aut_E\, \mathcal{C}(E)$ is the group of Bogoliubov automorphisms then we have just shown that

$$O(E) \cong Aut_E\, \mathcal{C}(E) \quad .$$

For example, let R be an orthogonal operator of period 2, that is $R^2 = I$. Then $\mathcal{C}(R)$ is a symmetry of $\mathcal{C}(E)$, that is an automorphism such that $\mathcal{C}(R)^2 = I$. A detailed classification of symmetries of UHF algebras has recently been given by Fack and Maréchal [5].

The normal subgroup of O(E) corresponding to inner Bogoliubov automorphisms was identified some time ago by Shale and Stinespring [16].

Let τ be the trace of $\mathcal{C}(E)$, namely the unique central state. Then the Gelfand-Naimark-Segal construction determines a complex Hilbert space H_0, cyclic vector Ω_0, cyclic * representation π_0 such that

$$\tau(X) = \langle \pi_0(X)\, \Omega_0 \, , \Omega_0 \rangle_{H_0}$$

for all X in the CAR algebra. The von Neumann algebra M generated by the range of π_0 is the hyperfinite II_1 factor, and τ extends uniquely to its trace, still denoted τ. The space H_0 would, in the notation of non-commutative integration theory, be denoted $L^2(M; \tau)$. Each Bogoliubov automorphism of $\mathcal{C}(E)$ extends uniquely to a Bogoliubov automorphism of M . The Bogoliubov automorphisms of M are precisely those that leave E globally invariant. The group of all such automorphisms will be denoted $Aut_E(M)$ and as above we have canonically

$$O(E) \cong Aut_E(M)$$

We proceed now to consider the subgroup of O(E) corresponding to inner Bogoliubov automorphisms α . This means that

$$\alpha(X) = (Ad\ U)\ (X) = UXU^*$$

for some unitary U in M and all X in M. The subgroup of inner Bogoliubov automorphisms will be denoted $Inn_E(M)$. We have

$$\alpha(\mathrm{Ad}\ U)\ \alpha^{-1} = \mathrm{Ad}\ \alpha(U)$$

so that $Inn_E(M)$ is a normal subgroup of $Aut_E(M)$ and the quotient group $Out_E(M)$ is well-defined. We have therefore

$$\begin{array}{ccc} N & \cong & Inn_E(M) \\ \downarrow & & \downarrow \\ O(E) & \cong & Aut_E(M) \\ \downarrow & & \downarrow \\ O(E)/N & \cong & Out_E(M) \end{array}$$

Of course N is a normal subgroup of the full orthogonal group O(E). Let

$$O^{max}(E)_\infty = \{ R \in O(E) : R - I \text{ or } R + I \text{ compact } \}.$$

According to a recent result of de la Harpe [6], any proper normal subgroup of O(E) is a subgroup of $O^{max}(E)_\infty$. Now let δ in $Aut_E(M)$ be the automorphism such that $\delta(x) = -x$ for all x in E. Then clearly δ is an automorphism of period 2 . It is straightforward to verify directly that δ is outer [7, Lemma 1] . Hence

$$N \cong Inn_E(M) \quad \text{and} \quad N \subset O^{max}(E)_\infty \ .$$

Let G be a separable locally compact group and consider the left regular representation of G on $L^2(G)$. The following trick is due to Blattner. The representation in question is unitary, hence leaves invariant both the real and imaginary parts of the inner product on $L^2(G)$. Restricting attention to the real part and restricting scalars from $\mathbb{C}$ to $\mathbb{R}$, we get a continuous real representation

$$G \longrightarrow O\ (L^2(G)).$$

Taking the direct sum of countably many copies of this representation with itself leads to a faithful continuous representation

$$r : G \longrightarrow O(E) .$$

It is clear that r(g) lies in $O^{max}(E)_{\infty}$ if and only if g = e, the identity in G. Now we have

$$G \longrightarrow O(E) \cong Aut_E(M) .$$

We have obtained

Proposition 1 (Blattner): Let G be a separable locally compact group. Then G has a continuous representation π by (Bogoliubov) automorphisms of M such that $\pi(g)$ is inner if and only if g = e . By continuity of π we mean that $g \longmapsto \pi(g)X$ is continuous for each X in M, with the weak operator topology on M.

This result is of interest in the case when G = Z/p the finite cyclic group of order p ("p" stands for "power" rather than "prime"). In this case the regular representation is a map $Z/p \longrightarrow U(p)$; restricting to the real part of the inner product yields a map $Z/p \longrightarrow O(p)$; taking countably many copies of this map yields

$$Z/p \longrightarrow O(E) \cong Aut_E(M) \qquad (1)$$

an action by outer (Bogoliubov) automorphisms of Z/p on M.

Taking G = Z we also get

$$Z \longrightarrow O(E) \cong Aut_E(M) \qquad (2)$$

an action by outer (Bogoliubov) automorphisms of Z on M.

Let now Aut(M) be the full group of all automorphisms of M ; Inn(M) be the normal subgroup of inner automorphisms ; and Out(M) be the quotient group Aut(M)/Inn(M). Let $\alpha \in Aut(M)$. Following Connes [3], we define two numbers $p_o(\alpha)$ and $\gamma(\alpha)$, the outer invariants of α, as follows :

$$\{ n \in Z,\ \alpha^{n} \in \mathrm{Inn}(M)\} = p_o(\alpha)Z \quad \text{and} \quad p_o(\alpha) \in N$$

$$(\alpha^{p_o(\alpha)} = \mathrm{Ad}\, U,\ U \text{ unitary in } M) \Rightarrow \alpha(U) = \gamma(\alpha)U$$

We see that for each α, $p_o(\alpha)$ is an integer, that we call the outer period of α ; it is zero if all the nonzero powers of α are outer. Also we see that $\gamma(\alpha)$ is a complex number of modulus 1, independent of the choice of U such that $\alpha^{p_o(\alpha)} = \mathrm{Ad}\, U$, and satisfying

$$\gamma(\alpha)^{p_o(\alpha)} = 1$$

because

$$\alpha^{p_o(\alpha)} U = \gamma(\alpha)^{p_o(\alpha)} U \quad \text{and} \quad \alpha^{p_o(\alpha)} U = UUU^{*} = U .$$

Now (1) and (2) above give automorphisms of outer periods p and 0 respectively. In each case, the invariant $\gamma = 1$: it would be interesting to know whether this is true for every Bogoliubov automorphism.

It follows from Theorem 5.1(b) of Connes [3] that, up to conjugacy in Aut(M), there exists only one action by outer automorphisms of Z/p on M.

Returning to the general situation, let π be the action of G by outer automorphisms of M constructed in the proof of Proposition 1. Following Takesaki [18], we proceed to the definition of the crossed product of M by G with respect to the action π . Let $L^2 = L^2(H_o; G)$ be the complex Hilbert space of L^2-functions from G to H_o with respect to a left invariant Haar measure dg. On the Hilbert space L^2 we define representations ψ of M and λ of G as follows :

$$(\psi(X)\xi)(h) = \pi_g^{-1}(X)\xi(h)$$

$$(\lambda(g)\xi)(h) = \xi(g^{-1} h)$$

with h,g in G and ξ in L^2. Then ψ is a normal faithful representation of M and λ is a continuous unitary representation of G and

$$\lambda(g)\psi(X)\lambda(g)^* = \psi(\pi_g(X))$$

so that the pair $\{\psi,\lambda)$ constitutes a covariant representation of the covariant system $\{M,\pi\}$. Such covariant representations are meaningful in algebraic quantum theory, see for example Kastler's article [9].

Definition (Takesaki) : The von Neumann algebra on L^2 generated by $\psi(M)$ and $\lambda(G)$ is called the crossed product of M with respect to the action π, or simply the crossed product of M by the action π of G, and denoted $M \times_\pi G$.

We know from Theorem 7.5 of Connes that the crossed product of M by any cyclic group of outer automorphisms is again hyperfinite. Since there exists only one action by outer automorphisms of $\mathbb{Z}/p$ on M and this arises from Blattner's construction when we take $G = \mathbb{Z}/p$, it would be interesting to investigate the crossed product of M by the action π of G when G is a general separable locally compact group.

The normal subgroup $N \cong \mathrm{Inn}_E(M)$ was identified by Blattner [1]. A recent proof, simpler than Blattner's, and fitting into the framework of the present article, is given by myself and de la Harpe in [7].

The classical theory of Clifford algebras is described by Max Karoubi in his new book [8].

3. THE WEYL ALGEBRA .

Let H be infinite-dimensional complex separable Hilbert space with inner product $< .,. >$. Whenever z_1, z_2 are vectors in H let

$$s(z_1, z_2) = \mathrm{Re} < z_1, z_2 >$$

$$\omega(z_1, z_2) = \mathrm{Im} < z_1, z_2 >$$

Now H, regarded as a real vector space with inner product s, will be denoted E ; thus E is an infinite-dimensional real separable Hilbert space, and the general linear group GL(E) is well-defined. Of course

$$< z, z > \ = \ s(z, z)$$

and the common square root is denoted $\|z\|$. Now

$$|\omega(z_1, z_2)| \leqslant | < z_1, z_2 > | \leqslant \|z_1\| \cdot \|z_2\|$$

so that ω is a bounded bilinear from on $E \times E$. This form is also symplectic, i.e.

$$\omega(z_1, z_2) = -\omega(z_2, z_1)$$

for all z_1, z_2 in E .

The symplectic group is by definition

$$Sp(E) = \{ T \in GL(E) : \omega(Tz_1, Tz_2) = \omega(z_1, z_2) \text{ for all } z_1, z_2 \text{ in } E\}.$$

We come now to the Weyl algebra. Let

$$b(z_1, z_2) = \exp \{ i\omega(z_1, z_2)/2 \} .$$

Let us quote Slawny's Theorem [17, p. 166] :

There exists a C^*-algebra A and an injection $W : E \longrightarrow A$ such that

(i) $W(z)$ is unitary for all z in E and $\{ W(z) : z \in E \}$ generates the C^*-algebra A

(ii) $W(z_1)W(z_2) = b(z_1, z_2)W(z_1 + z_2)$ for all z_1, z_2 in E .

The pair (A,W) is unique up to isomorphism ; A is a simple C^*-algebra known as the Weyl algebra over E .

The symplectic group leaves invariant the symplectic form ω , hence preserves the relation (ii) above. Hence the following action of Sp(E) on A is well-defined :

$$\alpha_T \cdot W(z_1) \ldots W(z_n) = W(Tz_1) \ldots W(Tz_n) .$$

We obtain in this way a canonical homomorphism

$$Sp(E) \longrightarrow Aut(A)$$

The automorphisms arising in this way leave globally invariant the set W(E) of generators ; and so are analogous to the Bogoliubov automorphisms of Section 2 .

Let

$$Sp(E)_0 = \{ T \in Sp(E) : T - I \text{ finite rank } \}$$

According to Slawny's remark on the first page of his article [17], the Weyl algebra A is "minimal" and is contained in the Segal-Shale algebra which occurs in Shale's article [15, p. 162] . Therefore, by Theorem 6.3 of Shale, we know : if α_T is inner then T lies in $Sp(E)_0$.

Let G be a separable locally compact group as before. Let λ be the direct sum of countably many copies of the left regular representation of G. We now adapt Blattner's trick to the symplectic case. We have

$$\lambda : G \longrightarrow U(H)$$

but

$$U(H) = Sp(E) \cap O(E)$$

so that we have a composite map

$$\theta : G \longrightarrow Sp(E) \longrightarrow Aut(A) .$$

It is clear that $\theta(g) - I$ is not of finite rank unless $g = e$. We therefore have the following :

Proposition 2 : Let G be a separable locally compact group. Then G has a faithful representation θ by automorphisms of the Weyl algebra such that $\theta(g)$ is outer unless $g = e$.

The cases $G = \mathbb{Z}$, $\mathbb{Z}/p$ lead immediately to automorphisms of (outer) period 0, p.

The crossed product of the C^*-algebra A by the action θ, namely

$$A \times_\theta G$$

is now well-defined, see Doplicher, Kastler and Robinson [4].

The preceding set-up is non-trivial even when H is one-dimensional. In this case $E = R^2$, $Sp(E) = SL(2,R)$, and we consider the following irreducible representation of the Weyl algebra on $L^2(R)$:

$$W(a,b)f(q) = \exp(iqb - iab/2) \, . \, f(q - a)$$

with f in $L^2(R)$. If $T \in SL(2,R)$ then the automorphism α_T of the Weyl algebra is certainly implementable in this representation and we have

$$r(T)W(z)r(T)^* = W(Tz)$$

with $r(T)$ a unitary operator on $L^2(R)$, determined up to a scalar of modulus 1 .

Let

$$u(b) = \begin{pmatrix} 1 & b \\ 0 & 1 \end{pmatrix} \qquad w = \begin{pmatrix} 0 & 1 \\ -1 & 0 \end{pmatrix}$$

Let N be the subgroup $\{ u(b) : b \in R \}$. Then N and w generate the whole of SL(2,R) according to the Bruhat decomposition [12, p. 209], and we have

$$r(u(b))f(q) = \exp(-ibq^2/2)f(q)$$

$$r(w)f(q) = \hat{f}(q)$$

where $\hat{f}$ is the Fourier transform of f, namely

$$\hat{f}(q) = (2\pi)^{-1/2} \int e^{-ixq} f(x)\, dx \quad .$$

Then r is a projective representation of SL(2,R) which lifts to a continuous unitary representation of the double cover Mp(2,R), the so-called metaplectic group. The representation in question is known as the Weil representation [19].

If we return now to Section 2 and take $E = R^{2n}$ then we obtain a canonical action of SO(2n) by automorphisms of the complex Clifford algebra over R^{2n}. This determines a projective representation $SO(2n) \longrightarrow U(2^n)/U(1)$ which lifts to a true representation $Spin(2n) \longrightarrow U(2^n)$.

The analogy between the spin representation of SO(2n) and the Weil representation of SL(2,R), or, more generally, Sp(2n,R), is clearly a striking one. So much so, that the Weil representation is called the spin representation of the symplectic group by Kirillov in his book [10]; and $L^2(R)$, as an Mp(2,R)-module, is called the space of symplectic spinors by Kostant [11] .

There is a readable and recent account of the Weil representation of Sp(2n,R) by Burdet, Perrin and Perroud [2], with applications to quantum theory.

In view of the analogy between the CAR algebra and the Weyl algebra (CCR algebra), the reader may be wondering whether it is possible to treat these two algebras simultaneously. Such a treatment was given by Slawny in his article [17]. Let G be an abstract abelian group and let b be a bi-character, that is, a map $G \times G \longrightarrow S^1$ such that when one of the arguments is fixed it defines a character of G. Slawny associates a simple C^*-algebra with each pair (G,b). When $G = E$ and b is the bi-character determined by the symplectic form ω, we get the Weyl algebra ; when G is the direct sum of countably many copies of $\mathbb{Z}/2$ and b is a certain bi-character, we get the CAR algebra. In general, the C^*-algebra in question has a unique trace. In the case of the Weyl algebra, the trace is described as follows :

$$\tau(W(z)) = 0, \quad z \neq 0 \quad \text{and} \quad \tau(1) = \tau(W(0)) = 1 .$$

The associated representation is a factor representation of type II_1. In view of these remarks, and in view of the profound importance of the Weil representation, the following project suggests itself : Consider the spin representation and the Weil representation, and their well-defined extensions to the infinite-dimensional case, and give a uniform account of these representations in the framework laid down by Slawny [17].

REFERENCES

1. R.J. BLATTNER : "Automorphic group representations", Pacific J. Math. 8(1958) p. 665-677 .

2. G. BURDET, M. PERRIN and M. PERROUD : "Generating functions for the affine symplectic group", Commun.Math.Phys. 58 (1978) p. 241-254.

3. A. CONNES : "Periodic automorphisms of the hyperfinite factor of type II_1", Acta Sci. Math. 39 (1977) p. 39-66 .

4. S. DOPLICHER , D. KASTLER and D. ROBINSON : "Covariance algebras in field theory and statistical mechanics", Commun. Math. Phys. 3(1966) p. 1-28 .

5. T, FACK and O. MARECHAL : "Sur la classification des symétries des C^*-algèbres UHF" , to appear.

6. P. de la HARPE : "Sous-groupes distingués du groupe unitaire et du groupe général linéaire d'un espace de Hilbert", Comment. Math. Helvetici 51 (1976) p. 241-257.

7. P. de la HARPE and R.J. PLYMEN : "Automorphic group representations : a new proof of Blattner's theorem", to appear.

8. M. KAROUBI : K-theory (Springer, Berlin, 1978).

9. D. KASTLER : "Equilibrium states of matter and operator algebras", Symp. Math. 20 (1976) p. 49-107.

10. A.A. KIRILLOV : "Elements of the theory of representations", (Springer, Berlin, 1976).

11. B. KOSTANT : "Symplectic spinors", Symp. Math. 14 (1974), p. 139-152.

12. S. LANG : SL(2,R), (Addison-Wesley, London, 1975).

13. I.E. SEGAL : "Tensor algebras over Hilbert spaces, I", Trans. Amer. Math. Soc. 81 (1956) p. 106-134.

14. I.E. SEGAL : "Tensor algebras over Hilbert spaces, II", Ann. Math. 63(1956) p. 160-175.

15. D. SHALE : "Linear symmetries of free boson fields", Trans. Amer. Math. Soc. 103 (1962) p. 149-167.

16. D. SHALE and W.F. STINESPRING : "Spinor representations of infinite orthogonal groups", J. Math. Mech. 14 (1965) p. 315-322.

17. J. SLAWNY : "On factor representations and the C^*-algebra of CCR", Commun. Math. Phys. 24 (1972) p. 151-170.

18. M. TAKESAKI : "Duality for crossed products and the structure of von Neumann algebras of type III", Acta Math. 131 (1973) p. 249-310.

19. A. WEIL : "Sur certains groupes d'opérateurs unitaires", Acta Math. 111 (1964) p. 143-211.

Mathematics Department
The University
Manchester M13 9PL
England

P A R T I C I P A N T S

Erik Alfsen	Matematisk Institutt Universitetet i Oslo Blindern, Oslo 3.
Jean-Philippe Anker	Institut de mathématiques Université de Lausanne Dorigny 1015 Lausanne.
Gilbert Arsac	Département de mathématiques Université Claude Bernard - Lyon I 43 boulevard du 11 novembre 1918 69621 Villeurbanne.
Mireille Auberson	Institut de physique théorique Université de Neuchâtel 2000 Neuchâtel.
Pierre-Louis Aubert	Institut de mathématiques Université de Neuchâtel 2000 Neuchâtel.
Roger Bader	Mathématiques, Neuohâtel.
Olivier Besson	Mathématiques, Neuchâtel.
Michel Bonnet	45 rue d'Ulm 75005 Paris.
Uberto Cattaneo	Physique théorique, Neuchâtel.
Amel Chaabouni	Section de mathématiques Université de Genève C.P. 124 1211 Genève 24.
Sylvie Conod	CESSNOV (Collège d'enseignement secondaire supérieur du nord vaudois) 1401 Cheseaux-Noréaz.
Alain Connes	School of mathematics Institute for advanced Study Princeton, N.J. 08540.
Marie-Claude David-Piron	5 Résidence Les Rieux 91120 Palaiseau
Antoine Derighetti	Mathématiques, Lausanne.

Thierry Fack	20,26 rue Jean Colly 75646 Paris Cedex 13.
Hugo Fierz	Aemtlerstrasse 48 8003 Zürich.
Walter Gfeller	Collège secondaire de Morges 1110 Morges.
Thierry Giordano	Mathématiques, Neuchâtel.
Uffe Haagerup	Matematisk Institut Odense Universitet Campusvej 55 5230 Odense.
Nathan Habegger	Mathématiques, Genève.
Pierre de la Harpe	Mathématiques, Genève.
Michel Hilsum	45 rue d'Ulm, 75005 Paris.
Pierre Jeanquartier	Mathématiques, Genève.
Barry Johnson	School of Mathematics The University Newcastle-upon-Tyne NE1 7RU.
Vaughan Jones	Mathématiques, Genève.
Max Karoubi	U.E.R. de mathématiques Université de Paris VII 2 place Jussieu 75005 Paris.
Michel Kervaire	Mathématiques, Genève.
Hans Koch	Département de physique théorique 24 quai Ernest Ansermet 1211 Genève.
Odile Maréchal	
Richard Pfister	Mathématiques, Genève.
Roger Plymen	Department of Mathematics The University Manchester M13 9PL.
Claude Portenier	Fachbereich Mathematik der Universität Marburg 355 Marburg/Lahn.

Françoise Ripper CESSNOV.

Georges Skandalis 45 rue d'Ulm, 75005 Paris.

Gerhardt Wanner Mathématiques, Genève.

Les articles de la liste qui suit précisent des exposés

non publiés ici ou des conversations informelles.

E.M. Alfsen, F.W. Shultz et E. Störmer : "A Gelfand-Neumark theorem for Jordan algebras", Adv. in Math. 28 (1978) 11-56.

E.M. Alfsen et F.W. Shultz : "On non-commutative spectral theory and Jordan algebras", à paraître aux Proc. London Math. Soc.

-- : "State spaces of Jordan algebras", Acta Math. 140 (1978) 155-190.

E.M. Alfsen : "On the state spaces of Jordan and C*-algebras", Survey of lecture at the "Conference of operator algebras and their applications to physics", Marseille (CNRS), juin 1977.

E.M. Alfsen et F.W. Shultz : "State spaces of C*-algebras", preprint n° 8 (1978), Institute of Mathematics, University of Oslo.

A. Connes : "On the spatial theory of von Neumann algebras", IHES/P/78/212, mars 1978.

A. Derighetti : "Some remarks on $L^1(G)$", Math. Z. 164 (1978) 189-194.

T. Fack et O. Maréchal : "Sur la classification des symétries des C*-algèbres UHF", à paraître au Canad. Journ. Math.

-- : "Sur la classification des automorphismes périodiques des C*-algèbres".

U. Haagerup : "An example of a non nuclear C*-algebra, which has the metric approximation property", à paraître aux Inventiones.

P. de la Harpe et R.J. Plymen : "Automorphic group representations : a new proof of Blattner's theorem", à paraître au J. London Math. Soc.

P. de la Harpe : "Simplicity of the projective unitary groups defined by simple factors", à paraître aux Comment. Math. Helv.

Vol. 551: Algebraic K-Theory, Evanston 1976. Proceedings. Edited by M. R. Stein. XI, 409 pages. 1976.

Vol. 552: C. G. Gibson, K. Wirthmüller, A. A. du Plessis and E. J. N. Looijenga. Topological Stability of Smooth Mappings. V, 155 pages. 1976.

Vol. 553: M. Petrich, Categories of Algebraic Systems. Vector and Projective Spaces, Semigroups, Rings and Lattices. VIII, 217 pages. 1976.

Vol. 554: J. D. H. Smith, Mal'cev Varieties. VIII, 158 pages. 1976.

Vol. 555: M. Ishida, The Genus Fields of Algebraic Number Fields. VII, 116 pages. 1976.

Vol. 556: Approximation Theory. Bonn 1976. Proceedings. Edited by R. Schaback and K. Scherer. VII, 466 pages. 1976.

Vol. 557: W. Iberkleid and T. Petrie, Smooth S^1 Manifolds. III, 163 pages. 1976.

Vol. 558: B. Weisfeiler, On Construction and Identification of Graphs. XIV, 237 pages. 1976.

Vol. 559: J.-P. Caubet, Le Mouvement Brownien Relativiste. IX, 212 pages. 1976.

Vol. 560: Combinatorial Mathematics, IV, Proceedings 1975. Edited by L. R. A. Casse and W. D. Wallis. VII, 249 pages. 1976.

Vol. 561: Function Theoretic Methods for Partial Differential Equations. Darmstadt 1976. Proceedings. Edited by V. E. Meister, N. Weck and W. L. Wendland. XVIII, 520 pages. 1976.

Vol. 562: R. W. Goodman, Nilpotent Lie Groups: Structure and Applications to Analysis. X, 210 pages. 1976.

Vol. 563: Séminaire de Théorie du Potentiel. Paris, No. 2. Proceedings 1975–1976. Edited by F. Hirsch and G. Mokobodzki. VI, 292 pages. 1976.

Vol. 564: Ordinary and Partial Differential Equations, Dundee 1976. Proceedings. Edited by W. N. Everitt and B. D. Sleeman. XVIII, 551 pages. 1976.

Vol. 565: Turbulence and Navier Stokes Equations. Proceedings 1975. Edited by R. Temam. IX, 194 pages. 1976.

Vol. 566: Empirical Distributions and Processes. Oberwolfach 1976. Proceedings. Edited by P. Gaenssler and P. Révész. VII, 146 pages. 1976.

Vol. 567: Séminaire Bourbaki vol. 1975/76. Exposés 471–488. IV, 303 pages. 1977.

Vol. 568: R. E. Gaines and J. L. Mawhin, Coincidence Degree, and Nonlinear Differential Equations. V, 262 pages. 1977.

Vol. 569: Cohomologie Etale SGA $4\frac{1}{2}$. Séminaire de Géométrie Algébrique du Bois-Marie. Edité par P. Deligne. V, 312 pages. 1977.

Vol. 570: Differential Geometrical Methods in Mathematical Physics, Bonn 1975. Proceedings. Edited by K. Bleuler and A. Reetz. VIII, 576 pages. 1977.

Vol. 571: Constructive Theory of Functions of Several Variables, Oberwolfach 1976. Proceedings. Edited by W. Schempp and K. Zeller. VI. 290 pages. 1977

Vol. 572: Sparse Matrix Techniques, Copenhagen 1976. Edited by V. A. Barker. V, 184 pages. 1977.

Vol. 573: Group Theory, Canberra 1975. Proceedings. Edited by R. A. Bryce, J. Cossey and M. F. Newman. VII, 146 pages. 1977.

Vol. 574: J. Moldestad, Computations in Higher Types. IV, 203 pages. 1977.

Vol. 575: K-Theory and Operator Algebras, Athens, Georgia 1975. Edited by B. B. Morrel and I. M. Singer. VI, 191 pages. 1977.

Vol. 576: V. S. Varadarajan, Harmonic Analysis on Real Reductive Groups. VI, 521 pages. 1977.

Vol. 577: J. P. May, E_∞ Ring Spaces and E_∞ Ring Spectra. IV, 268 pages. 1977.

Vol. 578: Séminaire Pierre Lelong (Analyse) Année 1975/76. Edité par P. Lelong. VI, 327 pages. 1977.

Vol. 579: Combinatoire et Représentation du Groupe Symétrique, Strasbourg 1976. Proceedings 1976. Edité par D. Foata. IV, 339 pages. 1977.

Vol. 580: C. Castaing and M. Valadier, Convex Analysis and Measurable Multifunctions. VIII, 278 pages. 1977.

Vol. 581: Séminaire de Probabilités XI, Université de Strasbourg. Proceedings 1975/1976. Edité par C. Dellacherie, P. A. Meyer et M. Weil. VI, 574 pages. 1977.

Vol. 582: J. M. G. Fell, Induced Representations and Banach *-Algebraic Bundles. IV, 349 pages. 1977.

Vol. 583: W. Hirsch, C. C. Pugh and M. Shub, Invariant Manifolds. IV, 149 pages. 1977.

Vol. 584: C. Brezinski, Accélération de la Convergence en Analyse Numérique. IV, 313 pages. 1977.

Vol. 585: T. A. Springer, Invariant Theory. VI, 112 pages. 1977.

Vol. 586: Séminaire d'Algèbre Paul Dubreil, Paris 1975–1976 (29ème Année). Edited by M. P. Malliavin. VI, 188 pages. 1977.

Vol. 587: Non-Commutative Harmonic Analysis. Proceedings 1976. Edited by J. Carmona and M. Vergne. IV, 240 pages. 1977.

Vol. 588: P. Molino, Théorie des G-Structures: Le Problème d'Equivalence. VI, 163 pages. 1977.

Vol. 589: Cohomologie l-adique et Fonctions L. Séminaire de Géométrie Algébrique du Bois-Marie 1965–66, SGA 5. Edité par L. Illusie. XII, 484 pages. 1977.

Vol. 590: H. Matsumoto, Analyse Harmonique dans les Systèmes de Tits Bornologiques de Type Affine. IV, 219 pages. 1977.

Vol. 591: G. A. Anderson, Surgery with Coefficients. VIII, 157 pages. 1977.

Vol. 592: D. Voigt, Induzierte Darstellungen in der Theorie der endlichen, algebraischen Gruppen. V, 413 Seiten. 1977.

Vol. 593: K. Barbey and H. König, Abstract Analytic Function Theory and Hardy Algebras. VIII, 260 pages. 1977.

Vol. 594: Singular Perturbations and Boundary Layer Theory, Lyon 1976. Edited by C. M. Brauner, B. Gay, and J. Mathieu. VIII, 539 pages. 1977.

Vol. 595: W. Hazod, Stetige Faltungshalbgruppen von Wahrscheinlichkeitsmaßen und erzeugende Distributionen. XIII, 157 Seiten. 1977.

Vol. 596: K. Deimling, Ordinary Differential Equations in Banach Spaces. VI, 137 pages. 1977.

Vol. 597: Geometry and Topology, Rio de Janeiro, July 1976. Proceedings. Edited by J. Palis and M. do Carmo. VI, 866 pages. 1977.

Vol. 598: J. Hoffmann-Jørgensen, T. M. Liggett et J. Neveu, Ecole d'Eté de Probabilités de Saint-Flour VI – 1976. Edité par P.-L. Hennequin. XII, 447 pages. 1977.

Vol. 599: Complex Analysis, Kentucky 1976. Proceedings. Edited by J. D. Buckholtz and T. J. Suffridge. X, 159 pages. 1977.

Vol. 600: W. Stoll, Value Distribution on Parabolic Spaces. VIII, 216 pages. 1977.

Vol. 601: Modular Functions of one Variable V, Bonn 1976. Proceedings. Edited by J.-P. Serre and D. B. Zagier. VI, 294 pages. 1977.

Vol. 602: J. P. Brezin, Harmonic Analysis on Compact Solvmanifolds. VIII, 179 pages. 1977.

Vol. 603: B. Moishezon, Complex Surfaces and Connected Sums of Complex Projective Planes. IV, 234 pages. 1977.

Vol. 604: Banach Spaces of Analytic Functions, Kent, Ohio 1976. Proceedings. Edited by J. Baker, C. Cleaver and Joseph Diestel. VI, 141 pages. 1977.

Vol. 605: Sario et al., Classification Theory of Riemannian Manifolds. XX, 498 pages. 1977.

Vol. 606: Mathematical Aspects of Finite Element Methods. Proceedings 1975. Edited by I. Galligani and E. Magenes. VI, 362 pages. 1977.

Vol. 607: M. Métivier, Reelle und Vektorwertige Quasimartingale und die Theorie der Stochastischen Integration. X, 310 Seiten. 1977.

Vol. 608: Bigard et al., Groupes et Anneaux Réticulés. XIV, 334 pages. 1977.

Vol. 609: General Topology and Its Relations to Modern Analysis and Algebra IV. Proceedings 1976. Edited by J. Novák. XVIII, 225 pages. 1977.

Vol. 610: G. Jensen, Higher Order Contact of Submanifolds of Homogeneous Spaces. XII, 154 pages. 1977.

Vol. 611: M. Makkai and G. E. Reyes, First Order Categorical Logic. VIII, 301 pages. 1977.

Vol. 612: E. M. Kleinberg, Infinitary Combinatorics and the Axiom of Determinateness. VIII, 150 pages. 1977.

Vol. 613: E. Behrends et al., L^p-Structure in Real Banach Spaces. X, 108 pages. 1977.

Vol. 614: H. Yanagihara, Theory of Hopf Algebras Attached to Group Schemes. VIII, 308 pages. 1977.

Vol. 615: Turbulence Seminar, Proceedings 1976/77. Edited by P. Bernard and T. Ratiu. VI, 155 pages. 1977.

Vol. 616: Abelian Group Theory, 2nd New Mexico State University Conference, 1976. Proceedings. Edited by D. Arnold, R. Hunter and E. Walker. X, 423 pages. 1977.

Vol. 617: K. J. Devlin, The Axiom of Constructibility: A Guide for the Mathematician. VIII, 96 pages. 1977.

Vol. 618: I. I. Hirschman, Jr. and D. E. Hughes, Extreme Eigen Values of Toeplitz Operators. VI, 145 pages. 1977.

Vol. 619: Set Theory and Hierarchy Theory V, Bierutowice 1976. Edited by A. Lachlan, M. Srebrny, and A. Zarach. VIII, 358 pages. 1977.

Vol. 620: H. Popp, Moduli Theory and Classification Theory of Algebraic Varieties. VIII, 189 pages. 1977.

Vol. 621: Kauffman et al., The Deficiency Index Problem. VI, 112 pages. 1977.

Vol. 622: Combinatorial Mathematics V, Melbourne 1976. Proceedings. Edited by C. Little. VIII, 213 pages. 1977.

Vol. 623: I. Erdelyi and R. Lange, Spectral Decompositions on Banach Spaces. VIII, 122 pages. 1977.

Vol. 624: Y. Guivarc'h et al., Marches Aléatoires sur les Groupes de Lie. VIII, 292 pages. 1977.

Vol. 625: J. P. Alexander et al., Odd Order Group Actions and Witt Classification of Innerproducts. IV, 202 pages. 1977.

Vol. 626: Number Theory Day, New York 1976. Proceedings. Edited by M. B. Nathanson. VI, 241 pages. 1977.

Vol. 627: Modular Functions of One Variable VI, Bonn 1976. Proceedings. Edited by J.-P. Serre and D. B. Zagier. VI, 339 pages. 1977.

Vol. 628: H. J. Baues, Obstruction Theory on the Homotopy Classification of Maps. XII, 387 pages. 1977.

Vol. 629: W.A. Coppel, Dichotomies in Stability Theory. VI, 98 pages. 1978.

Vol. 630: Numerical Analysis, Proceedings, Biennial Conference, Dundee 1977. Edited by G. A. Watson. XII, 199 pages. 1978.

Vol. 631: Numerical Treatment of Differential Equations. Proceedings 1976. Edited by R. Bulirsch, R. D. Grigorieff, and J. Schröder. X, 219 pages. 1978.

Vol. 632: J.-F. Boutot, Schéma de Picard Local. X, 165 pages. 1978.

Vol. 633: N. R. Coleff and M. E. Herrera, Les Courants Résiduels Associés à une Forme Méromorphe. X, 211 pages. 1978.

Vol. 634: H. Kurke et al., Die Approximationseigenschaft lokaler Ringe. IV, 204 Seiten. 1978.

Vol. 635: T. Y. Lam, Serre's Conjecture. XVI, 227 pages. 1978.

Vol. 636: Journées de Statistique des Processus Stochastiques, Grenoble 1977, Proceedings. Edité par Didier Dacunha-Castelle et Bernard Van Cutsem. VII, 202 pages. 1978.

Vol. 637: W. B. Jurkat, Meromorphe Differentialgleichungen. VII, 194 Seiten. 1978.

Vol. 638: P. Shanahan, The Atiyah-Singer Index Theorem, An Introduction. V, 224 pages. 1978.

Vol. 639: N. Adasch et al., Topological Vector Spaces. V, 125 pages. 1978.

Vol. 640: J. L. Dupont, Curvature and Characteristic Classes. X, 175 pages. 1978.

Vol. 641: Séminaire d'Algèbre Paul Dubreil, Proceedings Paris 1976–1977. Edité par M. P. Malliavin. IV, 367 pages. 1978.

Vol. 642: Theory and Applications of Graphs, Proceedings, Michigan 1976. Edited by Y. Alavi and D. R. Lick. XIV, 635 pages. 1978.

Vol. 643: M. Davis, Multiaxial Actions on Manifolds. VI, 141 pages. 1978.

Vol. 644: Vector Space Measures and Applications I, Proceedings 1977. Edited by R. M. Aron and S. Dineen. VIII, 451 pages. 1978.

Vol. 645: Vector Space Measures and Applications II, Proceedings 1977. Edited by R. M. Aron and S. Dineen. VIII, 218 pages. 1978.

Vol. 646: O. Tammi, Extremum Problems for Bounded Univalent Functions. VIII, 313 pages. 1978.

Vol. 647: L. J. Ratliff, Jr., Chain Conjectures in Ring Theory. VIII, 133 pages. 1978.

Vol. 648: Nonlinear Partial Differential Equations and Applications, Proceedings, Indiana 1976–1977. Edited by J. M. Chadam. VI, 206 pages. 1978.

Vol. 649: Séminaire de Probabilités XII, Proceedings, Strasbourg, 1976–1977. Edité par C. Dellacherie, P. A. Meyer et M. Weil. VIII, 805 pages. 1978.

Vol. 650: C*-Algebras and Applications to Physics. Proceedings 1977. Edited by H. Araki and R. V. Kadison. V, 192 pages. 1978.

Vol. 651: P. W. Michor, Functors and Categories of Banach Spaces. VI, 99 pages. 1978.

Vol. 652: Differential Topology, Foliations and Gelfand-Fuks-Cohomology, Proceedings 1976. Edited by P. A. Schweitzer. XIV, 252 pages. 1978.

Vol. 653: Locally Interacting Systems and Their Application in Biology. Proceedings, 1976. Edited by R. L. Dobrushin, V. I. Kryukov and A. L. Toom. XI, 202 pages. 1978.

Vol. 654: J. P. Buhler, Icosahedral Galois Representations. III, 143 pages. 1978.

Vol. 655: R. Baeza, Quadratic Forms Over Semilocal Rings. VI, 199 pages. 1978.

Vol. 656: Probability Theory on Vector Spaces. Proceedings, 1977. Edited by A. Weron. VIII, 274 pages. 1978.

Vol. 657: Geometric Applications of Homotopy Theory I, Proceedings 1977. Edited by M. G. Barratt and M. E. Mahowald. VIII, 459 pages. 1978.

Vol. 658: Geometric Applications of Homotopy Theory II, Proceedings 1977. Edited by M. G. Barratt and M. E. Mahowald. VIII, 487 pages. 1978.

Vol. 659: Bruckner, Differentiation of Real Functions. X, 247 pages. 1978.

Vol. 660: Equations aux Dérivée Partielles. Proceedings, 1977. Edité par Pham The Lai. VI, 216 pages. 1978.

Vol. 661: P. T. Johnstone, R. Paré, R. D. Rosebrugh, D. Schumacher, R. J. Wood, and G. C. Wraith, Indexed Categories and Their Applications. VII, 260 pages. 1978.

Vol. 662: Akin, The Metric Theory of Banach Manifolds. XIX, 306 pages. 1978.

Vol. 663: J. F. Berglund, H. D. Junghenn, P. Milnes, Compact Right Topological Semigroups and Generalizations of Almost Periodicity. X, 243 pages. 1978.

Vol. 664: Algebraic and Geometric Topology, Proceedings, 1977. Edited by K. C. Millett. XI, 240 pages. 1978.

Vol. 665: Journées d'Analyse Non Linéaire. Proceedings, 1977. Edité par P. Bénilan et J. Robert. VIII, 256 pages. 1978.

Vol. 666: B. Beauzamy, Espaces d'Interpolation Réels: Topologie et Géometrie. X, 104 pages. 1978.

Vol. 667: J. Gilewicz, Approximants de Padé. XIV, 511 pages. 1978.

Vol. 668: The Structure of Attractors in Dynamical Systems. Proceedings, 1977. Edited by J. C. Martin, N. G. Markley and W. Perrizo. VI, 264 pages. 1978.

Vol. 669: Higher Set Theory. Proceedings, 1977. Edited by G. H. Müller and D. S. Scott. XII, 476 pages. 1978.